教育部高等学校电子信息类专业教学指导委员会规划教材

高等学校电子信息类专业系列教材·新形态教材

智能产品设计

李永华 苑世宁 田云龙 孙凯 编著

清华大学出版社

北京

内 容 简 介

本书系统介绍智能产品设计的基本概念、软件、硬件、平台和控制开发方法完整的项目设计案例。全书共分13章,内容包括智能产品设计基础、智能产品软件设计平台、智能产品硬件设计平台、智能产品云平台、智能产品前端开发方法以及3个完整的智能产品设计案例。

本书可作为高校电子信息类专业"智能产品设计""开源硬件设计""电子系统设计""创新创业"等课程的教材,也可作为创客及智能硬件爱好者的参考用书,还可作为从事物联网、创新开发和设计专业人员的技术参考书。

版权所有,侵权必究。举报: 010-62782989,beiqinquan@tup.tsinghua.edu.cn。

图书在版编目(CIP)数据

智能产品设计/李永华等编著. —北京:清华大学出版社,2024.5
高等学校电子信息类专业系列教材. 新形态教材
ISBN 978-7-302-66358-4

Ⅰ.①智… Ⅱ.①李… Ⅲ.①智能技术-应用-产品设计-高等学校-教材 Ⅳ.①TB472

中国国家版本馆CIP数据核字(2024)第107736号

责任编辑:崔 彤
封面设计:李召霞
责任校对:申晓焕
责任印制:沈 露

出版发行:清华大学出版社
网   址: https://www.tup.com.cn, https://www.wqxuetang.com
地   址:北京清华大学学研大厦A座   邮   编: 100084
社 总 机: 010-83470000   邮   购: 010-62786544
投稿与读者服务: 010-62776969, c-service@tup.tsinghua.edu.cn
质量反馈: 010-62772015, zhiliang@tup.tsinghua.edu.cn
课件下载: https://www.tup.com.cn, 010-83470236

印 装 者:三河市龙大印装有限公司
经   销:全国新华书店
开   本: 185mm×260mm   印 张: 20   字   数: 487千字
版   次: 2024年7月第1版   印   次: 2024年7月第1次印刷
印   数: 1~1500
定   价: 79.00元

产品编号: 104512-01

前言
PREFACE

物联网、智能硬件和大数据技术给社会带来了巨大的冲击，个性化、定制化和智能化的硬件设备成为未来的发展趋势。"中国制造2025"计划、德国的"工业4.0"及美国的"工业互联网"都是将人、数据和机器连接起来，其本质是工业的深度智能化，为未来智能社会的发展提供制造技术基础。

随着社会智能化程度的不断提高，智能产品必然是未来的发展方向，在产品制造过程的各个环节将广泛应用智能技术。智能产品可以定义为一个目标或者一个系统，采用先进的计算机、网络通信、自动控制等技术，将与生产生活有关的各种应用子系统有机地结合在一起，通过综合管理，让生产生活更舒适、安全、有效和节能。智能产品不仅具有传统的功能，还具有高度的人性化。

在产品智能化的背景下，人才培养方法、模式和教材也应该适应当前时代的发展。作者依据当今社会智能化的发展趋势，结合智能产品的发展要求，采取激励创新的工程教育方法，培养适应未来工业发展的人才。因此，本书试图探索基于创新工程教育的基本方法，并将其提炼为适合我国国情、具有自身特色的创新实践教材，对实际教学中应用智能产品设计的工程教学经验进行总结，包括具体的智能产品设计方法和开发案例，希望对教育教学及工业界有所帮助，起到抛砖引玉的作用。

本书侧重对智能产品的项目开发过程中每个开发方法和技术进行介绍。分别从智能产品设计与实现等角度论述硬件电路、软件设计、传感器和功能模块等，并剖析产品的功能、使用、电路连接和程序代码。为便于读者高效学习、快速掌握开发方法，本书配套提供项目设计的硬件电路图、程序代码、实现过程中出现的问题及解决方法，可供读者举一反三，二次开发。

本书的素材主要来源于作者所在学校近几年承担的教育部和北京市的教育、教学改革项目和成果，也是北京邮电大学信息与通信工程学院同学们创新产品的设计成果。书中系统地介绍了如何进行智能产品设计，如何利用多种平台进行智能产品开发，如何进行产品相关的设计、实现与应用。

本书由北京邮电大学"十四五"规划教材项目资助。本书的编写也得到了教育部电子信息类专业教学指导委员会、国家第一类特色专业建设项目、国家第二类特色专业建设项目、教育部CDIO工程教育模式研究与实践项目、教育部本科教学工程项目、北京市特色专业建设、北京市教育教学改革项目、北京市教育科学规划项目的大力支持，在此一并表示感谢！

由于作者水平有限，书中不妥之处在所难免，衷心希望各位读者多提宝贵意见及具体的整改措施，以便作者进一步修改和完善。

李永华

2024 年 3 月

于北京邮电大学

目 录
CONTENTS

第 1 章　智能产品设计基础 ··· 1
  1.1　智能产品概述 ·· 1
    1.1.1　智能产品基本概念 ··· 1
    1.1.2　智能产品设计模型 ··· 2
    1.1.3　智能产品设计原则 ··· 3
  1.2　创新方法概述 ·· 3
    1.2.1　创新基本概念 ··· 4
    1.2.2　创新思维方法 ··· 5
  1.3　产品开发技术 ·· 8
    1.3.1　嵌入式技术 ·· 9
    1.3.2　物联网技术 ·· 10
    1.3.3　云计算技术 ·· 11
    1.3.4　大数据技术 ·· 12
    1.3.5　人工智能技术 ··· 13

第 2 章　智能产品开发平台 ·· 14
  2.1　ESP32 开发板 ·· 14
    2.1.1　ESP32 模组 ·· 14
    2.1.2　ESP32 开发板引脚 ··· 16
  2.2　Arduino IDE 的安装 ·· 17
  2.3　Arduino 开发环境 ··· 20
    2.3.1　Arduino 插件安装 ·· 20
    2.3.2　运行第一个程序 ·· 20
  2.4　Arduino 程序结构 ··· 23
  2.5　Arduino 程序控制 ··· 23
    2.5.1　基本语法 ·· 23
    2.5.2　控制结构语句 ··· 25
    2.5.3　运算符 ··· 28
  2.6　Arduino 数据结构 ··· 33
    2.6.1　常量定义 ·· 34
    2.6.2　数据类型 ·· 35
    2.6.3　变量修饰 ·· 40
  2.7　Arduino 常用函数 ··· 45
    2.7.1　数字 I/O 函数 ·· 45

2.7.2　模拟 I/O 函数 46
2.7.3　时间函数 48
2.7.4　中断函数 48
2.7.5　串口通信函数 50
2.7.6　数学函数 57
2.7.7　字符函数 59
2.7.8　字符串函数 63

第 3 章　硬件设计平台 66
3.1　Fritzing 软件简介 66
　3.1.1　主界面 66
　3.1.2　项目视图 66
　3.1.3　工具栏 69
3.2　Fritzing 使用方法 74
　3.2.1　查看元件库已有元件 74
　3.2.2　添加新元件到元件库 75
　3.2.3　添加新元件库 80
　3.2.4　添加或删除元件 82
　3.2.5　添加元件间连线 82
3.3　ESP32 开发板电路设计 84

第 4 章　软件设计方法 88
4.1　流程图符号 88
4.2　流程图基本结构 90
　4.2.1　顺序结构 90
　4.2.2　条件结构 90
　4.2.3　循环结构 90
4.3　N-S 图基本结构 91
　4.3.1　顺序结构 91
　4.3.2　选择结构 91
　4.3.3　循环结构 91
4.4　N-S 图示例 92
4.5　PAD 图基本结构 92
　4.5.1　顺序结构 93
　4.5.2　选择结构 93
　4.5.3　循环结构 93
4.6　PAD 图示例 93

第 5 章　基础外设开发 95
5.1　IO_MUX 和 GPIO 矩阵 95
　5.1.1　通过 GPIO 矩阵的外设输入 95
　5.1.2　通过 GPIO 矩阵的外设输出 97
　5.1.3　IO_MUX 的直接 I/O 功能 98
　5.1.4　GPIO 示例程序 98
5.2　ESP32 系统中断矩阵 99

	5.2.1	中断矩阵概述	99
	5.2.2	中断功能概述	99
	5.2.3	中断示例	101
5.3	ADC		102
	5.3.1	ADC 概述	102
	5.3.2	ADC 示例	104
5.4	DAC		105
	5.4.1	DAC 概述	105
	5.4.2	DAC 示例	106
5.5	定时器		107
	5.5.1	定时器概述	107
	5.5.2	定时器示例	108
5.6	UART		111
	5.6.1	UART 概述	111
	5.6.2	UART 示例	117
5.7	I2C		117
	5.7.1	I2C 概述	117
	5.7.2	I2C 示例	120
5.8	I2S		122
	5.8.1	I2S 概述	122
	5.8.2	I2S 示例	125
5.9	SPI		125
	5.9.1	SPI 概述	126
	5.9.2	SPI 示例	129

第 6 章 网络连接开发 133

6.1	ESP32 芯片 WiFi 概述		133
6.2	WiFi 网络连接数据类型		134
	6.2.1	设置 WiFi 的 AP 模式示例	134
	6.2.2	设置 WiFi 的 STA 模式示例	135
	6.2.3	扫描 AP 示例	135
6.3	网络接口		136
	6.3.1	网络接口概述	136
	6.3.2	基于 TCP 的 Socket 通信示例	138
	6.3.3	基于 UDP 的 Socket 通信示例	142

第 7 章 应用层技术开发 145

7.1	基于 HTTP 开发		145
	7.1.1	HTTP 服务器端示例	148
	7.1.2	HTTP 客户端请求示例	150
7.2	基于 WebSocket 协议开发		151
7.3	基于 MQTT 协议开发		154

第 8 章 蓝牙技术开发 157

8.1	蓝牙协议基础	157

8.2 ESP32 蓝牙架构 ··· 159
　　8.2.1 蓝牙应用结构 ·· 159
　　8.2.2 ESP32 BLE ··· 160
8.3 ESP32 蓝牙示例 ··· 162

第 9 章　OneNET 云平台 ·· 168
9.1 OneNET 云平台简介 ··· 168
9.2 OneNET 云平台产品开发 ··· 173
　　9.2.1 创建产品 ··· 173
　　9.2.2 物模型 ·· 175
　　9.2.3 设备接入 ··· 190
　　9.2.4 MQTT 协议接入 ·· 201
　　9.2.5 数据解析 ··· 209
9.3 OneNET 云平台设备管理 ··· 215
　　9.3.1 创建设备 ··· 215
　　9.3.2 设备管理 ··· 217
　　9.3.3 设备分组 ··· 219
　　9.3.4 设备转移 ··· 222
　　9.3.5 文件管理 ··· 226
　　9.3.6 IMEI 申诉 ··· 227
9.4 OneNET 云平台应用开发 ··· 228
　　9.4.1 应用开发简介 ·· 228
　　9.4.2 安全鉴权 ··· 229
　　9.4.3 错误码 ·· 231
　　9.4.4 接口列表 ··· 232

第 10 章　微信小程序开发 ··· 235
10.1 小程序注册 ··· 235
10.2 开发工具安装及使用 ··· 239
10.3 小程序基本结构 ··· 241
10.4 事件绑定 ·· 241
　　10.4.1 事件的含义 ·· 241
　　10.4.2 事件中的组件 ··· 241
　　10.4.3 按钮组件 ··· 242
　　10.4.4 事件中的使用方式 ·· 243
　　10.4.5 相关示例 ··· 243
10.5 小程序与云平台交互 ··· 246
　　10.5.1 wx.request 函数 ·· 246
　　10.5.2 请求方法 ··· 247

第 11 章　智能温湿度计开发 ·· 250
11.1 总体设计 ·· 250
　　11.1.1 整体框架 ··· 250
　　11.1.2 系统流程 ··· 250
11.2 模块介绍 ·· 251

		11.2.1	主程序模块	251
		11.2.2	DHT11 模块	253
		11.2.3	OneNET 云平台模块	253
		11.2.4	前端模块	255
	11.3	产品展示		256

第 12 章　智能控制 LED 开发　258

12.1　总体设计　258
  12.1.1　整体框架　258
  12.1.2　系统流程　258
12.2　模块介绍　260
  12.2.1　主程序模块　260
  12.2.2　LED 模块　261
  12.2.3　OneNET 云平台模块　262
  12.2.4　前端模块　264
12.3　产品展示　267

第 13 章　智能农业系统开发　270

13.1　总体设计　270
  13.1.1　整体框架　270
  13.1.2　系统流程　271
13.2　模块介绍　272
  13.2.1　主程序模块　272
  13.2.2　传感器模块　272
  13.2.3　WiFi 模块　274
  13.2.4　LED 模块　277
  13.2.5　OneNET 云平台模块　278
  13.2.6　前端模块　285
13.3　产品展示　303

视频目录
VIDEO CONTENTS

视 频 名 称	时长/分钟	位　　置
第1集 1.1	9	1.1节节首
第2集 1.2	12	1.2节节首
第3集 1.3	12	1.3节节首
第4集 2.1	5	2.1节节首
第5集 2.2	14	2.2节节首
第6集 2.3	12	2.3节节首
第7集 2.4	2	2.4节节首
第8集 2.5	25	2.5节节首
第9集 2.6	17	2.6节节首
第10集 2.7.1	17	2.7.1节节首
第11集 2.7.2	16	2.7.2节节首
第12集 2.7.3	42	2.7.3节节首
第13集 2.7.4	7	2.7.4节节首
第14集 2.7.5	16	2.7.5节节首
第15集 2.7.6	28	2.7.6节节首
第16集 2.7.7	5	2.7.7节节首
第17集 2.7.8	3	2.7.8节节首
第18集 3	17	第3章章首
第19集 4	12	第4章章首
第20集 5.1	12	5.1节节首
第21集 5.2	25	5.2节节首
第22集 5.3	33	5.3节节首
第23集 5.4	31	5.4节节首
第24集 5.5	34	5.5节节首

续表

视 频 名 称	时长/分钟	位　　置
第 25 集 5.6	45	5.6 节节首
第 26 集 5.7	33	5.7 节节首
第 27 集 5.8	32	5.8 节节首
第 28 集 5.9	36	5.9 节节首
第 29 集 6.1	5	6.1 节节首
第 30 集 6.2	48	6.2 节节首
第 31 集 6.3	92	6.3 节节首
第 32 集 7.1	60	7.1 节节首
第 33 集 7.2	32	7.2 节节首
第 34 集 7.3	33	7.3 节节首
第 35 集 8.1	12	8.1 节节首
第 36 集 8.2	17	8.2 节节首
第 37 集 8.3	27	8.3 节节首
第 38 集 9.1	8	9.1 节节首
第 39 集 9.2.1	3	9.2.1 节节首
第 40 集 9.2.2	12	9.2.2 节节首
第 41 集 9.2.3	9	9.2.3 节节首
第 42 集 9.2.4	3	9.2.4 节节首
第 43 集 9.2.5	3	9.2.5 节节首
第 44 集 9.3	7	9.3 节节首
第 45 集 9.4	3	9.4 节节首
第 46 集 10.1	5	10.1 节节首
第 47 集 10.2	4	10.2 节节首
第 48 集 10.3	7	10.3 节节首
第 49 集 10.4	7	10.4 节节首
第 50 集 10.5	17	10.5 节节首
第 51 集 11	5	第 11 章章首
第 52 集 12	10	第 12 章章首
第 53 集 13	11	第 13 章章首

第 1 章 智能产品设计基础
CHAPTER 1

物联网、人工智能技术的蓬勃发展，不仅改变了我们的日常生活，也会快速改变不同行业的产业链和业态，进而导致真实物理世界和数字世界的融合发展。智能产品作为物联网和人工智能的载体，具有广泛的应用前景，本章对智能产品的基本概念、构建方法和开发技术进行简单的介绍。

1.1 智能产品概述

智能技术改变了产品形态，使得智能产品充分体现出自动化、定制化和智能化。智能产品能够感知外部环境，根据交互所得数据进行实时分析、处理并做出决策，为人们提供高效便捷的服务。智能产品与物联网、大数据、智能计算感知等技术相结合，形成涵盖硬件、软件的产品系统，为消费者提供特定的信息或服务。

1.1.1 智能产品基本概念

Mcfarlane认为，智能产品可以从五个维度定义：是否拥有独特的ID；是否能够与其环境有效沟通；能否保留或存储关于自身的数据；能否部署一种语言来显示其特性；能否参与或做出与其自身命运相关的决定。Ventä等在另外四方面描述了智能产品：持续监控其状态和环境，对环境和操作条件有反应性和适应性，在各种情况下都尽可能保持最佳性能，积极与用户、环境以及其他产品或系统做信息交互。Kritisis等认为智能产品应当具有传感能力、通信能力、记忆能力、信息处理和推理能力。Rijsdijk等探索了智能产品和消费者感知之间的关系，将智能产品和智能概念总结为六个维度：自主性、学习能力、反应性、合作能力、智能交互和个性化设计。简言之，智能产品是具备一定的感知、记忆和计算能力，能够在物理层面和信息层面与其他智能设备和环境交流互动的产品。

根据Mcfarlane和Ventä的定义，Meyer等提出了智能产品的分类模型，该模型由智能水平、智能来源和智能集成度组成。

智能水平：描述了智能产品自我控制的能力，以及是否能够自主做出决策。

智能来源：关注智能产品本身与其决策大脑的相对关系，区别在于决策制定由智能产品自身完成还是主机通过网络传输给智能产品。

智能集成度：描述了单个智能体和智能集合的区别，智能集成是有多个智能产品的集合，在保证集合智能的同时，任意减少集合内的元素并不会影响整体的智能。

1.1.2 智能产品设计模型

技术要素是智能概念转化成智能产品的关键,包括交互通道和交互方式等;信息交互是智能产品与外界沟通的桥梁,不仅包括用户和产品之间的人机交互,还包括智能产品与周围环境、智能产品与信息世界之间的交互;智能产品交互设计的最终目的是提升用户使用体验,包括效率提升和情感满足等。

因此,智能产品交互设计可以用本体层、行为层和价值层构成的层次模型进行描述。其中,本体层关注支撑智能产品的设计数据元,包括技术类型、技术实现和交互逻辑等,这会直接影响用户对智能产品的第一感受;行为层偏重用户和智能产品的交互过程,如用户对智能产品可用性的感受,以及在产品使用过程中的可见性、一致性、灵活性和使用效率等;价值层则更侧重于用户对智能产品的整体性评价,包括情感价值、社会价值以及共创价值。智能产品设计模型如图1-1所示。

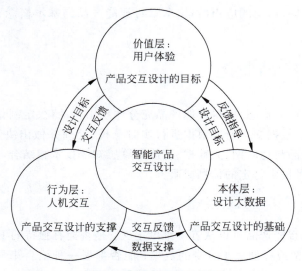

图1-1 智能产品设计模型

本体层:在智能产品创意设计中,本体层的设计注重支撑产品设计的数据和技术要素,因为它会直接影响用户对智能产品的感受。其中,设计数据由企业生命周期数据与产品设计研究数据组成,如艺术、文化、商业、技术等。基于设计学科内在的运行逻辑,可以将智能产品设计分为需求驱动的设计和知识驱动的设计,分别对应生命周期数据与产品设计研究数据。

行为层:人机界面是关于人和自动化系统之间如何进行互动或交流的,它不仅局限于工业中的传统机器,还涉及物联网中的数字系统或智能设备。智能产品不仅与人进行交互,还同时与环境以及其他智能设备进行交互。因此,智能产品的交互界面需要有针对性地进行设计,以降低人们的学习成本,提高人机交互的效率和满意度。同时,新的技术带来新的交互场景,衍生出新的人机交互方式。

价值层:相比于本体层与行为层,价值层的设计是智能产品交互设计的目标,具有更高层次的社会价值和情感价值。在保证智能产品的结构合理、功能实现的情况下,价值层设计更注重产品给用户带来美好的体验及所代表的文化内涵和社会价值。价值层的设计要求能够结合科学技术的发展、多学科理论的系统化应用，生成新颖的设计形式，以激发设计师的创造力和创新力，创造出更富有想象力的智能产品，将客观的工程要求整合到较为主观的概念设计中，创造出更严谨、更符合客观要求的智能产品。因此，智能产品设计不仅可以方便人们生活，提高人们工作效率，同时还可以达到或超出人们的心理预期，满足人们的心理需求。

在上述智能产品交互设计的三个层次模型中，本体层为基础，行为层为支撑，价值层为目标，彼此支撑，相互耦合。

1.1.3 智能产品设计原则

针对目前智能产品设计发展趋势，鉴于人们对高质量生活的追求及消费水平的提高，智能产品应朝智能化、高端化、科技化、功能化的方向发展。对现有产品调查分析，归纳出以下设计原则。

1. 安全性原则

安全是提升生活质量及未来发展进步的基本前提和保障，任何一款产品都应在设计中严格遵循安全性原则，充分考虑产品使用过程中可能对使用者安全产生威胁的各种因素，通过合理、先进的设计避免安全问题产生。安全性原则主要体现在造型安全和材料安全两方面。

在造型上，产品外观不能有尖锐的棱角和细长的凸起，任何转折部位都应圆滑过渡，避免使用时对使用者造成物理性伤害，如磕碰或者划伤等。产品尺寸应大小适宜，在满足功能的前提下适当考虑环境融入感。智能产品造型体量上应适于安装、移动方便，其选材方面要根据各种材料的不同用途，选择适于智能产品且有一定耐受度的材质，以保证产品的功能实现和安全性。

2. 实用性原则

实用性原则是设计的关键，也是设计的根本。目前有一种功能集成化设计的趋势，产品功能越来越多，但有些功能是设计师的"一厢情愿"，实用性不高，冗余的功能增大了产品操作的难度，从而导致使用者的体验变差。因此，设计产品的前期应通过大数据进行调研，根据需求设计产品，做到操作简便，从而带来良好的用户体验。

实用性和易操作性是提高用户体验的根本，要拥有良好的体验性，产品一定要做到功能实用、操控简单明了，且产品设计应满足用户的使用习惯。首先，对于产品拥有的功能进行客观分析；其次，设计简便的操作流程，并在产品的具体操作方式上采用功能按键加智能化语音相结合的设计。在某些必须固定的按键以及开关处，做到操作介质唯一，直接、单一地对应某一种固定功能。

3. 交互性原则

设计智能产品，不仅要从功能服务上提供方便，而且还要从外观造型方面进行考虑，让使用者更加喜欢和认可该产品设计。

1.2 创新方法概述

本节介绍创新的基本概念和思维方法，为智能产品设计奠定基础。

1.2.1 创新基本概念

创新在中国古代就有所记载,可以指创造原来不存在的事物,也可以是对原来事物的替代,也就是以新思想、新创造等为特征的概念化过程。创新在国外起源于拉丁语,有三层含义:第一,更新原来的东西;第二,创造新的东西;第三,改变原来的东西。创新是人类特有的认识能力和实践能力,是人类充分发挥主观能动性的高级表现形式,是推动人类社会进步和社会发展的动力之一。

创新是思想意识活动的体现之一,可以分为理论创新和实践创新。在当前物质条件和特定环境下,创新是根据社会的需求而创造新的事物、新的方法、新的元素、新的路径,以满足社会上不同层次的多方面需求。

创新是人类社会发展的基本需求之一,可以从以下几方面进行描述。

从哲学角度来说,矛盾是创新的核心,创新是人类社会实践行为。

从社会学角度来说,创新的本质是突破,人们为了满足社会需求,运用自身的知识,不断在丰富内容及外部特征上进行完善。

从经济学角度来说,美籍经济学家熊彼特从更加广泛的范围解释了现代创新概念,涉及技术性变化的创新及非技术性变化的组织创新等多方面。创新包括五种情况:引入一种新产品;引入一种新的生产方法;开辟一个新的市场;获得原材料或半成品的一种新的供应来源;新的组织形式。

从工业技术角度来说,20世纪60年代开始,新的工业技术革命迅猛发展,美国经济学家华尔特·罗斯托提出了"起飞"六阶段理论,"技术创新"成为现代创新的主导。1962年,在伊诺思(3. L. Enos)的《石油加工业中的发明与创新》、美国国家科学基金会(National Science Foundation of U. S. A.)的《成功的工业创新》、厄特贝克(J. M. UMerback)的《产业创新与技术扩散》、弗里曼(c Freeman)的《工业创新中的成功与失败研究》《工业创新经济学》等著作中都对工业技术创新进行了相关的解释和定义。内容如下:"技术创新是几种行为综合的结果,这些行为包括发明的选择、资本投入保证、组织建立、制订计划、招用工人和开辟市场等""技术创新是一个复杂的活动过程,从新思想、新概念开始,不断地解决各种问题,最终使一个有经济价值和社会价值的新项目得到实际的应用""技术创新是以其构思新颖性和成功实现为特征的有意义的非连续性事件""技术创新是技术的、工艺的和商业化的全过程,其促进新产品的市场实现和新技术工艺与装备的商业化应用"。

从信息技术角度,人类社会进入21世纪以来,信息技术迅速发展,形成的知识社会对技术创新的影响被重新定义。从当前的技术发展来看,创新是一个复杂的系统工程,是科技、经济等多方面的一体化过程,是信息技术进步与社会应用创新的"双螺旋结构",即创新是双螺旋的共同作用催生的产物。

从创新2.0角度看,信息技术的融合与发展推动了社会形态的变革,催生了知识社会,使得传统的实验室边界逐步"融化",进一步推动了科技创新模式的嬗变。科技创新体系急需构建以用户为中心、以需求为驱动、以社会实践为舞台的共同创新、开放应用创新平台,通过创新双螺旋结构的呼应与互动形成有利于创新涌现的新生态,打造以人为本的创新2.0模式。

因此,一个人自我价值和社会价值的实现,需要创新思维,一个国家实现社会的发展、民主的发展,需要有理论创新思维。创新思维在经济、商业、技术、社会学以及建筑学等领域的研究中具有举足轻重的地位,是目前人类社会发展的巨大驱动力。

1.2.2 创新思维方法

本节介绍几种常用的创新思维方法,包括头脑风暴法、思维导图法、列举法、六项思考帽法、移植法和设问法、QFD 等创新方法。

1. 头脑风暴法

头脑风暴最早是精神病理学上的用语,是指精神病患者的精神错乱状态,如今转为无限制的自由联想和讨论,其目的在于产生新观念或激发创新设想。

在群体决策中,成员心理相互影响,屈于权威或大多数人意见,容易形成群体思维。群体思维削弱了批判精神和创造力,损害了决策的质量。为了保证群体决策的创造性,提高决策质量,制定了一系列改善群体决策的方法,头脑风暴法是较为典型的一种。

采用头脑风暴法组织群体决策时,要集中有关专家召开专题会议,在整场会议中,参与者不评论其他人的建议,而是尽可能提出多条创新方案,创造轻松融洽的会议气氛。头脑风暴激发创新思维的方式如下。

第一,联想反应。在集体讨论问题时,参与者每提出一个想法,都能引发他人的联想,会相继产生一连串的新观念,导致连锁反应,为创造性地解决问题提供更多的可能性。

第二,热情感染。在不受任何限制的情况下,集体讨论问题能激发人的热情。人人自由发言、相互影响、相互感染,能形成热潮,突破固有观念的束缚,最大限度地发挥创造性的思维能力。

第三,竞争意识。在有竞争意识的情况下,人人争先恐后,竞相发言,不断地开拓思维,力求有独到见解、新奇观念。心理学的原理告诉我们,人类有争强好胜心理,在有竞争意识的情况下,人的心理活动效率可提高 50% 或更多。

第四,个人欲望。在集体讨论解决问题过程中,个人的欲望自由、不受任何干扰和控制是非常重要的。头脑风暴法有一条原则,不得批评仓促的发言,甚至不许有任何怀疑的表情、动作、神色。这就能使每个人畅所欲言,提出大量的新观念。

由此可见,头脑风暴可以激发创新思维。那么,如何组织头脑风暴呢?要成功地进行头脑风暴,需遵循如下组织形式:最好由不同专业、不同岗位组成的十几位人员参与;会议时间以一小时内为宜;设置 1 名主持人,只主持会议,对提议不做评价,此外,设置 1~2 名记录人员,认真将与会人员每个设想完整地记录下来。同时,为了保证会议能够顺利进行,达到与会人员畅所欲言、提高效率的目的,会议需遵循"禁止批评和讨论""目标集中,追求设想数量""人人平等""独立思考""自由发言"等原则。

教学中涉及创造性设计和项目管理时,也可以使用头脑风暴法,例如,由 4~6 名同学组成一个小组,小组内推选 1 名同学作为主持人,主持会议顺利进行;同时,主持人承担记录员的职责,把每位同学发言中提出的想法记录下来。主持人不允许对任何同学的发言做出评价,应该保证在 1 位同学发言时,其他同学不打断、不取笑、不评价,使得每位同学都有良好的环境畅所欲言。主持人可酌情制定相应的奖罚政策,维护会议秩序并鼓励每位参与同学积极发言。在每位同学进行发言或所有参与人员表示想法全部提出后,主持人声明发言环节结束,开始讨论环节。在讨论环节中,为了全面地评价每个方案并保证会议的秩序,可先讨论出审核方案的几个因素,并制定相应的比例,之后做成简单的表格让每位参与者对每个方案进行评分。最后按照分数高低对所有方案进行排序,选出一个最优方案或一个最优和几个次优方案再进行可行性分析,最终定夺后,制定相应的实施方案。

由此可见,头脑风暴法简单易懂,并且可操作性强,非常适用于思维创造。

2. 思维导图法

思维导图又称为心智图,是表达发射性思维的有效工具,它虽然简单但却极其有效,是一种革命性的思维工具。思维导图图文并重,将各级主题的关系用相互隶属与相关的层级图表现出来,把主题关键词与图像、颜色等建立记忆连接,能够充分运用左右脑的机能,通过记忆、阅读、思维的规律,协助人们在科学与艺术、逻辑与想象之间平衡发展,从而开启人类大脑的无限潜能。因此,思维导图具有人类思维的强大功能。

思维导图是一种将放射性思考具体化的方法。一般来说,放射性思考是人类大脑的自然思考方式,每一种进入大脑的资料,不论是感觉、记忆或是想法——包括文字、数字、香气、食物、线条、颜色、意象、节奏、音符等,都可以成为一个思考中心,并由此中心向外发散出成千上万的关节点。每个关节点代表与中心主题的一个连接,而每个连接又可以成为另一个中心主题,再向外发散出成千上万的关节点,呈现出放射性立体结构,而这些关节的连接可以视为人类的记忆,也就是人类的个人数据库。

绘制思维导图的过程十分简单,只需要一张白纸和若干彩笔即可。步骤如下:①从一张白纸的中心开始绘制,周围留出空白;②用一幅图像或者图画表达中心思想;③在绘制过程中使用颜色;④将中心图像和主要分支连接,然后把主要分支和二级分支连接,再把三级分支和二级分支连接,以此类推。

此外,还可以使用画图工具 MindManagement 制作思维导图,作为开源的工具,MindManagement 可以直接从网上免费下载。

3. 列举法

列举法是最常用的,也是最基本的创新思维方法,它包括属性列举法、缺点列举法和希望点列举法。

属性列举法强调使用者在创造的过程中观察和分析事物及问题的特性或属性,适用于旧产品的升级换代。该方法的操作程序为确定研究对象、列举研究对象的特性、分析鉴别特性、进行特征变换、提出革新方案。以水杯为例,可以用名词、动词和形容词的形式把它的各个相关特性表现出来,如考虑名词时,在外观上有杯身和杯柄等,在材料上有合金、塑料、陶瓷等;考虑动词时,有保温、盛水、盛果汁、盛咖啡等。当列举完所有的属性后,对这些属性进行研究,只要革新其中的一个或者几个关键词,就会使得水杯整体性能发生改变。

列举法是指积极地寻找并抓住事物的缺点,有时甚至去挖掘不足之处,以这个缺点为目标,提出创新课题。例如,天津某毛纺厂生产一种呢料,因其着色不均出现白点,影响了销路,该厂利用此缺点,变消除白点为扩大白点,从而开发出新的产品——雪花呢布料。

人们追求美好的生活和美好的未来,会产生无数希望和要求,将人们的"希望""向往""要求"列举出来,选择有可能实现的"希望点"进行发明创造,这种方法就是希望点列举法。属性列举法和缺点列举法大多是围绕原来事物的不足加以改进,通常不触及原来事物的本质和总体,它们都属于被动型创新技法,一般只适用于旧产品和不成熟的新设想的改造,从而使其趋于完善。而希望点列举法很少或完全不受已有事物的束缚,为人们使用这一方法提供了广阔的创新思维空间。市场上的许多新产品都是针对人们的希望研制出来的：人们希望洗的衣服容易干，于是开发了甩干机；人们希望雨伞可以携带方便，于是发明了折叠伞；人们希望摄影器材轻便实用，于是发明了手机录像功能；人们希望冬暖夏凉，于是发明了空调。

4. 六顶思考帽法

六顶思考帽有六种颜色，针对每种颜色，赋予其不同的含义：白帽子代表思考中的证据、数字和信息问题。例如，编辑质量表时，哪些是已知的信息？还要去追求哪些信息？红帽子代表思考过程中的感情、感觉、预感和直觉等问题。例如，此时对市长选举的感觉如何？黑帽子代表对事实与判断是否与证据相符等问题。例如，这一点是否符合实际情况？它是否有效？是否安全？可行性如何？黄帽子代表思考中占优势的问题。例如，为什么这件事可行？为什么会带来诸多的好处？为什么是一件好事？绿帽子代表思考中的探索、提案、建议、新观念及可行性的多样化等问题。例如，这方面能做什么？是否有不同的看法等。蓝帽子代表对本身的思考。例如，控制整个思维过程，决定下一个思维对策，制定整个思维方案等。六顶思考帽法告诉人们每次只能戴一顶帽子，用一种方式进行思考，不要同时做很多事情。

在不同的情形下，不同的人会有不同的戴法。例如，制造一个铁轨需要很长时间，但是破坏铁轨却较快。如果想看是否可行，选择戴黄色帽子；如果想监视是否合理，选择戴黑色帽子；如果想先搜集资料，选择戴白色帽子；如果从全盘思考，选择戴蓝色帽子。

5. 移植法

移植法是将某个学科领域中已经发现的新原理、新技术和新方法进行移植、应用或渗透到其他技术领域中，用以创造新事物的创新方法。移植法也称为渗透法。从思维角度看，移植法可以说是一种侧向思维方法，它包括原理移植、方法移植、功能移植、结构移植。

原理移植是将某种原理向新的领域类推或外延。不同领域的事物总是有或多或少的相同之处，其原理的运用也可以相互借用。例如，根据海豚对声波的吸收原理，制造出舰船上使用的声呐；设计师将香水喷雾器的工作原理移植到了汽车发动机化油器上。

方法移植是将已有的技术、手段或解决问题的途径应用到其他新的领域。例如，美国俄勒冈州立大学体育教授威廉·德尔曼发现用传统的带有一排排小方块凹凸铁板压出来的饼不但好吃，而且很有弹性，于是他便仿照做饼的方法，将凹凸的小方块经过改造，压制在橡胶鞋底上，做成了"耐克"运动鞋。

功能移植是将此事物的功能为其他事物所用。许多物品都有一种已为人知的主要功能，但是还有其他功能可以开发利用。例如，美国人贾德森发明了具有开合功能的拉链，人们将其应用在衣服、箱包的开合上非常方便。武汉市第六医院张应天大夫成功地将普通医用拉链移植到了病人的肚皮上。他在三例重症急性胰腺炎病人腹部切口装上普通医用拉链，间隔一到两天定期拉开拉链，直接观察病灶，清除坏死组织和有害渗液，直至完全清除坏死组织后再拆除拉链、缝合切口。这一措施减少了感染并且避免了多次手术。

结构移植是将某种事物的结构形式或结构特征移植到另一事物。例如，有人把滚动轴承的结构移植到机床导轨上，使常见的滑动摩擦导轨成为滚动摩擦导轨。这种导轨与普通滑轮导轨相比，具有牵引力小、运动灵敏度高、定位精度高、维修方便（只需更换滚动体）等优点。

6. 设问法、QFD 等创新方法

除了以上五种常用的创新思维方法,设问法、QFD等也是比较常见的。设问法主要是围绕现有的事物,以书面或口头的形式提出各种问题,通过提问,发现现有事物存在的问题和不足,从而找出需要变革的地方,发明出新的事物。

典型的设问法实现方式之一是奥斯本核检法,即根据需要创新的对象列出有关问题,逐一核对、讨论,从中找到解决问题的方法或创新的设想。奥斯本核检法包括九方面的提问。①现有的事物有无他用。②能否模仿其他东西,过去有无类似的发明创造创新,现有成果能否引入其他创新性设想。③现有事物能否做些改变,能否改变颜色、声音、味道、式样、花色、品种,改变后效果如何。④现有事物可否扩大应用范围,能否增加使用功能,能否扩大添加零部件,能否扩大或增加高度、强度、寿命、价值等。⑤现有事物能否减少、缩小,能否浓缩化,能否微型化,能否短点、轻点、压缩、分割、简略等。⑥能否代用其他原理、方法、工艺,能否用其他结构、动力、设备等。⑦能否调整已知布局,能否调整既定程序,能否调整日程计划,能否调整规格等。⑧能否调整因果关系,能否从相反方向考虑,能否颠倒作用,能否颠倒位置(上下、正反)等。⑨现有事物能否进行原理组合、方案组合、功能组合、形状组合、材料组合、零部件组合等。

另外一种设问法实现方式是美国陆军部提出的 5W1H 法。①Why:为什么要创新?②What:创新的对象是什么?③Where:从什么地方着手?④Who:谁来承担创新任务?⑤When:什么时候完成?⑥How:怎样实施?

设问法是一种具有较强启发创新思维的方法。①它可以强制思考,突破人所不愿提问题或不善于提问题的心理障碍。②它是一种多向发散的思考,使人的思维角度、思维目标更丰富。③它提供了创新活动最基本的思路,可以使创新者尽快集中精力,朝提示的目标方向去构想、创造、创新。

使用设问法需要注意如下问题:①逐条进行核检,不要有遗漏;②在核检每项内容时,尽可能地发挥自己的想象力和创新能力,产生更多的创造性设想;③核检方式根据需要,可以一人核检,也可以三至八人共同核检;④集体核检可以互相激励,产生头脑风暴,更有希望创新。

QFD 是英文 Quality Function Development 的简写,译为质量功能开发,是一种用户驱动的产品开发方法,它采用系统化、规范化的方法调查和分析用户的需求,并将其转化为产品特征、零部件特征、工艺特征、质量与生产计划等技术需求信息,使所设计和制造的产品能够真正满足用户的需求,体现了以市场为导向,以顾客要求为产品开发唯一依据的指导思想,能够使产品全部的研制活动和满足用户的需求紧密相连,从而增强产品的市场竞争力,保证产品开发一次成功。

1.3 产品开发技术

智能产品使用的开发技术较多,不是某种单一技术,而是由不同技术所构成的集合,主要包括嵌入式技术、物联网技术、云计算技术、大数据技术、人工智能技术等,本节对以上技术进行简单描述,为后续开发奠定基础。

1.3.1 嵌入式技术

嵌入式的发展,经历了单芯片核心的可编程控制器阶段、以嵌入式 CPU 和简单操作系统为核心的阶段、以物联网为标志的系统阶段,目前已经发展到高级阶段。嵌入式系统组成如图 1-2 所示。

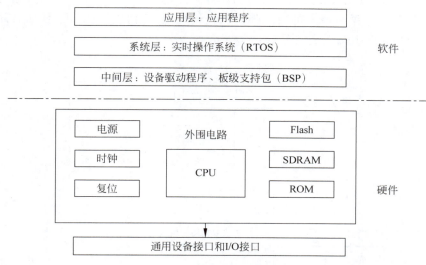

图 1-2 嵌入式系统组成

系统硬件包括微处理器 CPU 和存储器。微处理器 CPU 一般采用精简指令集;存储器包含缓存、主存储器和辅助存储器。SoC 系统软件包括中间层、系统层和应用层。中间层是设备驱动程序和板级支持包;系统层是实时操作系统;应用层是具体的应用程序。嵌入式系统的基本特点如下。

(1) 内核小。一般应用于小型电子装置,资源相对有限,所以内核较传统的操作系统要小。

(2) 专用性。系统和硬件结合紧密,一般硬件系统要进行移植,即使同一品牌、同一系列的产品也需根据系统硬件的变化和增减进行修改。同时,不同的任务,需要对系统进行较大更改,程序的编译下载需与系统相结合,这种修改和通用软件的升级是不同的。

(3) 实时性。软件的基本要求是高实时性、固态存储、提高速度;软件代码要求高质量和高可靠性。

(4) 多任务。软件未来的发展趋势是使用多任务的操作系统。系统的应用程序可以没有操作系统直接运行,但是为了调度多任务、利用系统资源、系统函数以及与专家库函数接口,用户需自行选配 RTOS 开发平台。

(5) 可测性。需要有一套开发工具和环境,它基于通用计算机上的软硬件设备以及各种逻辑分析仪、混合信号示波器等,具有可测性。

(6) 长期性。与具体应用有机结合在一起,升级换代同步进行。因此,系统产品一旦进入市场,具有较长的生命周期。

(7) 可靠性。为提高运行速度和可靠性,系统中的软件一般都固化在存储器芯片中。

(8) 可裁剪。尽管系统提供统一的开放接口,但是要求系统具有开放性和可伸缩性的体系结构和良好的可移植性。

1.3.2 物联网技术

在物联网概念中,"物"的定义是非常广的,如智能手机、平板电脑和数码相机等。在未来的社会发展中,将有庞大数量的设备与物体接入互联网中,每个点都提供数据与信息,甚至是服务。物联网思维从原来的"任何时间、任何地点、任何人"变成了"任何时间、任何地点、任何物"。物联网生态系统如图1-3所示。

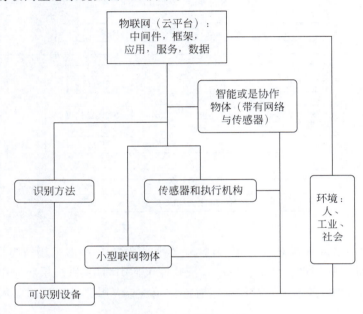

图1-3 物联网生态系统

图1-3是抽象意义上的物联网生态系统示意图。中间件和框架允许其他设备接收所需的数据,运行相关的应用和服务。例如,云平台可以提供容量,使这些应用和服务的质量更高,从而使物联网按照相关的设想来改变环境。传感器和执行机构是通过网络环境做出相关反应,并且根据具体状况和时间做出更高级的服务,使智能物体感知到相关的活动与状态;可识别设备是通过多种手段辨识出设备的属性、相关位置等信息。从这个意义来说,大多数产品都可以与网络连接,做到实时获取状态和位置信息。例如,数以几十亿计的物体连入网络,每个物品都提供相关数据,当处理这些庞大的数据时,需要智能设备进行判断决策。因此,可以利用已经熟知的互联网技术,逐渐向物联网方向进化,以这种形式奠定物联网的基础。当物联网领域出现连续的技术更新并趋近成熟时,那么物联网进化的核心驱动力便是各种各样的应用。

随着物联网的发展,人们提出了技术体系框架,从可实现的角度对物联网的发展进行了总结,如图1-4所示。

应用层是一种松耦合的软件组件技术,它将应用程序的不同功能模块化,并通过标准化的接口和调用方式联系起来,实现快速可重用的系统开发和部署,提高物联网架构的扩展性,提升应用开发效率,充分整合和复用信息资源。

图 1-4 物联网体系结构

支撑层综合运用高性能计算、人工智能、数据库和模糊计算等技术,对收集的感知数据进行通用处理,重点涉及数据存储、并行计算、数据挖掘、云平台服务、信息呈现等。

传输层主要实现物联网数据信息和控制信息的双向传递、路由和控制。重点包括低速近距离无线通信技术、低功耗路由、自组织通信、无线接入技术、M2M(Machine to Machine,机器对机器)通信增强、IP 承载技术、网络传送技术、异构网络融合接入技术以及认知无线电技术等。

感知层是解决人类世界和物理世界的数据获取问题。感知层首先通过传感器、数码相机等设备采集外部物理世界的数据,然后通过射频识别、二维码、蓝牙等短距离无线通信传输数据。

1.3.3 云计算技术

云计算是指通过计算机网络形成的计算能力极强的系统,可存储、集合相关资源并可按需配置,向用户提供个性化服务。云计算技术分为狭义云计算和广义云计算。狭义云计算是指 IT 基础设施的交付和使用模式,通过网络以按需、易扩展的方式获得所需资源;广义云计算是指服务的交付和使用模式,通过网络以按需、易扩展的方式获得所需服务。这种服务可以是 IT 和软件、互联网相关的,也可以是任意其他的服务,广义云计算具有超大规模、虚拟化、安全可靠等特点。

随着物联网产业的深入发展,物理资源与云计算结合是水到渠成的。例如,智能电网、地震台网监测等。终端数量的规模化导致物联网应用对物理资源产生了大规模需求,一是接入终端的数量可能是海量的,二是采集的数据可能是海量的。云计算在物联网中的应用主要有三种方式:IaaS(Infrastructure-as-a-Service,基础设施即服务)模式、PaaS(Platform-as-a-Service,平台即服务)模式和 SaaS(Software-as-a-Service,软件即服务)模式。

(1) IaaS 模式在物联网中的应用。无论是横向的、通用的支撑平台,还是纵向的、特定的物联网应用平台,都可以在 IaaS 技术虚拟化的基础上实现物理资源的共享及实现业务处理能力的动态扩展。IaaS 技术在对主机、存储和网络资源的集成与抽象的基础上,具有可扩展性和统计复用能力,允许用户按需使用。IaaS 不仅对各类内部异构的物理资源环境提供了统一的服务界面,而且还为资源定制、出让和高效利用提供了统一界面。

(2) PaaS 模式在物联网中的应用。Gartner 将 PaaS 分成两类:APaaS(Application Platform as a Service,应用部署和运行云平台即服务)和 IPaaS(Integration Platform as a Service,集成云平台即服务)。APaaS 主要为应用提供运行环境和数据存储,用于集成和构建复合应用。人们常说的 PaaS 平台大都指 APaaS,例如 Force.com 和 GoogleAppEngine。在物联网范畴内,由于构建者本身价值取向和实现目标的不同,PaaS 模式存在不同的应用模式和应用方向。

(3) SaaS 模式在物联网中的应用。SaaS 模式的存在由来已久,被云计算概念重新包装后,在物联网范畴内出现的变化是 SaaS 应用在感知层进行了拓展,它们依赖感知层的各种设备采集了大量的数据,并以这些数据为基础进行关联分析和处理,向用户提供业务功能和服务。

目前来看,物联网与云计算的结合是必然趋势,但也需要水到渠成,不论是 PaaS 模式还是 SaaS 模式,物联网的应用都需要在特定的环境中才能发挥应有的作用。

1.3.4 大数据技术

研究机构 Gartner 指出,大数据为海量、高增长率和多样化的信息资产,它需要新处理模式才能获得更强的决策力、洞察发现力和流程优化能力。大数据技术的战略意义不在于掌握庞大的数据信息,而在于对这些有意义的数据进行专业化处理。换言之,如果把大数据比作一种产业,那么这种产业实现盈利的关键在于提高对数据的加工能力,通过加工实现数据的增值。

从技术上看,大数据与云计算的关系就像一枚硬币的正反面一样密不可分。大数据必然无法用单台计算机进行处理,必须采用分布式架构。它的特色是对海量数据进行分布式挖掘,但必须依托云计算的分布式处理、分布式数据库和云存储、虚拟化技术。随着云时代的来临,大数据也吸引了越来越多的关注。专家认为,大数据通常用来形容一个公司创造的大量非结构化数据和半结构化数据,这些数据下载到关系数据库用于分析时会花费过多时间和金钱。大数据分析常和云计算联系到一起,因为实时的大型数据集分析需要像 MapReduce 一样的框架向数十、数百甚至数千的计算机分配工作。

大数据需要特殊的技术,以有效地处理某段时间内的数据。适用于大数据的技术,包括大规模并行处理数据库、分布式文件系统、分布式数据库、云计算平台、互联网和可扩展的存储系统。物联网通过智能硬件为云计算提供大量的数据,如图 1-5 所示。

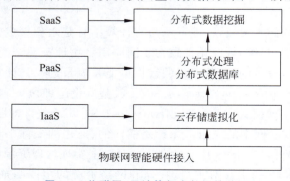

图 1-5 物联网、云计算与大数据的关系

1.3.5　人工智能技术

人工智能（Artificial Intelligence，AI）是研究开发用于模拟、延伸和扩展人的智能的理论、方法及应用系统的一门新的技术科学。

人工智能是计算机科学的一个分支，它企图了解智能的实质，并生产出一种新的能以人类智能相似的方式做出反应的智能机器。该领域的研究包括机器人、图像识别、自然语言处理和专家系统等。人工智能从诞生以来，理论和技术日益成熟，应用领域也不断扩大，可以设想，未来人工智能带来的科技产品，将会是人类智慧的"容器"。人工智能可以对人的意识、思维的信息过程进行模拟。它不是人的智能，但能像人那样思考、也可能超过人的智能。

人工智能是极富挑战性的学科，从事这项工作的人必须懂得计算机知识、心理学和哲学。人工智能由不同的领域组成，如机器学习、计算机视觉等。总体来说，人工智能研究的一个主要目标是使机器能够胜任一些通常需要人类智能才能完成的复杂工作。但不同的时代、不同的人对这种"复杂工作"的理解是不同的。

在人工智能的应用中，机器学习是其中的重要技术之一。它是一种让计算机系统通过学习数据来不断改进自己的能力，以实现预测、识别、分类、优化等多种智能行为的技术。机器学习的核心思想是通过对大量数据的学习和训练，使计算机系统能够自动学习和发现数据中的规律和模式，从而能够进行预测和决策。

深度学习是机器学习的一个分支，它借助多层神经网络的结构，可以实现更加复杂的学习和分析任务。核心思想是通过构建多层的神经网络结构，让计算机系统能够准确地学习和预测数据的特征和规律，从而实现更加高级和复杂的智能行为。

自然语言处理是另一个应用较为广泛的人工智能技术，它主要用于处理语言相关的智能应用，如语音识别、语音合成、翻译等。自然语言处理技术的核心是将自然语言转化为计算机能够理解和处理的形式，从而实现对自然语言的智能分析和处理。

计算机视觉是另一个应用范围非常广泛的人工智能技术，它主要用于处理图像和视频相关的智能应用，如图像识别、人脸识别、目标检测等。计算机视觉技术的核心是通过对图像或视频的分析及处理，实现对其中的目标物体、特征和结构的识别。

知识图谱是一种较为新兴的人工智能技术，主要用于构建知识的图谱和模型。其核心思想是将各个领域的知识和概念进行整合，形成一个大型的知识图谱，从而实现知识的自动化管理和应用。

总之，人工智能技术是一种基于计算机系统的智能化技术，可以对大量数据的学习和分析，从而实现更加高级和复杂的智能应用。随着人工智能技术的不断发展和应用，它将会在更多的领域发挥重要的作用。

第 2 章 智能产品开发平台

CHAPTER 2

Arduino 开源硬件是基于开放原始代码的简便 I/O 平台,包括开发板和应用案例等,目前已经支持很多的主控芯片,如 MEGA328p、MEGA 2560、STM32、ESP8266 和 ESP32,使用这些控制芯片的开发板都可以称为 Arduino 开发板。为了方便智能产品的开发,特别是针对 WiFi 和蓝牙的应用开发,本书采用 ESP32 开发板。

2.1 ESP32 开发板

本书以 ESP32-WROVER-E 模组为例进行说明,其他模组类似。ESP32-WROVER-E 是一款通用型 WiFi+BT+BLE 微控制器模组,功能强大,用途广泛,可以用于低功耗传感器网络和要求极高的任务,如语音编码、音频流和 MP3 解码等,采用制作电路板板载天线或外置天线。

2.1.1 ESP32 模组

ESP32-WROVER 系列模组在 ESP32-WROOM-32x 模组的基础上进行了功能升级,并新增了 8MB SPI PSRAM(伪静态 RAM)。

ESP32-WROVER-E 模组采用的芯片是 ESP32-D0WD-V3,功能模块如图 2-1 所示。该模组具有可扩展、自适应的特点,两个 CPU 核可被单独控制。CPU 时钟频率的调节范围为 80MHz~240MHz。用户可以关闭 CPU 的电源,利用低功耗协处理器监测外设的状态变化或某些模拟量是否超出阈值。该模组集成了丰富的外设,包括电容式触摸传感器、霍尔传感器、SD 卡接口、以太网接口、高速 SPI、UART、I2S 和 I2C 等。

在芯片外围加入电路即形成模组,ESP32-D0WD-V3 芯片上的 GPIO6~GPIO11 用于连接模组上集成的 SPI Flash,不再拉至模组引脚,因此,模组共有 38 个引脚,如图 2-2 所示。

模组集成了传统蓝牙、低功耗蓝牙和 WiFi,具有广泛的用途:WiFi 支持极大范围的通信连接,也支持通过路由器直接连接互联网;而蓝牙可以让用户连接手机或广播低功耗蓝牙信号,以便于检测。ESP32 芯片的睡眠电流小于 $5\mu A$,使其适用于电池供电的可穿戴电子设备。模组支持的数据传输速率高达 150b/s,天线输出功率达到 20dBm,可实现较大范围的无线通信。因此,这款模组具有行业领先的技术规格,在集成度、无线传输距离、功耗及网络联通等方面性能极佳。

第2章 智能产品开发平台

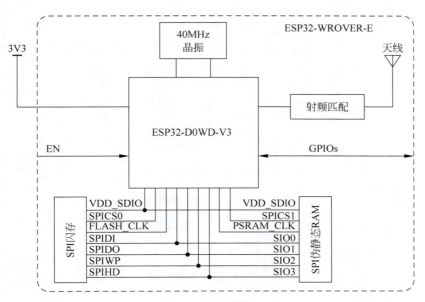

图 2-1 功能模块

ESP32 的操作系统采用 FreeRTOS,内置了硬件加速功能。芯片同时支持空中加密升级,方便用户在产品发布之后继续升级。模组产品规格如表 2-1 所示。

表 2-1 模组产品规格

类 别	项 目	产 品 规 格
认证	RF 认证	FCC/CE-RED/SRRC
测试	可靠性	HTOL/HTSL/uHAST/TCT/ESD
WiFi	协议	802.11 b/g/n(802.11n,速度高达 150Mb/s)
WiFi	协议	A-MPDU 和 A-MSDU 聚合,支持 0.4μs 保护间隔
WiFi	频率范围	2412~2484MHz
蓝牙	协议	符合蓝牙 v4.2 BR/EDR 和 BLE 标准
蓝牙	射频	具有—97dBm 灵敏度的 NZIF 接收器
蓝牙	射频	Class-1、Class-2 和 Class-3 发射器
蓝牙	射频	AFH
蓝牙	音频	CVSD 和 SBC 音频
硬件	模组接口	SD 卡、UART、SPI、SDIO、I2C、LED PWM、电机 PWM、I2S、IR、脉冲计数器、GPIO、电容式触摸传感器、ADC、DAC、双线汽车接口(TWAI,兼容 ISO11898-1)
硬件	片上传感器	霍尔传感器
硬件	集成晶振	40MHz 晶振
硬件	集成 SPI Flash	4MB
硬件	集成 PSRAM	8MB
硬件	工作电压/供电电压	3.0~3.6V
硬件	最小供电电流	500mA
硬件	建议工作温度范围	—40~85℃
硬件	封装尺寸	(18.00±0.15)mm×(31.40±0.15)mm×(3.30±0.15)mm
硬件	潮湿敏感度等级(MSL)	等级 3

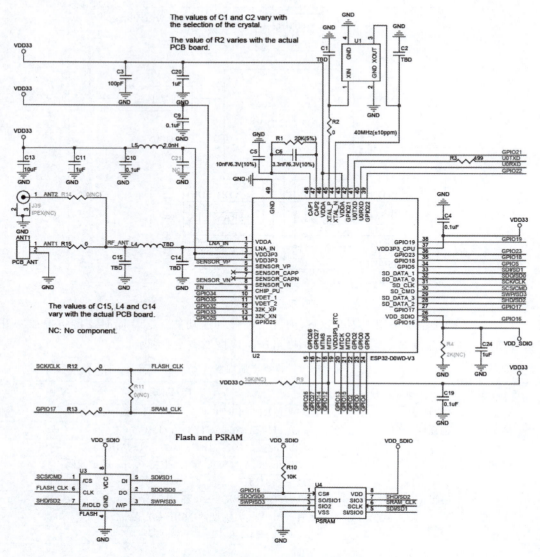

图 2-2　ESP32-WROVER-E 模组电路

2.1.2　ESP32 开发板引脚

ESP32 DevKitC V4 是一款小巧实用的开发板,可选多款 ESP32 模组,包括 ESP32-WROOM-32E、ESP32-WROOM-32UE、ESP32-WROOM-32D、ESP32-WROOM-32U、ESP32-SOLO-1、ESP32-WROVER-E 等,组件、接口及控制电路如图 2-3 所示。

本书采用 ESP32-WROVER-E 模组的开发板,其功能与其他模组构成的开发板功能类似。ESP32 DevKitC V4 开发板集成了 ESP32-WROVER 系列模组,开发板引出 38 个引脚,同时内置 CP2102N 芯片,支持更高波特率。引脚功能如表 2-2 所示。

引脚 D0、D1、D2、D3、CMD 和 CLK 用于 ESP32 芯片与 SPI Flash 间的内部通信,集中分布在开发板两侧靠近 USB 接口的位置。通常而言,这些引脚最好不连,否则可能影响

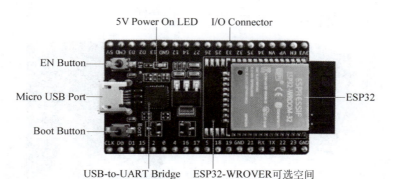

图 2-3　组件、接口及控制电路

SPI Flash/SPI RAM 的工作。引脚 GPIO16 和 GPIO17 仅适用于板载 ESP32-WROOM 系列和 ESP32-SOLO-1 的开发板,供内部使用。

表 2-2　引脚功能

主要组件	基本介绍
ESP32	基于 ESP32 的具体模组
EN Button	复位按键
Boot Button	下载按键。按下 Boot 键并保持,同时按一下复位按键(此时不要松开 Boot 键)进入"固件下载"模式,通过串口下载固件
USB-to-UART Bridge	USB 与串口的桥接器,可提供高达 3Mb/s 的传输速率
Micro USB Port	可用作开发板的供电电源,连接 PC 和 ESP32 开发板的通信接口
5V Power On LED	开发板通电后(USB 或外部 5V),该指示灯将亮起
I/O Connector	模组的绝大部分引脚已引出至开发板的排针。用户可以对 ESP32 进行编程,实现 PWM、ADC、DAC、I2C、I2S、SPI 等多种功能

开发板电源从以下三种供电方式中任选一种:Micro USB 供电(默认)、5V/GND 引脚供电、3V3/GND 引脚供电。

2.2　Arduino IDE 的安装

Arduino IDE 是 Arduino 开放源代码的集成开发环境,其界面友好,语法简单且方便下载程序,这使得 Arduino 的程序开发变得非常便捷。作为一款开放源代码的软件,Arduino IDE 是由 Java、Processing、AVR-GCC 等软件写成的。Arduino IDE 具有跨平台的兼容性,适用于 Windows、macOS X 以及 Linux。2011 年 11 月 30 日,Arduino 官方正式发布了 Arduino 1.0 版本,可以下载不同操作系统的压缩包,也可以在 GitHub 上下载源码重新编译自己的 Arduino IDE,Arduino IDE 不断更新版本,安装过程如下。

(1) 下载最新版本的 IDE,下载界面如图 2-4 所示。
(2) 双击 EXE 文件后选择安装,如图 2-5 所示。
(3) 协议界面如图 2-6 所示。
(4) 选择需要安装的组件,如图 2-7 所示。
(5) 选择需要安装的位置,如图 2-8 所示。
(6) 安装过程如图 2-9 所示。

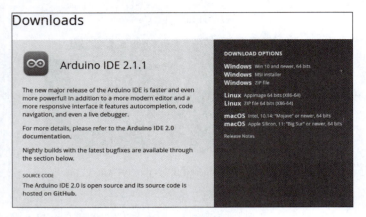

图 2-4　下载界面

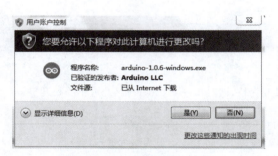

图 2-5　安装界面

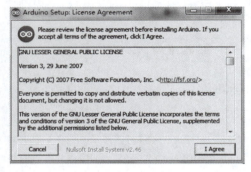

图 2-6　协议界面

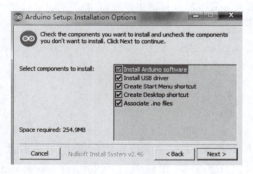

图 2-7　安装组件

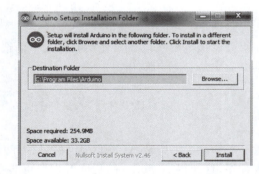

图 2-8　安装位置

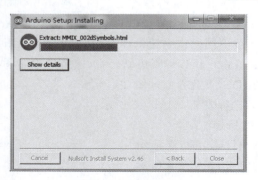

图 2-9　安装过程

(7) 安装 USB 驱动如图 2-10 所示。

图 2-10　安装 USB 驱动

(8) 安装完成如图 2-11 所示。

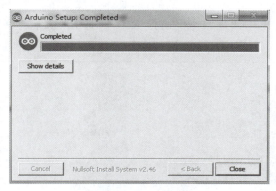

图 2-11　安装完成

(9) 进入 Arduino IDE 开发界面，如图 2-12 所示。

图 2-12　Arduino IDE 开发界面

2.3 Arduino 开发环境

Arduino IDE 是高效实用的 Arduino 程序开源电子原型平台代码编程辅助工具，ESP32 开发板支持使用 Arduino 开发环境进行项目开发，本节介绍 ESP32 插件在 Arduino 平台的安装以及运行一个程序的具体步骤。

2.3.1 Arduino 插件安装

在 Arduino 官网下载软件并安装。选择适合自己计算机系统的安装包，可以选择 Arduino IDE，也可以选择 Arduino 开发环境的压缩包，解压后直接运行。

乐鑫官网提供 ESP32 for Arduino 的插件，具体步骤如下。

（1）打开 Arduino IDE 开发环境，通过菜单栏选择"文件"→"首选项"，如图 2-13 所示。

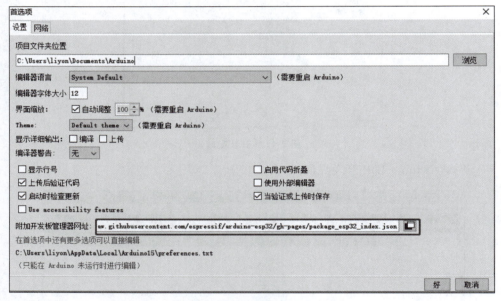

图 2-13 首选项界面

（2）选择"工具"→"开发板"→"开发板管理器"，搜索"ESP32"进行安装，如图 2-14 所示。

（3）安装完成后，选择"工具"→"开发板"，找到 Arduino 开发环境中各种类型的 ESP32 开发板，可以使用 Arduino IDE 进行开发。

2.3.2 运行第一个程序

成功为 Arduino IDE 安装 ESP32 插件后，将 ESP32 开发板通过 Micro-USB 导线接入计算机，选择"工具"→"端口"，在 Arduino IDE 中选择 ESP32 开发板使用的端口。下面运行一个具体程序。

（1）打开菜单栏的"文件"→"示例"，如图 2-15 所示。

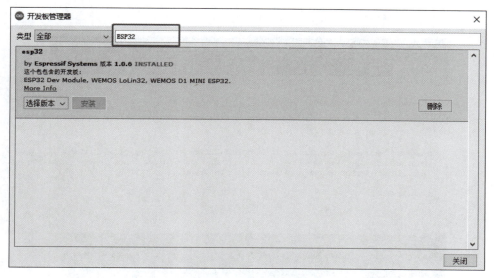

图 2-14　安装 ESP32 开发板

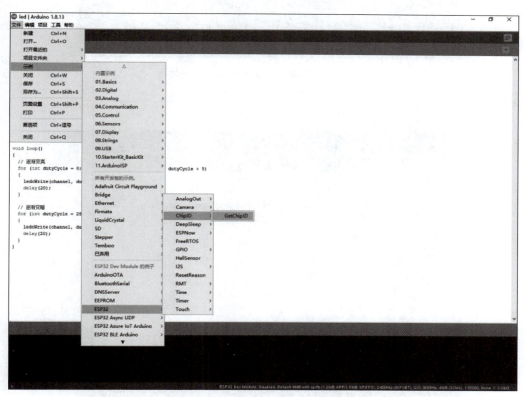

图 2-15　打开 ESP32 示例程序

（2）本程序的功能是输出芯片的信息到串口。

（3）单击上传按钮，开始编译和烧录，如图 2-16 所示。

（4）单击右上角监视器按钮，打开监视器，查看程序运行结果，如图 2-17 所示。

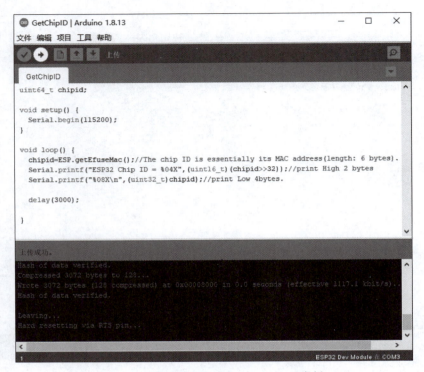

图 2-16　编译和烧录程序到 ESP32 开发板

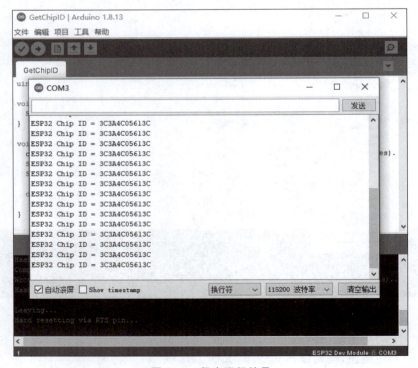

图 2-17　程序运行结果

2.4　Arduino 程序结构

Arduino 的程序结构主要包括两部分：void setup()函数和 void loop()函数。其中，前者用于声明变量及引脚名称（如 int val;int ledPin=13;），在程序开始时使用，初始化变量、引脚模式，调用库文件等（如 pinMode(ledPin,OUTUPT);）；而 void loop()函数在 void setup()函数之后使用，void loop()函数不断地循环执行，是 Arduino 软件开发程序的主体。

1. void setup()函数

当程序开始运行时，void setup()函数被调用。在 void loop()函数开始之前执行，定义初始环境属性，如引脚模式（INPUT 或 OUTPUT）、启动串行端口等。void setup()函数中声明的变量在 void loop()函数中是不可访问的。语法格式为 void setup() { }，参考示例如下：

```
void setup()
{
pinMode(8, OUTPUT);
Serial.begin(9600);
}
void loop()
{
Serial.print('.');
delay(1000);
}
```

2. void loop()函数

void loop()函数连续执行包含在其块内的代码行，直到程序停止。loop()函数与 void setup()函数一起使用。每秒执行 void loop()函数的次数可以用 delay()函数和 delayMicroseconds()函数控制。语法格式为 void loop() { }，参考示例如下：

```
int WLED = 2;                    //ESP32 开发板 GPIO 引脚 2 为 LED 正极,负极接 GND
void setup()
{
 pinMode(WLED, OUTPUT);          //设置 LED 引脚为输出
}
void loop()
{
 digitalWrite(WLED, HIGH);       //设置 LED 为开
 delay(1000);                    //延迟 1s
 digitalWrite(WLED, LOW);        //设置 LED 为关
 delay(1000);                    //延迟 1s
}
```

2.5　Arduino 程序控制

本节主要介绍基于 C/C++的基本语法、控制结构语句和运算符。

2.5.1　基本语法

Arduino 编程语法遵从 C/C++语言的基本规则，包括分号（;）、花括号（{}）、#define、

#include、注释符号(如//和/* */)，下面分别介绍其使用方法。

1. 分号

分号用于完成每个语句，也用于分隔 for()函数循环的不同元素。如果没有分号，编译器会提示缺少分号。参考示例如下：

```
int a = 100;
```

2. 花括号

花括号表示函数和语句块的开始和结束。它们也用于定义数组声明中的初始值。一个开始的"{"后面必须跟一个结束的"}"，通常被称为花括号平衡。因为花括号的使用场景是多样的，因此需要插入花括号时，在输入开始花括号之后立即输入结束花括号。

Arduino IDE 具有检查花括号的功能。只需选择一个花括号，或者在一个花括号之后单击插入点，它的另一半花括号将被高亮显示。不成对的括号常常会导致一些不可知的编译器错误，在大型程序中很难追踪到这些错误。由于它们的用法不同，花括号对程序的语法也非常重要，移动一个花括号通常会极大地影响程序的含义。函数、循环和条件语句中都可以使用花括号。

函数示例如下：

```
void myfunction(参数 1 和参数 2){程序语句}
```

循环示例如下：

```
while (布尔表达式) {程序语句}
do{程序语句} while (布尔表达式)
for(初始化; 结束条件; 增量表达式) {程序语句}
```

条件语句示例如下：

```
if(布尔表达式){程序语句}
else if(布尔表达式) {程序语句}
else{程序语句}
```

3. #define

#define 是 C 语言功能的语句，允许程序员提供一个名称在程序中代表一个常量。Arduino 定义的常量不占用芯片上的程序存储空间，编译器将在编译时用定义的值替换常量的引用。

需要注意：①如果定义常量已经包含在其他一些常量或变量名中，文本将被定义的常量取代，通常情况下，const 关键字是定义常量的首选，可以更多地使用；②在#define 语句后是没有分号的，如果有分号，编译器会提示错误。例如，#define ledPin 3 是正确的，而#define ledPin 3;是错误的。参考示例如下：

```
#define MYLED 8            //将 MYLED 替换为 8
void setup() {
 pinMode(MYLED, OUTPUT);
}
void loop() {
 digitalWrite(MYLED, HIGH);
 delay(100);
 digitalWrite(MYLED, LOW);
 delay(100);
}
```

4. ♯include

♯include 用于包含外部库文件,允许程序员访问大量的标准 C 库文件以及特别为 Arduino 编写的库文件。♯include 与 ♯define 类似,后面不能加分号,否则会出现编译错误。下面的示例包含一个库文件,将数据存储在闪存中,而不是内存中。参考示例如下:

```
# include < avr/pgmspace.h >
prog_uint16_t myConstants[] PROGMEM = {0, 21140, 702 , 9128, 0, 25764, 8456, 0, 0, 0, 0, 0, 0,
0, 0, 29810, 8968, 29762, 29762, 4500};
```

5. 单行注释符号

//是单行注释符号,用于解释程序的功能,在//之后的内容为注释。注释并不输出到处理器,所以编译器忽略它,也不占用微控制器的闪存空间。注释的唯一目的是帮助读者理解程序是如何工作的。注释有两种放置方式:一是单独放在一行;二是放在程序语句之后。参考示例如下:

```
//多数 Arduino 开发板数字引脚 13 连接有 LED
int led = 13;
digitalWrite(led, HIGH);          //打开 LED,HIGH 是高电平
```

6. 多行注释符号

/* */是多行注释符号,这类注释可扩展为多行,从/*开始,直到*/结束。

2.5.2 控制结构语句

本节介绍 if、if...else、for、switch...case、while、do...while、break、continue、return、goto 语句,下面分别讲解其用法。

1. if 语句

if 语句用于测试某个表达式是否为真。例如,如果输入值高于某个数值,表达式计算结果为 true,那么将执行封装在花括号内的语句;如果表达式计算结果为 false,则不执行花括号内的语句。表达式中可以使用一个或多个运算符。例如,if 后面是唯一的一条语句,花括号可以在 if 语句后省略,if 语句后面如果是多条语句,花括号不能省略。参考示例如下:

```
if (x > 120) digitalWrite(LEDpin, HIGH);
if (x > 120){ digitalWrite(LEDpin, HIGH); }
if (x > 120){
  digitalWrite(LEDpin1, HIGH);
  digitalWrite(LEDpin2, HIGH);
}
```

需要注意:①谨慎使用单等号,例如 if(x=10),单等号是赋值操作符,x=10 表示将 x 设置为 10(将 10 放入变量 x 中);②使用双等号,例如 if(x==10),==是比较运算符,x==10 用于测试 x 是否等于 10,如果是,结果为真,但 x=10 语句总是真的。

2. if...else 语句

if...else 语句允许对多个测试条件进行分组。如果满足某个条件,则执行相应动作;否则执行另一个动作。例如,一个温度传感器系统可以按照如下方式控制。

```
if (temperature >= 70)
{
  //危险!关闭系统!
```

```
}
else if (temperature >= 60 && temperature < 70)
{
  //警告!请用户注意!
}
else
{
  //安全!
}
```

3. for 语句

for 语句是迭代控制结构,它重复执行已知次数的某段程序。for 语句对于任何重复操作都有用途,并且通常与数组结合使用,以对数据/引脚的集合进行操作。例如,使用 PWM 引脚对 LED 调光,参考示例如下:

```
int PWMpin = 10;                        //LED 通过电阻连接到数字引脚 10
void setup() { }
void loop() {
  for (int i = 0; i <= 255; i++){       //循环控制 PWM 的值
    analogWrite(PWMpin, i);
    delay(10);
  }
}
```

4. switch...case 语句

switch...case 语句类似 if...else 结构,但是当它需要选择三种或更多方案时,此结构更为方便,程序控制会跳转到与表达式相同值的情况。break 语句用于退出 switch 语句时,通常在每个 case 程序段的末尾使用。如果没有匹配的值,switch 语句将继续执行以下表达式,直到 break 语句或 switch 语句的结尾。参考示例如下:

```
switch (变量) {
case 1:
//当变量等于 1 时执行语句
break;
case 2:
//当变量等于 2 时执行语句
break;
default:
//如果没有匹配的,则执行默认语句,此语句为可选的
}
```

5. while 语句

当 while 条件表达式为 true 时,将连续执行花括号中一系列语句。表达式必须在重复时更新,否则程序将永远不会中断 while 循环。该语句中可以是递增的变量或外部条件。参考示例如下:

```
var = 0;
while(var < 100){                       //执行语句 100 次
  var++;
}
```

6. do...while 语句

do...while 语句同 while 语句一样,但是在循环结束时会测试条件,所以该循环语句至

少运行一次。参考示例如下:

```
do{
 delay(10);
 x = readSensor();
}while(x < 50);
```

7. break 语句

break 语句通常用于结束执行一个结构。例如,switch()函数、for()函数、do...while()函数或 while()函数,然后跳转到下一条语句。参考示例如下:

```
char letter = 'A';
switch(letter){
 case 'A':
 println('A');                    //输出 A
 break;                           //退出语句
 case 'B':
 println('B');                    //不执行该语句
 break;
 default:
 println('default');              //不执行该语句
 break;
}
```

8. continue 语句

continue 语句用于跳过当前循环的剩余语句,再次控制时,继续检查条件。例如,下面的代码将 0~255 写入 PWMpin 变量中,但 41~119 的值跳过了。

```
for (x = 0; x <= 255; x ++)
{
    if (x > 40 && x < 120){      //跳过
        continue;
    }
    analogWrite(PWMpin, x);
    delay(50);
}
```

9. return 语句

return 语句用于终止函数的执行,并从调用函数返回一个值。例如,下面是将传感器的输入与阈值进行比较的函数。

```
int checkSensor(){
 if (analogRead(0) > 400) {
 return 1;                        //调用函数返回 1
 else{
 return 0;                        //调用函数返回 0
 }
}
```

10. goto 语句

goto 语句将程序执行流程转移到标签后开始执行。有些程序员认为 goto 语句没有必要,原因是不加限制地使用跳转语句,容易使程序流程不明确,但有些地方可以使用跳转语句,使用得当,可以简化程序和编码。例如,在一定的条件下跳出循环的嵌套或者逻辑块。

参考示例如下：

```
if(note != 0) {
 digitalWrite(LedPin, HIGH);
}else{
 goto label1;
}
...
label1:
```

2.5.3　运算符

运算符是对编译器执行特定数学或逻辑函数的符号，通过运算符的运算结果控制程序的结构。C语言内置运算符包括算术运算符、比较运算符、布尔运算符等。

1. 算术运算符

算术运算符包括＝、＋、－、＊、/和％六种，下面介绍其使用方法。

1）赋值运算符（＝）

该运算符为变量分配一个值。C语言编程中的单等号为赋值运算符，它与数学中的符号含义不同，赋值运算符告诉微控制器等号右边的任何值或表达式的值，并将其存储在等号左边的变量中。

赋值运算符左边的变量要容纳保存的值，如果不足以容纳这个值，存储在变量中的值则不正确。另外，不要把赋值运算符（单等号）与比较运算符（双等号）混淆，后者是计算两个表达式是否相等。参考示例如下：

```
int sensVal;                        //声明整型变量 sensVal
sensVal = analogRead(0);            //将模拟引脚 A0 的数值存入 sensVal 中
```

2）加法运算符（＋）

加法运算是四种主要的算术运算之一，它用于对两个操作数求和。允许的数据类型有int、float、double、byte、short、long。

如果相加的结果大于能够存储的数据类型范围（例如，32767加1，结果为－32768），则加法运算溢出。如果其中的一个操作数是float类型或double类型，那么将用浮点运算进行计算；如果操作数是float/double类型、存储和的变量是整数，则只存储整数部分，小数部分丢失。参考示例如下：

```
float a = 5.5, b = 6.6;
int c = 0;
c = a + b;                          //c 的值为 12,而不是 12.1
```

3）减法运算符（－）

减法运算是四种主要的算术运算之一，它用于求两个操作数的差值。允许的数据类型有 int、float、double、byte、short、long。

如果相减的结果小于能够存储的数据类型范围，（例如，－32768减去1，结果为32767），则减法运算溢出。如果其中的一个操作数是float/double类型时，那么将用浮点运算进行计算。如果操作数是float/double类型、存储差的变量是整型，则只存储整数部分，小数部分丢失。参考示例如下：

```
float a = 5.5, b = 6.6;
int c = 0;
c = a - b;                    //c 的值为 -1,而不是 -1.1
```

4) 乘法运算符(*)

乘法运算是四种主要的算术运算之一,它用于对两个操作数求积。允许的数据类型有 int、float、double、byte、short、long。

如果相乘的结果大于能够存储的数据类型范围,则乘法运算溢出;如果其中的一个操作数是 float/double 数据类型,那么将用浮点运算进行计算。如果操作数是 float/double 类型、存储积的变量是整型,则只存储整数部分,小数部分丢失。参考示例如下:

```
float a = 5.5, b = 6.6;
int c = 0;
c = a * b;                    //c 的值为 36,而不是 36.3
```

5) 除法运算符(/)

除法运算是四种主要算术运算之一,它用于求两个操作数相除产生的结果。允许的数据类型有 int、float、double、byte、short、long。

如果其中一个操作数是 float/double 类型,那么将用浮点运算进行计算。如果操作数是 float/double 类型、存储结果的变量是整型,则只存储整数部分,小数部分丢失。

6) 模运算操作符(%)

模运算是计算一个整数除以另一个整数时的余数。它有助于在一个特定的范围内保存一个变量(例如数组的大小)。百分号(%)用于执行模运算。例如:

```
int x = 0;
x = 7 % 5;                    // x = 2
x = 9 % 5;                    // x = 4
x = 5 % 5;                    // x = 0
x = 4 % 5;                    // x = 4
```

2. 比较运算符

比较运算符包括==、!=、<、>、>=和<=六种,下面介绍其使用方法。

1) ==

==为相等比较运算符,将左边的变量与运算符右边的值或变量进行比较。当两个操作数相等时返回 true。允许的数据类型有 int、float、double、byte、short、long。参考示例如下:

```
if (x == y)                   //x 是否等于 y
{                             //执行语句
}
```

2) !=

!=为不相等比较运算符,将左边的变量与运算符右边的值或变量进行比较。当两个操作数不相等时返回 true。允许的数据类型有 int、float、double、byte、short、long。参考示例如下:

```
if (x != y)                   //x 是否不等于 y
{                             //执行语句
}
```

3)**<**

< 为小于比较运算符,将运算符左边的变量与运算符右边的值或变量进行比较。当左边的操作数小于右边的操作数时返回 true。允许的数据类型有 int、float、double、byte、short、long。参考示例如下:

```
if (x < y)                    //x 是否小于 y
{                             //执行语句
}
```

4)**>**

> 为大于比较运算符,将运算符左边的变量与运算符右边的值或变量进行比较。当左边的操作数大于右边的操作数时返回 true。允许的数据类型有 int、float、double、byte、short、long。参考示例如下:

```
if (x > y)                    //x 是否大于 y
{                             //执行语句
}
```

5)**>=**

>= 为大于或等于比较运算符,将运算符左边的变量与运算符右边的值或变量进行比较。当左边的操作数大于或等于右边的操作数时返回 true。允许的数据类型有 int、float、double、byte、short、long。参考示例如下:

```
if (x >= y)                   //x 是否大于或等于 y
{                             //执行语句
}
```

6)**<=**

<= 为小于或等于比较运算符,将运算符左边的变量与运算符右边的值或变量进行比较。当左边的操作数小于或等于右边的操作数时返回 true。允许的数据类型有 int、float、double、byte、short、long。参考示例如下:

```
if (x <= y)                   //x 是否小于或等于 y
{                             //执行语句
}
```

3. 布尔运算符

布尔运算符包括 &&、|| 和 ! 三种,下面介绍其使用方法。

1)**&&**

&& 为逻辑与运算符,只有在两个操作数都为真时,结果才为真。不要把逻辑与运算符(双符号,&&)与位与运算符(单符号,&)混淆,它们是完全不同的两个运算符。这个运算符可以在 if 条件语句中使用。参考示例如下:

```
if (digitalRead(2) == HIGH && digitalRead(3) == HIGH) {    //数字引脚 2 和 3 的值都为 HIGH
    //执行相关语句
}
```

2)**||**

|| 为逻辑或运算符,如果两个操作数中的任意一个是真的,则逻辑或结果为真。不要混淆逻辑或运算符(双符号,||)与位或运算符(单符号,|)的区别。这个运算符可以在 if 条件

语句中使用。参考示例如下：

```
if (x > 0 || y > 0) {        //x 或 y 大于 0
                             //执行语句
}
```

3）!

! 为逻辑非运算符。结果为布尔值。如果表达式为真,则返回假,如果表达式为假,则返回真。这个运算符可以在 if 条件语句中使用。参考示例如下：

```
if (!x) {                    //x 为假
                             //执行语句
}
```

4. 位运算符

位运算符包括 &、|、~、^、<<和>>六种,下面介绍其使用方法。

1）&

& 为位与运算符。在 C++中,位与运算符用在两个整数表达式之间,位与的作用是对两个整数表达式相对应的位进行与操作,如果两个输入位都是 1,产生的输出则为 1,否则输出为 0。参考示例如下：

```
int a = 92;                  //二进制为 0000000001011100
int b = 101;                 //二进制为 0000000001100101
int c = a & b;               //结果为 0000000001000100,或者十进制 68
```

2）|

| 为位或运算符。C++的位或运算符是竖线符号,对两个整数表达式相对应的位进行或操作,如果输入位有一个是 1,操作的结果为 1,否则为 0。参考示例如下：

```
int a = 92;                  //二进制为 0000000001011100
int b = 101;                 //二进制为 0000000001100101
int c = a | b;               //结果为 0000000001111101,或者十进制 125
```

3）~

~ 为位非运算符,它应用于单个操作数,使得操作数的二进制位相反：0 变成 1,1 变成 0。对于有符号数,位非操作会将正数变为负数,反之亦然。对于任意整数 x,即 ~x＝－x－1,参考示例如下：

```
int a = 103;                 //二进制 0000000001100111
int b = ~a;                  //二进制 1111111110011000 = -104
```

4）^

^ 为位异或运算符,通常表示为"XOR"。位异或运算符用插入符号表示。如果两个对应输入位不同,位异或运算的结果为 1,否则结果为 0。参考示例如下：

```
int x = 12;                  //二进制 1100
int y = 10;                  //二进制 1010
int z = x ^ y;               //二进制 0110,或者十进制 6
```

5）<<

<< 为左移位运算符,它使二进制操作数的位向左移动指定位数,左侧位移除,右侧为补零,每左移一次,相当于乘以 2。参考示例如下：

```
int a = 5;                        //二进制 0000000000000101
int b = a << 3;                   //二进制 0000000000101000,或者十进制 40
```

6）>>

>> 为右移位运算符,它使二进制操作数的位向右移动指定位数,左侧位补符号位,右侧位移除,每左移一次,相当于除以 2。参考示例如下：

```
int a = 40;                       //二进制 0000000000101000
int b = a >> 3;                   //二进制 0000000000000101,或者十进制 5
```

对于负数的示例如下：

```
int x = -16;                      //二进制 1111111111110000
int y = 3;
int result = x >> y;              //二进制 1111111111111110,或者十进制 -2
```

以上操作称为符号扩展,如果不是想要的结果,而是希望从左边移入零,那么可以将数值转化为无符号表达式。参考示例如下：

```
int x = -16;                      //二进制 1111111111110000
int y = 3;
int result = (unsigned int)x >> y;  //二进制 0001111111111110
```

5. 指针运算符

下面介绍 & 和 * 运算符的使用方法。

1）&

& 为取址运算符,是指针特有的特性之一,& 运算符用于获取变量地址。如果 x 是一个变量,那么 &x 表示变量 x 的地址。

2）*

* 为指针运算符,是指针特有的特性之一。* 运算符用于指向变量的值。如果 p 是一个变量,那么 *p 表示 p 所指向的地址中包含的值,是与取址相反的操作,为了操作特定的数据结构,指针可以简化代码。参考示例如下：

```
int *p;                           //声明指向整型的指针
int i = 5, result = 0;
p = &i;                           //p 包含了 i 的地址
result = *p;                      //result 得到指针 p 指向地址的值,也就是 i 的值为 5
```

6. 复合运算符

复合运算符的目的是简化程序,使程序精练,为了提高编译效率,专业人员更喜欢使用复合操作符,对于初学者不必多用。下面介绍 &=、|=、+=、-=、*=、/=、++、和 -- 运算符的使用方法。

1）&=

&= 为复合位与运算符。在 C++ 中,复合位与运算符用在两个整数表达式之间。复合位与运算符的作用是对两个整数表达式相对应的位进行与操作,并将结果赋值给第一个变量,根据这一规则,若两个输入位都是 1,产生的输出为 1,否则输出 0。参考示例如下：

```
x = B01001011;
y = B00101101;
x &= y;                           //等价于 x = x & y;
x = B00001001;
```

2) |=

|=为复合位或运算符。在 C++的位或操作中,复合位或运算符用于对两个整数表达式相应的位进行或操作,并将结果赋值给第一个变量,如果输入位有一个是 1,操作的结果为 1,否则为 0。参考示例如下:

```
x = B01001011;
y = B00101101;
x |= y;                     //等价于 x = x | y;
x = B01101111;
```

3) +=

+=为复合加法运算符。复合加法运算用于操作两个操作数生成二者之和,并将结果赋值给第一个变量。参考示例如下:

```
x += y;                     //等价于 x = x + y;
```

4) −=

−=为复合减法运算符。复合减法运算用于操作两个操作数生成二者之差,并将结果赋值给第一个变量。参考示例如下:

```
x −= y;                     //等价于 x = x − y;
```

5) *=

*=为复合乘法运算符。复合乘法运算用于操作两个操作数生成二者之积,并将结果赋值给第一个变量。参考示例如下:

```
x *= y;                     //等价于 x = x * y;
```

6) /=

/=为复合除法运算符。复合除法运算用于操作两个操作数生成二者之商,并将结果赋值给第一个变量。参考示例如下:

```
x /= y;                     //等价于 x = x / y;
```

7) ++

++是将变量的值增加 1。需要注意的是,符号如果放在变量后面则先使用变量,然后加 1;如果放在变量前面,则在加 1 之后使用变量。参考示例如下:

```
x = 2;
y = ++x;                    //x = 3, y = 3
y = x++;                    //x = 4, y = 3
```

8) −−

−−是将变量的值减 1。需要注意的是,符号如果放在变量后面则先使用变量,然后减 1;如果放在变量前面,则在减 1 之后使用变量。参考示例如下:

```
x = 2;
y = --x;                    //x = 1, y = 1
y = x--;                    //x = 0, y = 1
```

2.6　Arduino 数据结构

Arduino 软件平台中的数据组织方式与 C/C++类似,主要包括常量定义、数据类型、变

量修饰等。

2.6.1 常量定义

常量在 Arduino 语言中预先定义,用来使程序更容易阅读。具体分为整型常量、浮点型常量、布尔常量、引脚电平常量、引脚模式常量和内建引脚常量。

1. 整型常量

整型常量是直接使用在程序中的数字,如 1、2、3。这些数字在默认情况下被视为整型常量,但可以用其他修饰符更改。通常情况下,整数常量作为十进制的整数,但是也可以用特殊符号标识其他进制的数字,二进制数字以"0b"开头(如 0b010),八进制数字以"0"开头(如 0235),十六进制数字以"0x"开头(如 0x125A)。

若要用另一类数据类型指定整型常量需要遵循如下规则:"u"或"U"将常量强制转换为无符号整型数据格式,例如 33u。"l"或"L"将常量强制变为长整型数据格式,例如 100000l。用"ul"或"UL",将常量强制为无符号长整型常数,例如 32767ul。

2. 浮点型常量

浮点型常量让代码更易读,用于表达式求值的浮点常量在编译时进行交换,如 n＝0.005;浮点常量也可以用多种科学记数法表示。"E"和"e"都是有效的指数标识,如 2.34E5 和 67e-12。

3. 布尔常量

true 和 false 两个常数用于 Arduino 语言,表示真和假。false 定义为 0,为假;true 常被定义为 1,为真;但是,true 有更广泛的定义,任何非零的整数在布尔意义上都是真的。因此,在布尔意义上 1、2 和 -200 都被定义为 true。

4. 引脚电平常量

当读或写入数字引脚时,只有两种值:HIGH 和 LOW。

HIGH 含义取决于一个引脚是否被设置为输入或输出。当引脚以 pinmode() 函数设置为输入,通过 digitalread() 函数读取数据时,电压大于 3.0V(5V 开发板)或者电压大于 2.0V(3.3V 开发板),Arduino(ATmega)开发板报告引脚的值为 HIGH。

引脚也可以通过 pinmode() 函数配置为输入,并通过 digitalwrite() 函数设置为 HIGH,使内部 20kΩ 的上拉电阻开始工作,当输入引脚配置为 HIGH,通过外部电路拉低,就是 INPUT_PULLUP 工作状态。引脚用 pinmode() 函数配置为输出,并用 digitalwrite() 函数设置为 HIGH,引脚电平为 5V(5V 开发板)和 3.3V(3.3V 开发板),在这种状态下,它可以产生电流,使通过串联电阻接地的二极管发光。

LOW 的含义取决于一个引脚是否被设置为输入或输出。当引脚以 pinmode() 函数配置为输入,通过 digitalread() 函数读取数据时,电压小于 1.5V(5V 开发板)或者电压小于 1.0V(3.3V 开发板),Arduino(ATmega)报告引脚的值为 LOW。

当引脚通过 pinmode() 函数配置为输出,并通过 digitalwrite() 函数设置为低 LOW,引脚电压为 0V(5V 和 3.3V 的开发板)时,它可以吸收电流,例如可以点亮通过串联电阻连接到 5V(或 3.3V)的 LED。

5. 引脚模式常量

引脚模式常量包括 INPUT、INPUT_PULLUP、OUTPUT,它们可以通过 pinmode()

函数改变不同的引脚模式。

1) INPUT 常量

Arduino 开发板通过 pinmode() 函数将引脚配置为 INPUT,在电路中采样时该常量要求非常小,相当于在引脚前串联 100MΩ 的电阻,对于读取传感器的值非常有用。

如果引脚被配置为 INPUT,并且正在读取一个开关,当开关处于打开状态时,输入引脚将"悬空",从而导致不可预知的结果。为了保证开关打开时的正确读数,必须使用上拉或下拉电阻。电阻的作用是在开关打开时把引脚设置到已知状态。通常选择一个 10kΩ 的电阻,可以防止一个"悬空"输入,同时也避免在开关闭合时产生过多的电流。

如果使用下拉电阻,当开关打开时,输入引脚为 LOW,开关关闭后为 HIGH。如果使用上拉电阻,当开关打开时,输入引脚为 HIGH,开关闭合时为 LOW。

2) INPUT_PULLUP 常量

在 Arduino 单片机具有内部上拉电阻时(电阻连接到电源内部),可以接入电路。如果喜欢内部上拉电阻,而不是外部上拉电阻,则使用 pinmode() 函数的 INPUT_PULLUP 参数。

3) OUTPUT 常量

引脚配置为 OUTPUT 是低阻抗状态,意味着可以向其他电路提供大量的电流。ATmega 芯片引脚可提供电流或吸收电流,为其他元器件/电路提供高达 40mA 的电流,它们对 LED 供电有很高的价值,因为 LED 通常使用不到 40mA。如果负载大于 40mA(如直流电机)将需要一个晶体管或其他接口电路。注意,配置为 OUTPUT 模式的引脚,连接到地或正电源可能会损坏电路。

6. 内建引脚常量

大多数 Arduino 开发板有一个引脚通过电阻串联连接到板载 LED。常量 LED_BUILTIN 定义为板载 LED 的引脚(LED_BUILTIN 为数字引脚 13)。

2.6.2　数据类型

Arduino 的数据类型主要包括 String() 函数、array、bool/boolean、byte、char、double、float、int、long、short、unsigned char、unsigned int、unsigned long、void、word 和 string 等。

1. String() 函数

String() 函数用于构建 String 类型的实例。Arduino 具有多版本数据类型,可以通过其他数据类型构建字符串,也就是说将其他数据类型序列化为字符串格式。

使用格式为 String(val)、String(val, base) 和 String(val, decimalPlaces)。val 作为字符串格式化的变量,允许的数据类型为 string、char、byte、int、long、unsigned int、unsigned long、float、double;base 是作为字符串格式化整数值的进制或基;decimalPlaces 只用于 float 和 double 数据,作为所需的小数位数。字符串的有效声明如下。

```
String stringOne = "Hello String";                  //使用字符串常量
String stringOne = String('a');                     //将字符常量转换为字符串
String stringTwo = String("This is a string");      //将字符串常量转换为字符串对象
String stringOne = String(stringTwo + " with more");//级联两个字符串
String stringOne = String(13);                      //使用整型常量
String stringOne = String(analogRead(0), DEC);      //使用整型和十进制
```

```
String stringOne = String(45, HEX);              //使用整型和十六进制
String stringOne = String(255, BIN);             //使用整型和二进制
String stringOne = String(millis(), DEC);        //使用长整型和十进制
String stringOne = String(5.698, 3);             //使用浮点型和小数位
```

2. array

array 类型即数组。数组是用索引数访问的变量集合。Arduino 软件以 C/C++ 语言中的数组为基础。

可以声明未初始化的数组,也可以不声明数组的大小,编译器会根据数组元素创建适当大小的数组,或者可以同时初始化数组并声明数组的大小。注意,在声明一个字符类型数组时,如果不是初始化所需的数组元素大小,需要增加一个数组元素,以保存空字符。参考示例如下:

```
int myInts[6];
int myPins[] = {2, 4, 8, 3, 6};
int mySensVals[6] = {2, 4, -8, 3, 2};
char message[6] = "hello";
```

数组是从 0 开始索引的,也就是说,引用上面定义的数组 myPins,数组的第一个元素位于索引 0,因此 mySensVals[0]==2,mySensVals[1]==4。在访问数组时,如果是大于数组的索引(使用大于声明数组大小的索引数-1),将从内存中读取其他程序的数据。从这些位置读取数据可能不会有结果,产生无效数据。写入大于数组的索引的内存位置,会导致不可预知的结果,如崩溃或程序故障,故障可能是难以追踪的。不像 Basic 或 Java 语言,C 语言编译器不检查声明数组的大小是否在合法范围内。

3. bool/boolean

bool 类型的变量拥有一个值:true 或 false。每个 bool 变量占用 1 字节的内存。boolean 是 bool 的别称,由 Arduino 定义,二者是等同的。该类型的示例中,将 LED 通过电阻连接到数字引脚 5,开关连接在数字引脚 13,另一端接地,开关的状态通过 LED 显示,相关代码如下:

```
int LEDpin = 5;                              //LED 在数字引脚 5,另一端通过电阻接地
int switchPin = 13;                          //开关在数字引脚 13,另一端接地
bool running = false;
void setup()
{
  pinMode(LEDpin, OUTPUT);
  pinMode(switchPin, INPUT);
  digitalWrite(switchPin, HIGH);             //打开上拉电阻
}
void loop()
{
  if (digitalRead(switchPin) == LOW)
  {                                          //按下开关
    delay(100);                              //延迟消除开关抖动
    running = !running;                      //切换 running 变量
    digitalWrite(LEDpin, running);           //通过 LED 显示
  }
}
```

4. byte

byte 类型的变量用于存储一个 8 位无符号数,范围为 0~255。参考示例如下:

```
byte a = 200;
byte b;
b = 100;
byte c = B10110;                        //B表示二进制数
```

5. char

char 占用 1 字节,是存储字符值的数据类型。单个字符使用单引号,例如'A',对于多个字符的字符串使用双引号,例如"ABC"。

字符以数字存储,可以在 ASCII 表中看到特定的编码。也就是说,可以使用字符的 ASCII 码值进行算术运算。例如,'A'+1 值为 66,因为大写字母 A 的 ASCII 码值为 65。字符数据类型有符号类型,它从-128 到 127。对于无符号数,字节(8 位)数据类型,使用 byte 数据类型。下面的示例从模拟引脚 A0 读取数据,并用串口监视器输出其 ASCII 码值。

```
int analogValue = 0;                    //获取模拟值的变量
void setup() {                          //打开串口,波特率为 9600
  Serial.begin(9600);
}
void loop() {
  analogValue = analogRead(0);          //在模拟引脚 A0 读取数据
  Serial.println(analogValue);          //输出为十进制的 ASCII 编码
  Serial.println(analogValue, DEC);     //输出为十进制的 ASCII 编码
  Serial.println(analogValue, HEX);     //输出为十六进制的 ASCII 编码
  Serial.println(analogValue, OCT);     //输出为八进制的 ASCII 编码
  Serial.println(analogValue, BIN);     //输出为二进制的 ASCII 编码
  delay(10);                            //延迟 10s
}
```

6. double

在 Arduino UNO 开发板和其他基于 ATmega 系列的开发板中,双精浮点数占用 4 字节。也就是说,double 实现与 float 完全相同,精度不增加。由于在 Arduino Due 开发板中,double 具有 8 字节(64 位)的精度,因此用户使用相关示例代码时,应检查代码是否隐含双精度变量。

7. float

对于浮点数的数据类型,数字有一个小数点。浮点数通常用近似模拟值和连续值,比整数具有更大的分辨率。浮点数可以在 3.4028235E+38~-3.4028235E+38 内。它们被存储为 32 位(4 字节)。浮点数只有 6~7 个精度的数字位数,也就是数字的总数,而不是小数点右边的数字。

浮点数不精确,比较时可能产生不明确的结果。例如,6.0/3.0 可能不等于 2.0,应该使用两个数字之差的绝对值。

浮点运算在执行计算时也比整数运算慢,如果循环必须以最快的速度运行,才能得到关键的定时函数,程序员通常会把浮点运算转换成整数运算提高速度。如果使用浮点数进行数学运算,则需要添加小数点,否则将被视为整数。参考示例如下:

```
int x;
  int y;
  float z;
```

```
x = 1;
y = x / 2;                        //y = 0,整数不能有小数点
z = (float)x / 2.0;               //z = 0.5,使用 2.0,不是 2
```

8. int

整数是数字存储的主要数据类型,在 Arduino UNO 开发板和其他基于 ATmega 的开发板中,整型数据存储为 16 位(双字节),也就是在－32768～32767 内。在 Arduino Due 开发板和基于 SAMD 的开发板中(如 MKR1000 和 Zero),整数存储为 32 位(4 字节),在－2147483648～2147483647 内。

当有符号变量超出其最大或最小容量时,结果就会溢出。溢出的结果是不可预测的,因此应该避免。溢出的一个典型现象是变量"滚动",从它的最大值到最小值,反之亦然,但实际情况并非总是如此。如果希望用变量"滚动",请选择无符号整型变量。参考示例如下:

```
int a;                    //声明整型变量 a
a = -5;                   //给变量 a 赋值－5
int b = 105;              //声明变量 b,并赋值 105
int c = a + b;            //声明变量 c 为另外两个变量之和
```

9. long

长整型变量扩展了数字存储的变量,存储在－2147483648～2147483647 内,占用 32 位(4 字节)。参考示例如下:

```
long a;                       //声明变量 a
a = -232323131;               //为变量赋值－232323131
long b = 123987546;           //声明变量 b 并赋值 123987546
long c = a + b;               //声明变量 c 为另外两个变量之和
```

10. short

short 是 16 位的短整型数据类型。所有的 Arduino(ATMega 和 ARM)开发板,短整型为 16 位(2 字节),在－32768～32767 内。参考示例如下:

```
short pinIn = 3;
```

11. unsigned char

unsigned char 为占用 1 字节内存的无符号字符数据类型,与 byte 类型具有相同的数据类型。无符号字符数据类型编码数为 0～255,为使 Arduino 的编程风格一致,byte 数据类型是首选。参考示例如下:

```
unsigned char CharC = 'C';
unsigned char CharC = 67;                 //二者等效
```

12. unsigned int

在 Arduino UNO 开发板和其他基于 ATMega 系列的开发板中,unsigned int(无符号整型)数据是 2 字节的值。不存储负数,只存储正值,范围为 0～65535。Arduino Due 开发板存储一个 4 字节(32 位),范围为 0～4294967295。无符号整数和有符号整数之间的区别在于最高位(称为符号位)。在 Arduino 的有符号整数中,如果高位是"1",则为一个负数,其他 15 位采用二进制的补码进行运算。

使用无符号变量是因为在需要循环操作的翻转行为时,带符号的变量太小,希望避免长整型/浮点数的内存和速度损失。

单片机执行计算时应用以下规则:计算是在变量的范围内完成的,如果目标变量有符号,即使两个输入变量都是无符号的,也会进行有符号的数学运算。然而,如果计算需要中间结果,而中间结果的范围代码没有指定,在这种情况下,单片机将为中间结果执行无符号运算,因为这两个输入都是无符号的。参考示例如下:

```
unsigned int x = 5;
unsigned int y = 10;
int result;
  result = x - y;                    //5 - 10 = -5
  result = (x - y)/2;                //5 - 10 对于无符号数是 65530,65530/2 = 32765
  //解决的方案是使用有符号数,或者单步计算
  result = x - y;                    // 5 - 10 = -5
  result = result / 2;               // -5/2 = -2,整型变量小数部分被忽略
```

13. unsigned long

无符号长整型变量用于扩展数字变量的大小,存储为 32 位(4 字节)。与标准长整型不同,无符号长整型数据不储存负数,范围为 0~4294967295。参考示例如下:

```
unsigned long time;
void setup()
{
  Serial.begin(9600);
}
void loop()
{
  Serial.print("Time: ");
  time = millis();
  Serial.println(time);              //输出从程序开始运行的时间
  delay(1000);                       //等待 1s,避免大量数据溢出
}
```

14. void

void 关键字仅在函数声明中使用,它表示该函数不会将任何信息返回给所调用的函数。参考示例如下:

```
void setup() {
 pinMode(3, OUTPUT);
}
void loop() {
 digitalWrite(3, HIGH);
}
```

15. word

word 存储一个 16 位的无符号数字,范围为 0~65535。参考示例如下:

```
word a;                              //声明变量 a
a = 642;                             //为变量 a 赋值 642
word b = 15930;                      //声明变量 b 并赋值 15930
word int c = a + b;                  //声明变量 c 为另外两个变量之和
```

16. string

string 通过 string()函数数据类型或字符数组表示字符串,只有字符串以空字符(ASCII 代码 0)终止,这样函数(如 Serial.print()函数)才知道字符串的结尾,不会继续读取

内存的下一字节,意味着该字符串必须具有空字符。请注意,可以使用没有最终空字符的字符串,但可能存在问题。一般字符串始终在双引号(如"ABC")内定义,字符始终在单引号(如'A')内定义。可以按照如下方式定义字符数组：

```
char myStrings[ ] = {"This is string 1", "This is string 2", "This is string 3","This is string 4", "This is string 5","This is string 6"};
```

也可以声明字符数组(有一个额外字符),编译器将添加所需的'\0'字符:

```
char name_of_array[7] = {'p','h','r','a','s','e'};
```

也可以显式地加 null 字符:

```
char name_of_array[7] = {'p','h','r','a','s','e','\0'};
```

用引号中的字符串常量初始化;编译器将对数组进行大小调整,以适合字符串常量和终止'\0'字符:

```
char name_of_array[ ] = "phrase";
```

用显式的大小和字符串常量初始化数组:

```
char name_of_array[7] = "phrase";
```

初始化数组,为较大的字符串留出额外的空间:

```
char name_of_array[12] = "phrase";
```

通过串口输出字符串,参考示例如下:

```
char *  myStrings[] = {"This is string 1", "This is string 2", "This is string 3","This is string 4", "This is string 5","This is string 6"};
void setup(){
Serial.begin(9600);
}
void loop(){
for (int i = 0; i < 6; i++){
   Serial.println(myStrings[i]);
   delay(500);
}
}
```

2.6.3 变量修饰

本节介绍程序运行中一些必要的修饰限定操作,包括转换函数、变量限定范围和其他扩展操作,以更好地实现程序功能。

1. 转换函数

转换函数包括对不同数据类型之间的转换,有字节型、字符型、浮点型、整型、长整型和字型的变量类型转换。

1) byte(x)

该函数将输入的任意值 x 转换为 byte 数据类型,相当于使用运算符(byte),例如下面的两个示例是等效的。

```
byte b =  byte(260);
byte b =  (byte) 260;
```

2）char(x)

该函数将输入的任意值 x 转换为 char 数据类型,相当于使用运算符(char),例如下面的两个示例是等效的。

```
char c = char(126);              //变为字符
char c = (char) 126;             //变为字符
```

3）float(x)

该函数将输入的任意值 x 转换为 float 数据类型,相当于使用运算符(float)。参考示例如下：

```
float i = float(3.1415);         //设置 i 为浮点值 3.1415
```

4）int(x)

该函数将输入的任意值 x 转换为 int 数据类型,相当于使用运算符(int)。参考示例如下：

```
int i = int(3.1415);             //整型变量 i 设置为 3
```

5）long(x)

该函数将输入的任意值 x 转换为 long 数据类型。参考示例如下：

```
long i = long(3.1415);           //设置变量 i 为长整型数值 3
```

6）word(x)

该函数将输入的任意值 x 转换为 word 数据类型,word(h, l)函数返回为 word 数据类型,h 为字的高字节,l 为字的低字节。

2. 变量限定范围

全局变量是程序中每个函数都可以看到的,局部变量只对声明的函数可见。在 Arduino 环境中,函数外部声明的任何变量（如 setup()函数、loop()函数等）都是一个全局变量。当程序开始变得越来越复杂时,局部变量是确保只有一个函数可以访问其自身变量的有用方式,这样可以防止一个函数无意中修改另一个函数使用变量时的编程错误。在 for 循环中声明和初始化一个变量也是有用的,下面创建一个只能从 for 循环括号内访问的变量,参考示例如下：

```
int gPWMval;                     //所有函数都可见此变量
void setup()
{
 // ...
}
void loop()
{
 int i;                          //此变量只能在 loop 函数中可见
 float f;                        //此变量只能在 loop 函数中可见
 // ...
 for (int j = 0; j < 100; j++){
 }                               //变量只能在 for 循环内使用
}
```

1）static

static 关键字用于创建只有一个函数可见的变量。但是,与每次调用函数时都会创建和销毁的局部变量不同,静态变量在函数调用之外仍然存在,在函数调用之间保留数据。声明为静态的变量只能在第一次调用函数时创建和初始化。它可以修饰任何数据类型,例如 int、double、long、char 和 byte 等。参考示例如下:

```
void setup()
{
 Serial.begin(9600);
}
void loop()
{
 static int x = 0;                    //x 在 loop()函数只初始化一次
 Serial.println(x);                   //输出 x 的值
 x = x + 1;
 delay(200);
}
```

2) volatile

volatile 是变量限定词的关键字,通常在变量的数据类型之前使用,以修改编译器和后续程序对变量的处理方式。声明变量 volatile 是编译器的一个指令,编译器是将 C/C++ 代码转换为机器代码的软件,这是 Arduino 软件中 ATmega 芯片的实际指令。具体来说,它指示编译器从 RAM 中加载变量,而不是存储寄存器,存储寄存器是存储和操作程序变量的临时内存位置。在某些条件下,存储在寄存器中变量的值可能不准确。

volatile 用来修饰被不同线程访问和修改的变量。作为指令关键字,确保本条指令不会因编译器的优化而省略,且要求每次直接读取,目的是防止编译器对代码进行优化,当变量的值可以被超出其出现代码控制(如并发执行的线程)改变时,变量应该被声明为 volatile。在 Arduino 软件中,唯一可能发生这种情况的是与中断相关的代码部分,称为中断服务程序。例如,当中断引脚改变状态时,切换 LED 状态。相关代码如下:

```
int pin = 13;
volatile int state = LOW;
void setup()
{
 pinMode(pin, OUTPUT);
 attachInterrupt(0, blink, CHANGE);
}
void loop()
{
 digitalWrite(pin, state);
}
void blink()
{
 state = !state;
}
```

3) const

const 关键字代表常量,它是修改变量行为的限定符,使变量"只读",这意味着该变量可以像其他类型的变量一样使用,但其值不能更改。如果尝试对一个值赋给一个常量变量,将收到编译器错误。在使用 const 关键字定义的常量时,要遵守管理变量的范围规则,这是 const 关键字成为定义常量比较实用的方法,并且优于使用♯define。参考示例如下:

```
const float pi = 3.14;
float x;
x = pi * 2;                          //数学公式中使用常量
pi = 7;                              //非法赋值
```

3. 其他扩展操作

1）sizeof()函数

sizeof()函数是返回变量类型中的字节数或数组占用的字节数，可以对任何变量类型或数组操作（如 int、byte、long、char、array），返回值为所占用的字节数。该运算符对于处理数组（如字符串）非常有用，因为在不破坏其他程序的情况下，可以方便更改数组的大小。以下程序是通过 sizeof()函数，每次输出一个字符。参考示例如下：

```
char myStr[] = "this is a test";
int i;
void setup(){
  Serial.begin(9600);
}
void loop() {
  for (i = 0; i < sizeof(myStr) - 1; i++){
    Serial.print(i, DEC);
    Serial.print(" = ");
    Serial.write(myStr[i]);
    Serial.println();
  }
  delay(5000);
}
```

2）PROGMEM

PROGMEM 是将数据存储在闪存（程序）存储器中，而不是存储在 SRAM 中。PROGMEM 关键字是一个变量修饰符，只能用于 pgmspace.h 中定义的数据类型，它告诉编译器"把这些信息放入闪存"，而不是 SRAM 中。为了使用 PROGMEM，变量必须是全局定义的或用 static 关键字定义的。PROGMEM 是 pgmspace.h 库文件的一部分，它在 Arduino IDE 的较新版本中自动包含，但是使用的版本低于 1.0，需要将库文件包含在程序中。参考示例如下：

```
#include <avr/pgmspace.h>
```

请注意，因为 PROGMEM 是一个变量修饰符，所以 Arduino 编译器接受的定义如下：

```
const dataType variableName[] PROGMEM = {};
const PROGMEM dataType variableName[] = {};
```

虽然 PROGMEM 用于单个变量，但是可以存储更大的数据块。使用 PROGMEM 过程如下：将数据写入闪存后，它需要特殊的函数，也可以在 pgmspace.h 库文件中定义，将程序存储器中的数据读回到 SRAM 中需要单独处理。下面的代码是说明如何将无符号字符（1字节）和整数（2字节）读写到 PROGMEM 中。参考示例如下：

```
#include <avr/pgmspace.h>
const PROGMEM uint16_t charSet[] = { 65000, 32796, 16843, 10, 11234};
//存储无符号数
const char signMessage[] PROGMEM = {"I AM PREDATOR, UNSEEN COMBATANT. CREATED BY THE UNITED
```

```
STATES DEPART"};                          //存储字符
unsigned int displayInt;
int k;                                    //计数器变量
char myChar;
void setup()
{
 Serial.begin(9600);
 while (!Serial);
 //读取一个2字节整数
 for (k = 0; k < 5; k++)
 {
 displayInt = pgm_read_word_near(charSet + k);
 Serial.println(displayInt);
 }
 Serial.println();
//读取一个字符串
 for (k = 0; k < strlen(signMessage); k++)
 {
 myChar = pgm_read_byte_near(signMessage + k);
 Serial.print(myChar);
 }
Serial.println();
}
void loop() {
 //主程序代码
}
```

在处理大量文本时,使用这种方法方便快捷。例如,LCD 显示器的项目,设置字符串数组,因为字符串本身是数组,这些通常都是大型结构,将它们放入 PROGMEM 中是可行的。例如,在闪存中存储字符串表并取回,相关代码如下:

```
#include <avr/pgmspace.h>
const char string_0[] PROGMEM = "String 0";
const char string_1[] PROGMEM = "String 1";
const char string_2[] PROGMEM = "String 2";
const char string_3[] PROGMEM = "String 3";
const char string_4[] PROGMEM = "String 4";
const char string_5[] PROGMEM = "String 5";
const char * const string_table[] PROGMEM = {string_0, string_1, string_2, string_3, string_
4, string_5};                             //构建引用字符串的表
char buffer[30];                          //数组要足够大
void setup()
{
  Serial.begin(9600);
  while(!Serial);                         //串口连接
  Serial.println("OK");
}
void loop()
{
  //使用 strcpy_P 函数复制字符串到 RAM
  for (int i = 0; i < 6; i++)
  {
    strcpy_P(buffer, (char *)pgm_read_word(&(string_table[i])));
    Serial.println(buffer);
```

```
        delay( 500 );
    }
}
```

2.7　Arduino 常用函数

Arduino 软件开发环境包括各种函数，Arduino 函数建立在 C/C++ 语言基础之上，对单片机（微控制器）相关的一些寄存器参数设置等进行函数化，方便开发者使用。

2.7.1　数字 I/O 函数

数字 I/O 函数主要有 pinmode()函数、digitalWrite()函数和 digitalRead()函数，下面分别介绍其使用方法。

1. pinmode()函数

pinmode(pin,mode)函数的作用是将指定的数字 I/O 引脚设置为 INPUT、OUTPUT 或 INPUT_PULLUP。可以使用 digitalWrite()函数和 digitalRead()函数设置或读取数字 I/O 引脚的值，它是一个无返回值的函数。函数有 pin 和 mode 两个参数。pin 参数表示要配置的引脚，mode 参数表示设置的参数 INPUT（输入）或 OUTPUT（输出），也可以使用 INPUT_PULLUP 模式使能内部上拉电阻。此外，INPUT 模式显式禁用内部上拉电阻。

2. digitalWrite()函数

digitalWrite(pin,value)函数的作用是设置引脚的输出电压为高电平或低电平。该函数也是一个无返回值的函数。pin 参数表示所要设置的引脚，value 参数表示输出的电压 HIGH（高电平）或 LOW（低电平），使用前必须先用 pinmode()函数设置。

3. digitalRead()函数

digitalRead(pin)函数在引脚设置为输入的情况下，可以获取引脚的电压情况 HIGH（高电平）或者 LOW（低电平），pin 参数表示所要设置的引脚，使用前必须先用 pinmode()函数设置。

4. 使用示例

在数字引脚 5 输入电平，控制 LED 亮灭，在 Arduino IDE 的串口监视器输出 LED 状态，如图 2-18 所示，如果有必要也可以给 LED 串联一个电阻。参考示例如下：

```
#define ledPIN 5                      //将 LED 的引脚定义为数字引脚 5
void setup() {
  Serial.begin(115200);               //设置串口监视器波特率为 115200
  pinMode(ledPIN, OUTPUT);            //设置 LED 引脚为输出模式
  Serial.println();
  Serial.println("LED OFF");          //输出当前的 LED 状态
}
void loop() {
  digitalWrite(ledPIN,HIGH);          //输入高电平
  Serial.print("LED ON\n");           //串口输出状态
  delay(1000);                        //时延 1000ms(1s)
  digitalWrite(ledPIN,LOW);           //输入低电平
  Serial.print("LED OFF\n");
  delay(1000);
}
```

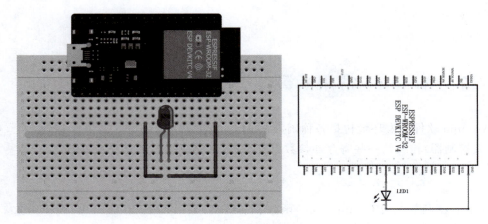

图 2-18 LED 控制电路

2.7.2 模拟 I/O 函数

本部分主要包括 analogReference()函数、analogRead()函数、analogWrite()函数,以及用于 ARM 开发板的 analogReadResolution()函数和 analogWriteResolution()函数,下面分别介绍各自的用法。

1. analogReference()函数

首先,将 analogReference()函数设置指定用作 analogRead()函数的参考电压的模式,该值作为参考的最大电压。选项如下:

DEFAULT 是默认模拟参考电压,5V 或 3.3V。

INTERNAL 是内部参考电压,ATmega 168/ATmega 328 为 1.1V,ATmega 8/Atmega32u4 为 2.56V。

INTERNAL1V1 内置 1.1V 参考电压。

INTERNAL2V56 内置 2.56V 参考电压。

EXTERNAL 仅作为参考,使用值为 0~5V,加到 AREF 引脚的电压。

其次,analogReference(ref)函数在 Arduino M0 和 Arduino M0 PRO 上为 A/D 转换器设置电压参考,需要一个参数(ref),参考的可能值如下:

AR_DEFAULT:Vref 为 VDDana,VDDana 为 3.3 V,Vref 为 3.3 V。

AR_INTERNAL:Vref =1V。

AR_EXTERNAL:Vref 根据开发板上可用 Vref 引脚上的电压进行变化。在 Vref 引脚上不要超过 VDDana−0.6V(3.3−0.6=2.7V),因为 ATSAMD21G18A 不能容忍高于上述值的电压。

最后,analogReference(ref)函数为 Arduino Primo 开发板设置 A/D 转换器的参考电压,需要一个 ref 参数,参考值如下:

DEFAULT:Vref 为 3.3V。

INTERNAL:Vref 为 3V。

INTERNAL3V6:Vref 为 3.6V。

注意:在设置模拟参考值后,使用 analogRead()函数读取的前几个数字可能不是精确的。另外，不要将任何0～5V的电压应用于AREF，如果在AREF引脚上使用外部引用，则必须在调用analogRead()函数之前将模拟引用设置为EXTERNAL。如果AREF引脚连接到外部源，则不需使用其他参考电压选项，因为它们将短路到外部电压，并导致开发板上的微控制器永久性损坏。

2. analogRead()函数

analogRead(pin)函数用于读取引脚的模拟量电压值，每读取一次需要花$100\mu s$的时间。参数pin表示所要获取模拟量电压值的引脚，返回为int型，精度是10位，返回值范围为0～1023，其中0等于0V，1023等于5V。通常，单位的分辨率为4.9mV，可以使用analogReference()函数进行更改。注意：pin的函数参数范围为0～5，对应开发板上的模拟引脚A0～A5。

3. analogWrite()函数

analogWrite(pin,value)函数通过脉冲宽度调制的方式在引脚上输出一个模拟量，图2-19为PWM输出的一般形式，也就是在一个脉冲的周期内高电平所占的比例。主要用于LED亮度控制、电机转速控制等方面的应用。

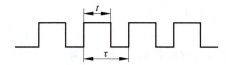

图2-19　PWM输出的一般形式

4. analogReadResolution()函数

analogReadResolution(bit)函数是API的扩展。设置读取模拟返回值的位数（以位为单位），默认为10位（返回值为0～1023），但是在Arduino开发板中，可以设置为12位（可能的返回值为0～4095）。

5. analogWriteResolution()函数

analogWriteResolution(bit)函数是API的扩展。此函数设置analogWrite()函数的分辨率，不同的开发板略有不同，可以写入分辨率设置为12，其值为0～4095。

6. 使用示例

本示例只使用ESP32开发板读取GPIO引脚4的值，由于引脚悬空，所以读数为随机值。参考示例如下：

```
int pinIN = 4;
int value = 0;
void setup() {
 Serial.begin(115200);
}
void loop() {
 value = analogRead(pinIN);              //读取悬空引脚的随机值
 Serial.print(value);
 Serial.print("\n");
 delay(1000);
}
```

2.7.3 时间函数

本部分主要包括 delay() 函数、delayMicroseconds() 函数、millis() 函数和 micros() 函数，下面分别介绍各自使用方法。

1. delay() 函数

delay(ms) 函数为延时函数，参数是延时的时长，单位是 ms。

2. delayMicroseconds() 函数

delayMicroseconds(us) 函数为延时函数，参数是延时的时长，单位是 μs。1ms＝1000μs，该函数可以产生更短的延时。

3. millis() 函数

millis() 函数为计时函数，应用该函数可以获取单片机通电到目前运行的时间长度，单位是 ms。系统最长的记录时间为 9 小时 22 分，超出之后，从 0 开始。返回值是 unsigned long 类型。

4. micros() 函数

micros() 函数为计时函数，该函数返回开机到目前运行的以 μs 为单位的 unsigned long 类型值，如果超过 70 分钟就会溢出。

5. 使用示例

本示例显示开发板开机到目前运行的 μs 值，参考示例如下：

```
long currentTime;
void setup()
{
Serial.begin(115200);
}
void loop()
{
Serial.print("Time: ");
currentTime = micros();                //读取当前的 μs 值
Serial.println(currentTime);           //输出开机到目前运行的 μs 值
delay(1000);                           //延时 1s
}
```

2.7.4 中断函数

中断的概念如图 2-20 所示。

例如，你在看书，电话铃响，于是你在书中做上记号，去接电话，与对方通话；门铃响了，有人敲门，让打电话的对方稍等一下，然后去开门，并在门旁与来访者交谈，谈话结束，关好门；回到电话机旁，继续通话，接完电话后再回来从做记号的地方接着看书。

同理，在单片机中也存在中断概念，如图 2-21 所示，在计算机或者单片机中中断是指由于某个随机事件的发生，计算机暂停原来程序的运行，转去执行另一程序（随机事件），处理完毕后又自动返回原来的程序继续运行的过程，也就是说高优先级的任务中断了低优先级的任务。计算机中断包括如下内容：

中断源：引起中断的原因或能发生中断申请的来源。

主程序：计算机现行运行的程序。

中断服务子程序：处理突发事件程序。

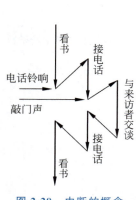
图 2-20　中断的概念

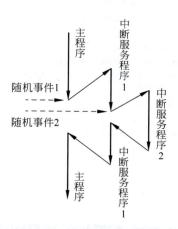
图 2-21　单片机中的中断

1. attachInterrupt()函数

attachInterrupt()函数用于指定外部中断发生时调用的命名中断服务程序（ISR）。不同开发板的中断引脚不同。attachInterrupt()函数用于设置中断，语法格式如下：

```
attachInterrupt(digitalPinToInterrupt(pin), ISR, mode);
attachInterrupt(interrupt,function, mode);
attachInterrupt(pin,ISR, mode);
```

参数说明如下：

interrupt 是允许外部中断的编号。

pin 是使能中断的引脚编号。

ISR 是中断事件发生时要调用的函数名称，此函数不能使用任何参数，并且不返回任何内容。当中断发生时执行中断处理函数，完成特定功能。

Mode 有 5 种有效模式：①当 LOW 引脚为低电平时触发中断；②当 CHANGE 引脚改变值时设置触发中断；③当 RISING 引脚从低电平变为高电平时触发中断；④当 FALLING 引脚从高电平变为低电平时，设置为触发中断；⑤当 HIGH 引脚为高电平时触发中断。

2. detachInterrupt()函数

detachInterrupt()函数用于取消外部中断，语法格式如下：detachInterrupt(interrupt)，其中 interrupt 表示所要取消的中断源；detachInterrupt(pin)（Arduino DUE 开发板使用）中的 pin 表示中断的引脚号。

3. interrupts()函数/noInterrupts()函数

interrupts()函数在 noInterrupts()函数禁用中断之后启用。默认情况下，启用中断以允许重要任务在后台进行。某些功能在中断被禁用时不起作用，输入的通信可能会被忽略。对于特别关键的代码段，中断可能被禁用。

4. 使用示例

本示例通过中断控制 LED 的亮灭，电路如图 2-22 所示，按下按键触发中断，注意按键的抖动带来的影响，读者可以扩展程序，消除按键抖动。参考示例如下：

```
volatile int state = LOW;           //需要在中断函数内部更改的值声明为 volatile 类型
const int interruptPin = 4;
void setup(){
  pinMode(5,OUTPUT);
  pinMode(interruptPin, INPUT);
  attachInterrupt(interruptPin,Blink,RISING);           //设置外部中断函数
}
void loop()
{
  digitalWrite(5,state);
}
void Blink()
{
  state = !state;
}
```

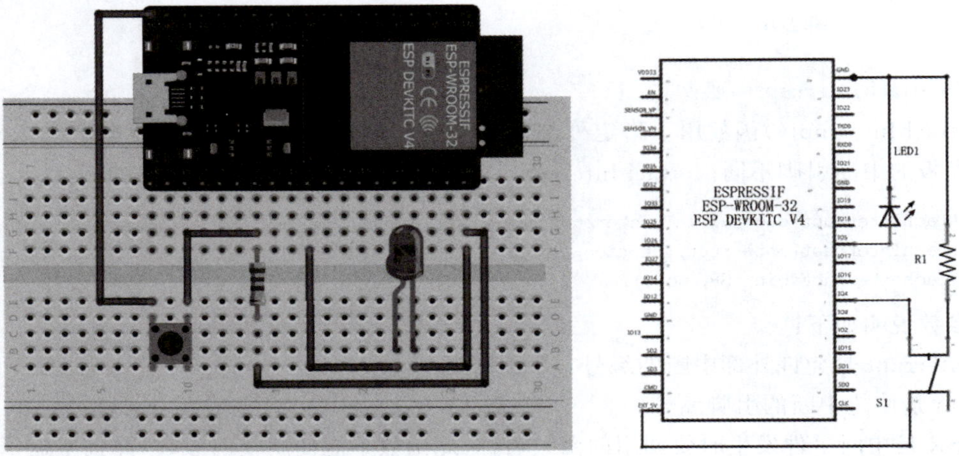

图 2-22　中断控制 LED 的亮灭

2.7.5　串口通信函数

串行通信接口是指数据按顺序传送、只要一对传输线就可以实现双向通信的接口，如图 2-23 所示。串口通信是指在外设和计算机之间，通过数据信号线、地线、控制线等，按位传输数据的一种通信方式，这种通信方式使用的数据线少，在远距离通信中可以节约通信成本，但其传输速度比并行传输低。

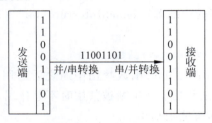

图 2-23　串行通信接口

串行通信接口（即 COM 口）不支持热插拔且传输速率较低，多用于工控、测量设备以及部分通信设备中，包括各种传感器采集装置、GPS 信号采集装置、多个单片机通信系统、门

禁刷卡系统等,特别是广泛应用于低速数据传输的工程应用。下面对 Arduino 开发板常用的串口通信函数进行详细介绍。

1. Serial.begin()函数

Serial.begin()函数用于开启串口,通常置于 setup()函数中,设置串口的波特率,即数据的传输速率,每秒钟传输的符号个数。语法格式如下:

```
Serial.begin(speed);
Serial.begin(speed,config);
```

参数如下:

speed:波特率,一般取值为 300、1200、2400、4800、9600、14400、19200、28800、38400、57600、115200 等。

config:设置数据位、校验位和停止位。例如,Serial.begin(speed,Serial_8N1),在 Serial_8N1 中 8 表示 8 个数据位,N 表示没有校验,1 表示有 1 个停止位。参考示例如下:

```
void setup() {
Serial.begin(9600);                    //打开串口,设置速率为 9600 波特
}
```

2. Serial.end()函数

Serial.end()函数用于禁止串口传输函数,此时串口传输的引脚可以作为数字 I/O 引脚使用。该函数没有参数,没有返回值。

3. Serial.flush()函数

Serial.flush()函数在 1.0 版本之前的功能为清空串口缓存,现在该函数作用是等待输出数据传送完毕。如果要清空串口缓存,可以使用 while(Serial.read()>=0)来代替。该函数没有参数,没有返回值。

4. Serial.print()函数

Serial.print()函数用于从串口输出数据函数,写入字符串数据到串口,即该函数向串口发送数据,可以发送变量,也可以发送字符串。语法格式如下:

```
Serial.print(val);
Serial.print(val,format);
```

参数如下:

val:输出的值,为任意数据类型。

format:输出的数据格式,包括整数类型和浮点型数据的小数点位数。

例 1: Serial.print("today is good");
例 2: Serial.print(x,DEC);   以十进制发送 x
例 3: Serial.print(x,HEX);   以十六进制发送变量 x

5. Serial.println()函数

Serial.println()函数与 Serial.print()函数类似,只是多了换行功能。语法格式如下:

```
Serial.println(val)
Serial.println(val,format)
```

参数如下:

val:输出的值,为任意数据类型。

format：输出的数据格式，包括整数类型和浮点型数据的小数点位数。
参考示例如下：

```
int x = 0;
void setup()
{ Serial.begin(9600);                    //波特率为9600
}
void loop()
{
  if(Serial.available())
    {  x = Serial.read();
       Serial.print("received:");
       Serial.println(x,DEC);             //输出并换行
    }
    delay(1000);
}
```

6. Serial.available()函数

Serial.available()函数用于判断串口缓冲器的状态函数，以及判断数据是否送达串口。注意：使用时通常用 delay(100)以保证串口字符接收完毕，即保证 Serial.available()函数返回的是缓冲区准确的可读字节数，该函数用来判断串口是否收到数据，函数的返回值为整型，不带参数。参考示例如下：

```
void setup() {
  Serial.begin(9600);
  while(Serial.read()>= 0){}              //清除串口缓存
}
void loop() {
   if (Serial.available() > 0) {          //是否有数据
    delay(1000);                          //等待数据传完
    int ndata = Serial.available();
    Serial.print("Serial.available = ");  //串口输出数据
    Serial.println(ndata);
   }
   while(Serial.read()>=0){}              //清空串口缓存
}
```

7. Serial.read()函数

Serial.read()函数用于读取串口数据，一次读一个字符，读完后删除已读数据，该函数不带参数，如果返回串口缓存中第一个可读字节后，没有可读数据时返回-1，为整数类型，参考示例如下：

```
char char1;
void setup() {
  Serial.begin(9600);
  while(Serial.read()>= 0){}              //清除串口缓存
}
void loop() {                             //从串口读数据
  while(Serial.available()>0){
    char1 = Serial.read();                //读串口第一字节
    Serial.print("Serial.read: ");
    Serial.println(char1);                //输出数据
```

```
      delay(1000);
   }
}
```

8. Serial.peek()函数

Serial.peek()函数用于读串口缓存中下一字节的数据(字符型),但不从内部缓存中删除该数据。也就是说,连续调用peek()函数将返回同一个字符,而调用read()函数则会返回下一个字符。Serial.peek()函数没有参数,如果没有返回串口缓存中下一字节(字符)的数据,则返回-1,为整数类型。Serial.peek()函数每次从串口缓存中读取一个字符,并不会将读过的字符删除,第二次读取时仍然为同一个字符。参考示例如下:

```
char char1;
void setup() {
   Serial.begin(9600);
   while(Serial.read()>= 0){}          //清除串口缓存
}
void loop() {
   while(Serial.available()> 0){       //读取串口数据
     char1 = Serial.peek();
     Serial.print("Serial.peek: ");
     Serial.println(char1);            //输出数据
     delay(1000);
   }
}
```

9. Serial.readBytes()函数

Serial.readBytes()函数用于从串口读取指定长度的字符到缓存数组,在返回存入缓存的字符数时,0 表示没有有效数据。语法格式如下:

Serial.readBytes(buffer,length);

参数如下:

buffer:缓存变量。

length:设定的读取长度。

参考示例如下:

```
char buff[18];
int ndata = 0;
void setup() {
   Serial.begin(9600);
   while(Serial.read()>= 0){}          //清串口
}
void loop() {                           //从串口读取数据
   if(Serial.available()> 0){
      delay(1000);
      ndata = Serial.readBytes(buff,3); //读取数据
      Serial.print("Serial.readBytes:");
      Serial.println(buff);             //输出数据
   }
   while(Serial.read() >= 0){}          //清串口缓存
```

```
        for(int i = 0; i < 18; i++){
            buff[i] = '\0';
        }
    }
```

10. Serial.readBytesUntil()函数

Serial.readBytesUntil()函数用于从串口缓存读取指定长度的字符到数组 buffer，遇到终止字符 character 后停止。在返回存入缓存的字符数中，0 表示没有有效数据。语法格式如下：

```
Serial.readBytesUntil(character,buffer,length)
```

参数如下：

character：查找的字符。

buffer：存储读取数据的缓存（char[] 或 byte[]）。

length：设定的读取长度。

参考示例如下：

```
char buff[18];
char char1 = ',';                                  //终止字符
int ndata = 0;
void setup() {
    Serial.begin(9600);
    while(Serial.read() >= 0){}                    //清串口
}
void loop() {                                      //从串口读数据
    if(Serial.available() > 0){
        delay(1000);
        ndata = Serial.readBytesUntil(char1,buff,3);   //读取数据
        Serial.print("Serial.readBytes:");
        Serial.println(buff);                       //输出数据
    }
    while(Serial.read() >= 0){}                    //清串口
    for(int i = 0; i < 18; i++){
        buff[i] = '\0';
    }
}
```

11. Serial.readString()函数

Serial.readString()函数用于从串口缓存区读取全部数据到一个字符串型变量；该函数没有参数，返回从串口缓存区中读取的一个字符串。参考示例如下：

```
String cdata = " ";
void setup() {
    Serial.begin(9600);
    while(Serial.read() >= 0){}                    //清串口
}
void loop() {                                      //从串口读取数据
    if(Serial.available() > 0){
        delay(1000);
        cdata = Serial.readString();
        Serial.print("Serial.readString:");
        Serial.println(cdata);                     //输出数据
```

```
        }
            cdata = " ";
    }
```

12. Serial.readString Until()函数

Serial.readString Until()函数用于从串口缓存区读取字符到一个字符串型变量,直至读完或遇到某终止字符。返回从串口缓存区中读取的整个字符串,直至检测到终止字符。使用 Serial.readString Until(terminator)函数,参数 Terminator 为终止字符。参考示例如下:

```
String cdata = " ";
char terminator = ',';
void setup() {
  Serial.begin(9600);
  while(Serial.read()>= 0){}                    //清串口
}
void loop() {                                   //从串口读数据
  if(Serial.available()> 0){
      delay(1000);
      cdata = Serial.readStringUntil(terminator);   //读取数据
      Serial.print("Serial.readStringUntil: ");
      Serial.println(cdata);                    //输出数据
   }
    while(Serial.read()>= 0){}
}
```

13. Serial.parseFloat()函数

Serial.parseFloat()函数用于读取串口缓存区第一个有效的浮点型数据时,数字将被跳过。当读到第一个非浮点数后,如果没有参数,会返回串口缓存区第一个有效的浮点型数据,数字将被跳过。另外,从串口缓存中读取第一个有效的浮点数时,第一个有效数字之前的负号会被读取,独立的负号会被舍弃。参考示例如下:

```
float cfloat;
void setup() {
  Serial.begin(9600);
  while(Serial.read()>= 0){}                    //清串口
}
void loop() {
  if(Serial.available()> 0){
      delay(1000);
      cfloat = Serial.parseFloat();             //从串口读数据
      Serial.print("Serial.parseFloat:");
      Serial.println(cfloat);                   //输出数据
   }
    while(Serial.read() >= 0){}                 //清串口缓存
}
```

14. Serial.parseInt()函数

Serial.parseInt()函数从串口接收数据流中读取第一个有效整数(包括负数)。需要注意的是,非数字的首字符或者负号将被跳过;当可配置的超时值没有读到有效字符时,或者读不到有效整数时,分析停止;如果超时且读不到有效整数,则返回 0。如果从串口缓存中读取第一个有效整数,第一个有效数字之前的负号会被读取,独立的负号会被舍弃。使用 Serial.parseInt()函数,返回下一个有效整型值。参考示例如下:

```
int cInt;
void setup() {
  Serial.begin(9600);
  while(Serial.read()>= 0){}                       //清串口
}
void loop() {
  if(Serial.available()>0){
      delay(1000);
      cInt = Serial.parseInt();                    //从串口读数据
      Serial.print("Serial.parseInt:");
      Serial.println(cInt);                        //串口输出数据
  }                                                //清串口缓存
    while(Serial.read() >= 0){}
}
```

15. Serial.find()函数

Serial.find(target)函数用于从串口缓存区读取数据,寻找目标字符串,如果找到目标字符串返回真,否则为假,参数 target 为目标字符串。参考示例如下:

```
char target[] = "test";
void setup() {
  Serial.begin(9600);
  while(Serial.read()>= 0){}                       //清串口
}
void loop() {
  if(Serial.available()>0){
    delay(1000);
    if( Serial.find(target)){                      //从串口读数据
      Serial.print("find traget:");
      Serial.println(target);                      //输出数据
    }
  }                                                //清串口
    while(Serial.read() >= 0){}
}
```

16. Serial.findUntil()函数

Serial.findUntil(target,terminal)函数用于从串口缓存区读取数据,寻找目标字符串(char 型数组),直到出现给定字符串(char 型),找到为真,否则为假。参数如下:

target:目标字符串。

terminal:结束搜索字符串。

如果在终止字符 terminal 之前找到目标字符,返回真,否则返回假。参考示例如下:

```
char target[] = "test";
char terminal[] = "end";
void setup() {
  Serial.begin(9600);
  while(Serial.read()>= 0){}                       //清串口
}
void loop() {
  if(Serial.available()>0){
```

```
    delay(1000);
    if( Serial.findUntil(target,terminal)){    //从串口读数据
      Serial.print("find traget:");
      Serial.println(target);                   //输出数据
    }
  }                                             //清串口
  while(Serial.read() >= 0){}
}
```

17. Serial.write()函数

Serial.write()函数用于从串口输出数据函数,写二进制数据到串口,返回字节长度,语法格式如下:

```
Serial.write(val)
Serial.write(str)
Serial.write(buf, len)
```

参数如下:

val:字节。

str:一串字节。

buf:字节数组。

len:buf 的长度。

参考示例如下:

```
void setup(){
  Serial.begin(9600);
}
void loop(){
  Serial.write(65);                             //发送65
  Serial.println();
  delay(1000);
  int bytesSent = Serial.write("hello");        //发送"hello",返回字符串长度
  Serial.println();
  delay(1000);
}
```

2.7.6 数学函数

本节主要介绍 abs()函数、constrain()函数、map()函数、max()函数、min()函数、pow()函数、sqrt()函数/sq()函数、sin()函数、cos()函数、tan()函数、randomSeed()函数和 random()函数,下面分别讲解其使用方法。

1. abs()函数

abs()函数计算一个数字的绝对值,返回非负数。因为其实现功能的方式不同,要避免在括号内使用其他函数,这可能会导致结果不正确。参考示例如下:

```
abs(a++);                  //避免使用此种方式,可能导致结果不正确
abs(a);                    //用此种方法
a++;
```

2. constrain()函数

constrain()函数将数值限制在一个范围内。语法格式为 constrain(x, a, b), x 为要限

制的变量，a 为范围的下限，b 为范围的上限，所有数据类型均适用该函数。参考示例如下：

```
sensVal = constrain(sensVal, 10, 150);        //传感器的值限定为 10～150
```

3. map()函数

map()函数将数值重新映射到另一个范围。语法格式为 map(value，fromLow，fromHigh，toLow，toHigh)，也就是说，fromLow 的值映射到 toLow，fromHigh 的值映射到 toHigh。参考示例如下：

```
y = map(x,1,50,50,1);
y = map(x,1,50,50,-100);
```

map()函数使用整数数值，所以不会生成分数，小数剩余部分被截断，而不是四舍五入或平均，下面的示例将模拟数值映射为 8 位，在处理模拟量时用处比较大。参考示例如下：

```
void setup() {}
void loop()
{
 int val = analogRead(0);
 val = map(val, 0, 1023, 0, 255);
 analogWrite(9, val);
}
```

4. max()函数

max()函数计算两个数的较大值，返回两个数中比较大的数。参考示例如下：

```
sensVal = max(sensVal, 20);                   //赋给 sensVal 的值不小于 20
```

5. min()函数

min()函数计算两个数的较小值，返回两个数中比较小的数，参考示例如下：

```
sensVal = min(sensVal, 100);                  //赋给 sensVal 的值不超过 100
```

6. pow()函数

pow()函数计算幂函数值。语法格式为 pow(base，exponent)，其中 base 为底数，exponent 为指数。参考示例如下：

```
x = pow(5,3)                                  //x 的值为 125
```

7. sqrt()函数/sq()函数

sqrt()函数计算一个数的平方根，sq()函数计算一个数的平方，返回值均为双精度值。

8. sin()函数

sin()函数计算以弧度表示的某角度的正弦。它返回 −1 和 1 之间的双精度值。参考示例如下：

```
double x = sin(0);                            //x = 0
double y = sin(π/2);                          //y = 1
```

9. cos()函数

cos()函数计算以弧度表示的某角度的余弦。它返回 −1 和 1 之间的双精度值。参考示例如下：

```
double x = cos(0);                            //x = 1
double y = cos(π/2);                          //y = 0
```

10. tan()函数

tan()函数计算以弧度表示的某角度的正切。它返回-1和1之间的双精度值。参考示例如下：

```
double z = tan(π);                    //z = 0
```

11. randomSeed()函数

randomSeed()函数初始化为随机数发生器，使它在随机序列的任意点开始。这个序列很长，而且是随机的。如果随机序列产生的值比较重要，那么需要完全随机的输入值初始化发生器。例如，读取没有连接的引脚模拟值。该函数没有返回值，参考示例如下：

```
long randNumber;
void setup(){
 Serial.begin(9600);
 randomSeed(analogRead(0));          //初始化序列发生器
}
void loop(){
 randNumber = random(300);
 Serial.println(randNumber);
delay(50);
}
```

12. random()函数

random()函数生成随机数。每当调用该函数时，它会在指定的范围内返回随机值。如果传递一个参数给函数，返回一个在零和参数值之间的浮点数。调用 random(5) 函数，返回 0~5 的值。如果传递了两个参数，返回一个在两参数之间的浮点数。参考示例如下：

```
long randNumber;
void setup(){
 Serial.begin(9600);
randomSeed(analogRead(0));
}
void loop() {
randNumber = random(300);            //输出 0~299 的随机数
 Serial.println(randNumber);
randNumber = random(10, 20);         //输出 10~19 的随机数
 Serial.println(randNumber);
delay(50);
}
```

2.7.7 字符函数

本节主要介绍 isAlpha()函数、isAlphaNumeric()函数、isAscii()函数、isControl()函数、isDigit()函数、isGraph()函数、isHexadecimalDigit()函数、isLowerCase()函数、isPrintable()函数、isPunct()函数、isSpace()函数、isUpperCase()函数和 isWhitespace()函数，下面分别讲解其用法。

1. isAlpha()函数

isAlpha()函数分析字符是否为字母。语法格式为 isAlpha(this)，this 为字符型变量，如果 this 是字母，返回 true。参考示例如下：

```
    if (isAlpha(this))                       //测试 this 变量是否为字母
    {
        Serial.println("The character is a letter");
    }
    else
    {
        Serial.println("The character is not a letter");
    }
```

2. isAlphaNumeric()函数

isAlphaNumeric()函数分析字符是否为字母或数字，语法格式为 isAlphaNumeric(this)，this 为字符型变量，如果 this 是字母或数字，返回 true。参考示例如下：

```
    if (isAlphaNumeric(this))                //测试 this 变量是否为字母或数字
    {
        Serial.println("The character is alphanumeric");
    }
    else
    {
        Serial.println("The character is not alphanumeric");
    }
```

3. isAscii()函数

isAscii()函数分析字符是否为 ASCII 码，语法格式为 isAscii(this)，this 为字符型变量，如果 this 是 ASCII 码，返回 true。参考示例如下：

```
    if (isAscii(this))                       //测试 this 变量是否为 ASCII 码
    {
        Serial.println("The character is ASCII");
    }
    else
    {
        Serial.println("The character is not ASCII");
    }
```

4. isControl()函数

isControl()函数分析字符是否为控制字符。语法格式为 isControl(this)，this 为字符型变量，如果 this 是控制字符则返回 true。参考示例如下：

```
    if (isControl(this))                     //测试 this 变量是否为控制字符
    {
        Serial.println("The character is a control character");
    }
    else
    {
        Serial.println("The character is not a control character");
    }
```

5. isDigit()函数

isDigit()函数分析字符是否为数字，语法格式为 isDigit(this)，this 为字符型变量，如果 this 是数字，返回 true。参考示例如下：

```
    if (isDigit(this))                       //测试 this 变量是否为数字
    {
```

```
    Serial.println("The character is a digit");
}
else
{
    Serial.println("The character is not a digit");
}
```

6. isGraph()函数

isGraph()函数分析字符是否为除空格之外的可输出字符,语法格式为 isGraph(this),this 为字符型变量,如果 this 是可输出的,返回 true。参考示例如下:

```
if (isGraph(this))                    //测试 this 变量是否为可输出的
{
    Serial.println("The character is printable");
}
else
{
    Serial.println("The character is not printable");
}
```

7. isHexadecimalDigit()函数

isHexadecimalDigit()函数分析字符是否为十六进制字符(0~9,A~F),语法格式为 isHexadecimalDigit(this),this 为字符型变量,如果 this 是十六进制字符,返回 true。参考示例如下:

```
if (isHexadecimalDigit(this))         //测试 this 变量是否为十六进制字符
{
    Serial.println("The character is a hexadecimal digit");
}
else
{
    Serial.println("The character is not a hexadecimal digit");
}
```

8. isLowerCase()函数

isLowerCase()函数分析字符是否为小写,语法格式为 isLowerCase(this),this 为字符型变量,如果 this 是小写字符,返回 true。参考示例如下:

```
if (isLowerCase(this))                //测试 this 变量是否为小写字符
{
    Serial.println("The character is lower case");
}
else
{
    Serial.println("The character is not lower case");
}
```

9. isPrintable()函数

isPrintable()函数分析字符是否为可输出的,包括空格,语法格式为 isPrintable(this),this 为字符型变量,如果 this 是可输出的,返回 true。参考示例如下:

```
if (isPrintable (this))               //测试 this 变量是否为可输出的
{
```

```
    Serial.println("The character is printable");
}
else
{
    Serial.println("The character is not printable");
}
```

10. isPunct()函数

isPunct()函数分析字符是否为标点符号,语法格式为 isPunct(this),this 为字符型变量,如果 this 是标点符号,返回 true。参考示例如下:

```
if (isPunct(this))                    //测试 this 变量是否为标点符号
{
    Serial.println("The character is a punctuation");
}
else
{
    Serial.println("The character is not a punctuation");
}
```

11. isSpace()函数

isSpace()函数分析字符是否为空格,语法格式为 isSpace(this),this 为字符型变量,如果 this 是空格,返回 true。参考示例如下:

```
if (isSpace (this))                   //测试 this 变量是否为空格
{
    Serial.println("The character is a space");
}
else
{
    Serial.println("The character is not a space");
}
```

12. isUpperCase()函数

isUpperCase()函数分析字符是否为大写字符,语法格式为 isUpperCase(this),this 为字符型变量,如果 this 是大写字符,返回 true。参考示例如下:

```
if (isUpperCase (this))               //测试 this 变量是否为大写字符
{
    Serial.println("The character is upper case");
}
else
{
    Serial.println("The character is not upper case");
}
```

13. isWhitespace()函数

isWhitespace()函数分析字符是否为空字符,语法格式为 isWhitespace(this),this 为字符型变量,如果 this 是空字符,返回 true,包括空格、\f、\n、\r、\t 和\v。参考示例如下:

```
if (isUpperCase (this))               //测试 this 变量是否为空字符
{
    Serial.println("The character is white space");
}
```

```
else
{
    Serial.println("The character is not white space");
}
```

2.7.8 字符串函数

字符串函数是实现程序功能的重要应用,也是经常使用的函数,常用的字符串函数如下。

1. String.charAt(n)函数

String.charAt(n)函数获取字符串变量 String 的第 n 个字符。String 为字符串变量,n 为无符号整型变量,返回值为字符串 String 的第 n 个字符。

2. String.c_str()函数

String.c_str()函数将一个字符串的内容转变为 C 语言风格,没有终止字符串,返回值为指针。注意:调用该函数直接访问内部字符串缓冲区,应该谨慎使用。特别是不应该通过返回的指针修改字符串。若修改或破坏了字符串对象,任何由 c_str()函数返回的指针无效,不应再使用。

3. String.compareTo(String2)函数

String.compareTo(String2)函数比较两个字符串,即 String 和 String2,比较一个字符串是在另一个之前还是之后,或者比较它们是否相等。字符串按字符比较,使用字符的 ASCII 码值。这意味着 'a' 在 'b' 之前,但在 'A' 之后,数字先于字母出现。如果 string 在 String2 之前,返回负数;如果二者相等,返回 0;如果 string 在 String2 之后,返回正数。

4. String.concat(parameter)函数

String.concat(parameter)函数向字符串 String 附加一个参数,参数的类型可以是 String、char、byte、int、unsigned int、long、unsigned long、float、double、__FlashStringHelper(F() macro)。如成功,则返回 true;如失败,则返回 false。

5. String.endsWith(String2)函数

String.endsWith(String2)函数测试一个字符串是否以另一个字符串的字符结束。其中,String 和 String2 是字符串类型的变量。如果是真,则返回 true,否则返回 false。

6. String.equals(String2)函数

该函数中,String 和 String2 是字符串类型变量,该函数测试两个字符串是否相等,区分字符的大小写,如果相等,返回 true,否则返回 false。

7. String.equalsIgnoreCase(String2)函数

该函数中 String 和 String2 是字符串类型变量,该函数测试两个字符串是否相等,不区分字符的大小写,如果相等,返回 true,否则返回 false。

8. String.getBytes(buf,len)函数

该函数将字符串的字符复制到所提供的缓冲区。String 是字符串类型变量,buf 为字符复制到的缓冲区(byte[]),len 为缓冲区的大小,为无符号整型。该函数没有返回值。

9. String.indexOf(val)函数/String.indexOf(val,from)函数

String 是字符串类型变量,val 为查找的值、字符或者字符串,from 为开始查找的位置索引。该函数用于在 String 字符串中查找定位字符或字符串。默认情况下,从字符串的开头搜索,也允许从字符或字符串的所有实例给定索引开始查找。如果找到,则返回在被查找字符串中的索引,否则返回-1。

10. String.lastIndexOf(val)函数/String.lastIndexOf(val,from)函数

String 是字符串类型变量,val 为查找的值、字符或者字符串,from 为开始查找的位置索引。该函数用于在 String 字符串中查找定位字符或字符串。默认情况下,从字符串的结尾处搜索,也允许从字符或字符串所有实例的指定索引开始反向查找。如果找到,则返回在被查找字符串中的索引,否则返回-1。

11. String.length()函数

该函数以字符返回字符串的长度,String 是字符串类型变量(注意:不包括尾随的空字符),返回值为字符串中字符的个数。

12. String.remove(index)函数/String.remove(index,count)函数

String.remove(index) 函数修改一个字符串,从所提供的索引删除到字符串结尾的字符,或者删除所提供的索引之后的字符数。String.remove(index,count)删除所提供的索引值之后的字符串类型变量,index 和 count 是无符号整型,该函数没有返回值。

13. String.replace(substring1,substring2)函数

该函数具有字符串替换功能,允许替换所有字符串示例中的字符,也可以替换字符串中的子字符串。String、String1 和 String2 是字符串型变量,该函数没有返回值。

14. String.reserve(size)函数

该函数允许分配内存中的缓冲区用于字符串操作。String 是字符串类型变量,size 是无符号整型,声明内存中要保存字符串操作的字节数,该函数没有返回值。

15. String.setCharAt(index,c)函数

该函数设置字符串的字符。对字符串的现有长度之外的索引没有影响。String 是字符串类型变量,index 是无符号整型,为要设置的索引位置,c 为要在给定字符串位置所设置的字符,该函数没有返回值。

16. String.startsWith(String2)函数

该函数测试一个字符串是否以另一个字符串的字符开头。String 和 String2 是字符串类型变量,如果为真,返回 true,否则返回 false。

17. String.substring(from)函数/String.substring(from,to)函数

该函数用于截取字符串的某一部分。字符串起始索引的字符是包含在内的(相应的字符包含在子字符串中),但终止索引是不包含在内的(相应的字符不包括在子字符串中)。如果没有终止索引参数,则直到字符串结束。String 是字符串类型变量,from 为起始索引值,to 为终止索引值,其中终止索引值是可选的。String.substring(from)函数/String.substring(from,to)函数返回子字符串。

18. String.toCharArray(buf,len)函数

该函数将字符串的字符复制到所提供的缓冲区。String 是字符串类型变量,buf 是将字符复制到的缓冲区(char[]),len 为缓冲区的大小(无符号整型),该函数没有返回值。

19. String.toFloat()函数

该函数将有效字符串转换为浮点。输入字符串应该以一个数字开头。如果字符串包含非数字字符,函数将停止执行转换。例如,字符串 123.45、123 和 123fish 转化为 123.45、

123 和 123。注意：123.456 近似为 123.46；浮点数为只有 6～7 位精度的十进制数字，更长的字符串可能被截断。String 是字符串类型变量，该函数返回值为浮点数，因为字符串不以数字开头，不能执行有效的转换则返回 0。

20. String.toInt() 函数

该函数将有效字符串转换为整数。输入字符串应该以整数开头。如果字符串包含非整数数字，函数将停止执行转换。String 是字符串类型变量，函数返回值为 long 型，因为字符串不以整型数字开头，不能执行有效的转换，故返回 0。

21. String.toLowerCase() 函数

该函数获取小写的字符串。String 是字符串类型变量，该函数没有返回值。

22. String.toUpperCase() 函数

该函数获取大写的字符串。String 是字符串类型变量，该函数没有返回值。

23. String.trim() 函数

该函数得到一个删除任何前导和尾随空格的字符串。String 是字符串类型变量，此函数没有返回值。

最后，使用字符串函数，实现字符串的大小写转换。参考示例如下：

```
void setup() {
  Serial.begin(9600);
  while (!Serial) {
    ;
  }
  Serial.println("\n\nString case changes:");    //发送程序功能介绍
  Serial.println();
}
void loop() {
  //toUpperCase()函数将所有字符变为大写
  String stringOne = "<html><head><body>";
  Serial.println(stringOne);
  stringOne.toUpperCase();
  Serial.println(stringOne);
  //toLowerCase()函数将所有字符变为小写
  String stringTwo = "</BODY></HTML>";
  Serial.println(stringTwo);
  stringTwo.toLowerCase();
  Serial.println(stringTwo);
  while (true);
}
```

第3章 硬件设计平台

CHAPTER 3

电子设计自动化(Electronic Design Automation,EDA)是20世纪90年代初从计算机辅助设计(CAD)、计算机辅助制造(CAM)、计算机辅助测试(CAT)和计算机辅助工程(CAE)的概念上发展而来的。EDA设计工具的出现使得电路设计的效率性和可操作性都得到了大幅度的提升。本章针对智能产品的电路设计进行介绍,主要介绍如何使用Fritzing工具,并配以详细的示例操作说明,当然很多软件也支持电路设计的开发,在此不再一一罗列。

Fritzing是一款支持多国语言的电路设计软件,可以同时提供面包板、原理图、PCB三种视图设计,设计者可以采用任意一种视图进行电路设计,软件都会自动同步生成其他两种视图。此外,Fritzing软件还能用来生成电路板生产所需用的greber、PDF和CAD格式文件,这些都推广和普及了Fritzing的使用。下面将对软件的使用说明进行介绍。

3.1 Fritzing软件简介

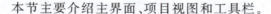

本节主要介绍主界面、项目视图和工具栏。

3.1.1 主界面

Fritzing软件的主界面由两部分构成:一部分是左侧项目视图,它将显示设计者开发的电路,包含面包板、原理图和PCB;另外一部分是右侧的工具栏,包含软件的元件库、指示栏、导航栏、撤销历史栏和层次栏等子工具栏,工具栏是设计者主要操作和使用的地方。Fritzing主界面如图3-1所示。

3.1.2 项目视图

设计者可以在项目视图中自由选择面包板、原理图或PCB视图进行开发,且设计者也可以利用项目视图框中的视图切换器快捷轻松地在这三种视图中进行切换,面包板视图如图3-2所示。此外,设计者还可以利用工具栏中的导航栏进行快速切换。下面将分别给出这三种视图的操作界面,按从上到下的顺序依次是面包板视图、原理图视图和PCB视图,分别如图3-2~图3-4所示。

这三种视图可选项和工具栏中对应的分栏内容都只有细微的变化。而且,由于Fritzing的三个视图是默认同步生成的。本书首先选择以面包板为模板对软件的共性部分

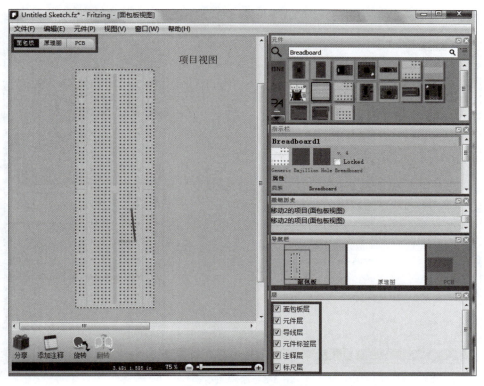

图 3-1　Fritzing 主界面

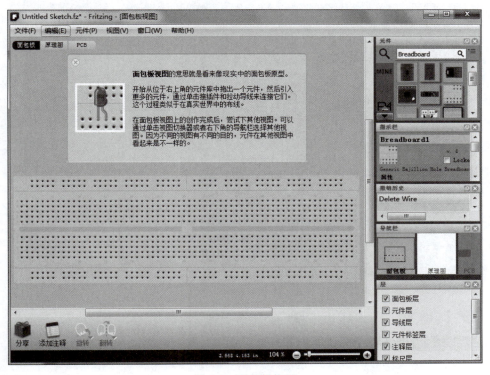

图 3-2　面包板视图

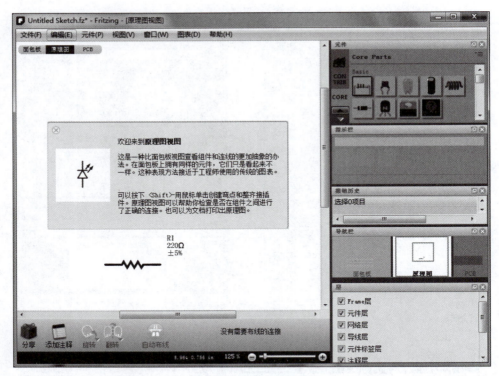

图 3-3　原理图视图

图 3-4　PCB 视图

进行介绍,然后对原理图视图、PCB 视图与面包板视图之间的差异进行补充。之所以选择面包板视图作为模板,是为了方便 Arduino 硬件设计者从电路原理图过渡到实际电路,尽量减少可能出现的连线和引脚连接错误。

3.1.3 工具栏

用户可以根据自己的兴趣爱好选择工具栏显示的各种窗口,单击窗口下拉菜单,然后对希望出现在右侧工具栏的分栏进行选择,用户也可以将这些分栏设成单独的浮窗。为了方便初学者迅速掌握 Fritzing 软件,下面将具体介绍各个工具栏的作用。

1. 元件库

元件库中包含许多电子元件,这些电子元件是按容器分类存放的。Fritzing 共包含 8 个元件库,分别是 Fritzing 的核心库、设计者自定义的库和其他 6 个库。下面将对这 8 个库进行详细的介绍,也是设计者进行电路设计前所必须掌握的。

MINE:MINE 元件库是设计者自定义元件放置的容器。MINE 元件库如图 3-5 所示,设计者可以在这部分添加一些自己的常用元件,或是添加软件缺少的元件。

图 3-5　MINE 元件库

Arduino:Arduino 元件库主要放置与 Arduino 相关的开发板,这也是 Arduino 设计者需要特别关心的一个容器,这个容器中包含 Arduino 的 9 块开发板,分别是 Arduino、Arduino UNO R3、Arduino MEGA、Arduino MINI、Arduino NANO、Arduino Pro Mini 3.3V、Arduino FIO、Arduino LilyPad、Arduino ETHERNET Shield 开发板。Arduino 元件库如图 3-6 所示。

图 3-6　Arduino 元件库

Parallax:Parallax 容器中主要包含 Parallax 的微控制器 Propeller D40 和 8 款 Basic Stamp 微控制器开发板,Parallax 元件库如图 3-7 所示。该系列微控制器是由美国 Parallax 公司开发的,这些微控制器与其他微控制器的区别主要是它们在自己的 ROM 内存中内建了一套小型、特有的 BASIC 编程语言直译器 PBASIC，这为 BASIC 编写语言的设计者降低了嵌入式设计的门槛。

图 3-7　Parallax 元件库

Picaxe：Picaxe 库中主要包括 PICAXE 系列的低价位单片机、电可擦只读存储器、实时时钟控制器、串行接口、舵机驱动等元件，Picaxe 元件库如图 3-8 所示。Picaxe 系列芯片也基于 BASIC 语言，设计者可以迅速掌握。

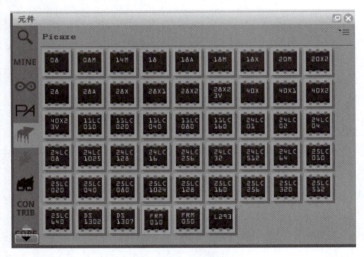

图 3-8　Picaxe 元件库

SparkFun：SparkFun 库是 Arduino 设计者需要重点关注的一个容器，其中包含许多 Arduino 的扩展板。此外，这个元件库中还包含一些传感器和 LilyPad 系列的相关元件。SparkFun 元件库如图 3-9 所示。

Snootlab：Snootlab 包含 4 块扩展板，分别是 Arduino 的 LCD 扩展板、SD 卡扩展板、接线柱扩展板和舵机的扩展驱动板。Snootlab 元件库如图 3-10 所示。

Contributed Parts：Contributed Parts 包含带开关电位表盘、开关、LED、反相施密特触发器和放大器等。Contributed Parts 元件库如图 3-11 所示。

Core：核心库里包含许多平常会用到的基本元件，如 LED、电阻、电容、电感、晶体管等，还有常见的输入/输出元件、集成电路元件、电源、连接、微控器等。此外，Core 中还包含面包板视图、原理图视图和 PCB 视图的格式以及工具（主要包含笔记和尺子）的选择。Core 元件库如图 3-12 所示。

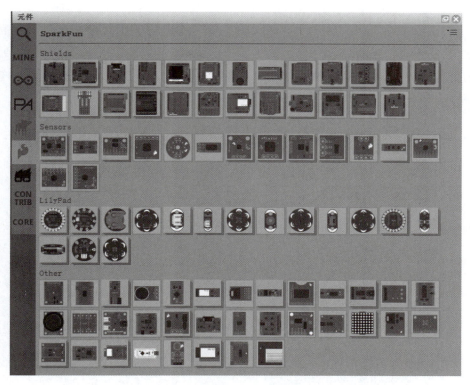

图 3-9　SparkFun 元件库

图 3-10　Snootlab 元件库

图 3-11　Contributed Parts 元件库

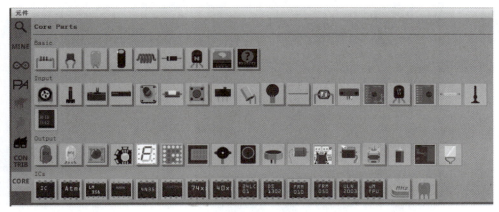

图 3-12　Core 元件库

2. 指示栏

指示栏会给出元件库或项目视图中鼠标所选定元件的详细相关信息,包括该元件的名字、标签及在三种视图下的形态、类型、属性和连接数等。设计者可以根据这些信息加深对元件的理解,或者检验选定的元件是否是自己所需要的,甚至设计者能在项目视图中选定相关元件后,直接在指示栏中修改元件的某些基本属性。指示栏如图 3-13 所示。

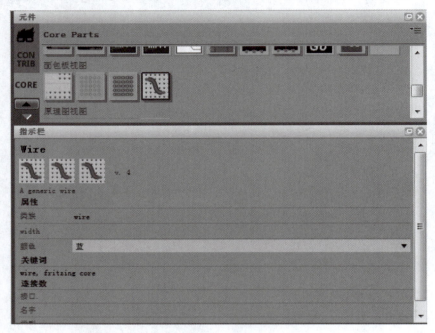

图 3-13 指示栏

3. 撤销历史栏

撤销历史栏中详细记录了设计者的设计步骤,并将这些步骤按照时间的先后顺序依次进行排列,优先显示最近发生的步骤。撤销历史栏如图 3-14 所示。设计者可以利用这些记录步骤回到之前的任一设计状态,这为开发工作带来了极大的便利。

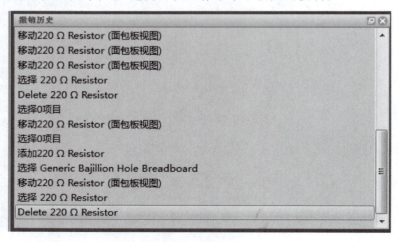

图 3-14 撤销历史栏

4. 导航栏

导航栏里提供了对面包板视图、原理图视图和 PCB 视图的预览,设计者可以在导航栏中任意选定三种视图中的某一视图进行查看。导航栏如图 3-15 所示。

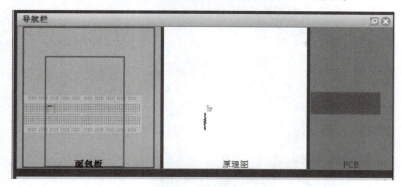

图 3-15　导航栏

5. 层

不同的视图有不同的层结构,详细了解层结构有助于读者进一步理解这三种视图和提升设计者对它们的操作能力。下面将依次给出面包板视图、原理图视图、PCB 视图的层结构。

首先,关注面包板层结构,如图 3-16 所示。面包板视图共包含 6 层,设计者可以通过选择这 6 层层结构前边的矩形框以决定是否在项目视图中显示相应的层。

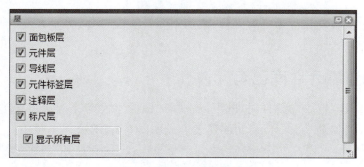

图 3-16　面包板层结构

其次,关注原理图层结构,如图 3-17 所示。原理图共包含 7 层,相对面包板而言,原理图多包含了 Frame 层。

图 3-17　原理图层结构

PCB 视图是层结构最多的视图,如图 3-18 所示。PCB 视图共有 15 层层结构。在此由于篇幅有限,不再对这些层结构进行详解。

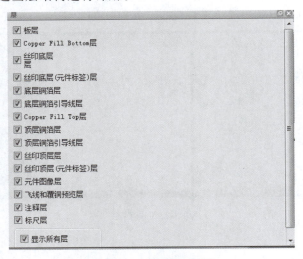

图 3-18　PCB 视图层结构

3.2　Fritzing 使用方法

本节内容包括查看元件库已有元件、添加新元件到元件库、添加新元件库、添加或删除元件和添加元件间连线。

3.2.1　查看元件库已有元件

设计者在查看容器中的元件时,既可以选择按图标形式查看,也可以选择按列表形式查看。元件图标形式如图 3-19 所示,元件列表形式如图 3-20 所示。

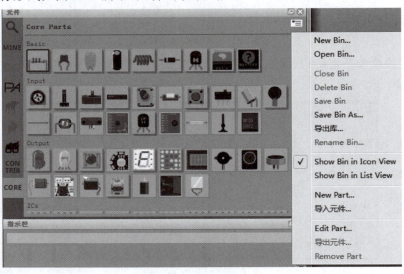

图 3-19　元件图标形式

第3章 硬件设计平台　75

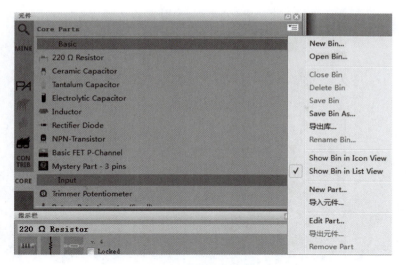

图 3-20　元件列表形式

设计者可以直接在对应的元件库中寻找自己所需要的元件,但由于 Fritzing 所带的库和元件数目都相对比较多,有些情况下,设计者可能很难明确确定元件所在的具体位置,这时设计者就可以利用元件库中自带的搜索功能从库中找出自己所需要的元件,这个方法能大大提升设计者的工作效率。在此,举一个简单的示例来进行说明,例如,设计者可以在搜索栏输入 Arduino UNO,按 Enter 键,结果栏就会自动显示出相应的搜索结果。查找元件如图 3-21 所示。

图 3-21　查找元件

3.2.2　添加新元件到元件库

本节介绍从头开始添加新元件和从已有元件中添加新元件。

1. 从头开始添加新元件

设计者可以通过选择"元件"→"新建"命令进入添加新元件的界面,如图 3-22 所示,也可以通过单击元件库中左侧的 New Part 选项进入,如图 3-23 所示。无论采用哪种方式,最终进入的新元件编辑界面如图 3-24 所示。

设计者在新元件的添加界面填写相关信息,如新元件的名字、属性、连接和导入相应的视图图片,尤其是一定要注意在添加连接后单击"保存"按钮,才能创建新的元件。但是在开发过程中,建议设计者尽量在已有的库元件基础上进行修改后创建用户需要的新元件,这样

智能产品设计

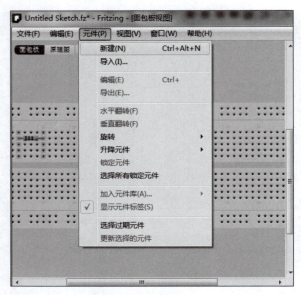

图 3-22 添加新元件 1

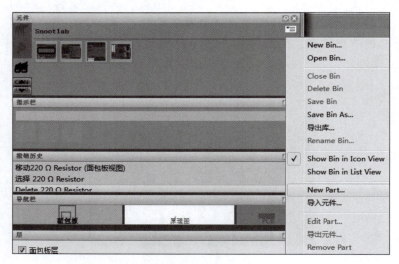

图 3-23 添加新元件 2

可以减少设计者的工作量,提高开发效率。

2. 从已有元件中添加新元件

关于如何从已有的元件中添加新元件,下面通过两个简单的示例进行说明。

1)针对 ICs、电阻、引脚等标准元件

例如,设计者需要一个 2.2kΩ 的电阻,可是在 CORE 库中只有 220Ω 的标准电阻,这时,创建新电阻的最简单方法就是先将 CORE 库中 220Ω 的通用电阻添加到面包板上,然后单击选定该电阻,直接在右边的指示栏中将电阻值修改为 2.2kΩ。修改元件属性如图 3-25 所示。

除此之外,选定元件后,也可以选择元件下拉菜单中的编辑选项。新元件添加界面如图 3-26 所示。

图 3-24　新元件编辑界面

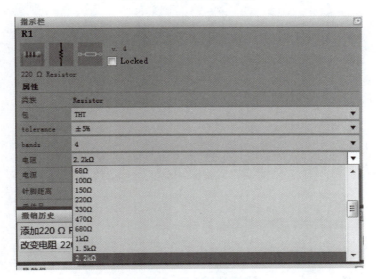

图 3-25　修改元件属性

元件编辑界面如图 3-27 所示。

将 resistance 相应的数值改为 2200Ω,单击"另存为新元件"按钮,设计者在自己的元件库中成功创建了一个 2200Ω 的电阻。创建元件界面如图 3-28 所示。

此外,设计者还能在选定元件后,右击,选择编辑项进入新元件编辑界面,如图 3-29 所示。

2）相对复杂的元件

添加自定义元件 SparkFun T5403 PCB 气压仪,如图 3-30 所示。

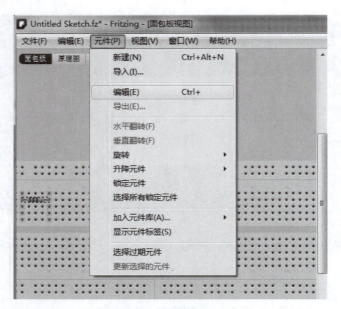

图 3-26　新元件添加界面

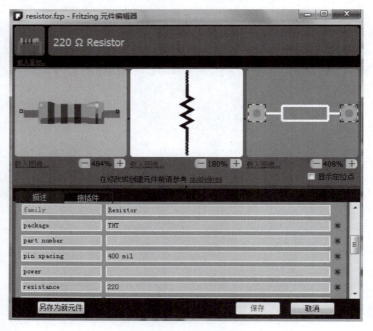

图 3-27　元件编辑界面

在元件库里寻找该元件,在搜索框中输入 T5403,如图 3-31 所示。

如果没有这个元件,可以在该元件所在的库中寻找是否有类似的元件,根据名字容易得知,SparkFun T5403 是 SparkFun 系列的元件,如图 3-32 所示。

若发现还是没有与自定义元件相类似的元件,则可以选择从标准的集成电路 ICs 开始。选择 CORE 元件库,找到 ICs 栏,将 IC 元件添加到面包板中,分别如图 3-33 和图 3-34 所示。

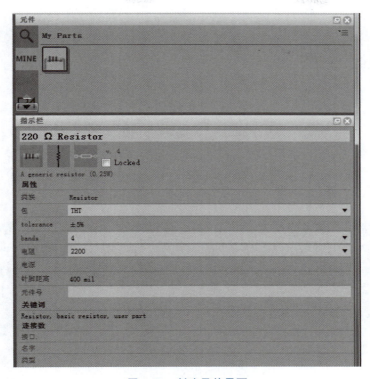

图 3-28　创建元件界面

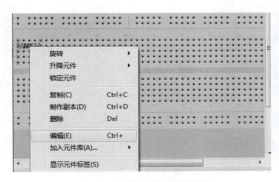

图 3-29　新元件编辑界面

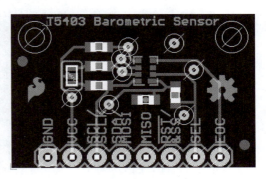

图 3-30　SparkFun T5403 PCB 气压仪

图 3-31　对 T5403 的搜索图

图 3-32　SparkFun 系列元件

图 3-33　CORE ICs

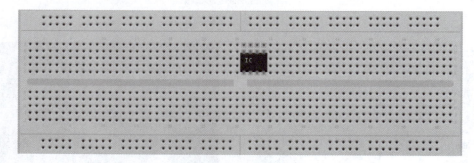

图 3-34　添加 ICs 到面包板

选定 IC 元件,在指示栏中查看该元件的属性。将元件的名字命名为 Breakout,并将引脚数修改成所需要的数量,在本示例中,需要的引脚数为 8,参数修改如图 3-35 所示。

修改之后,T5403 Barometer Breakout 面包板上的元件如图 3-36 所示。

右击面包板视图中的 IC 元件,从弹出的快捷菜单中选择"编辑"命令,会出现如图 3-37 所示的编辑窗口。设计者需要根据自定义元件的特性修改元件图标、面包板视图、原理图视图、PCB 视图、描述和接插件。

3.2.3　添加新元件库

设计者不仅可以创建自定义的新元件,还可以根据自己的需求创建自定义的元件库,并对元件库进行管理。设计者在设计电路结构前,可以将所需的电路元件列一个清单,并将所需的元件都添加到自定义库中,提高后续的电路设计效率。命名新元件库时,只需选择元件栏中的 New Bin 便会出现如图 3-38 所示的界面。

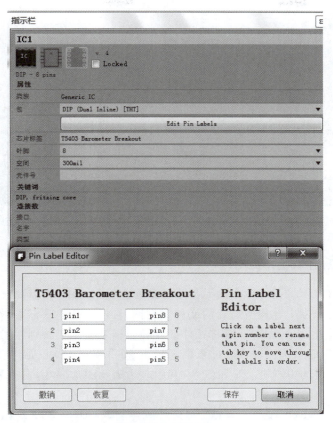

图 3-35　参数修改

图 3-36　T5403 Barometer Breakout
面包板元件

图 3-37　T5403 Barometer Breakout 编辑窗口

如图 3-38 所示，给自定义的元件库命名为 Arduino Project，单击 OK 按钮后新的元件库便创建成功，如图 3-39 所示。

图 3-38　命名新元件库

图 3-39　新元件库创建成功

3.2.4　添加或删除元件

本节主要介绍如何将元件库中的元件添加到面包板视图中,当需要添加某个元件时,可以在元件库相应的子库中寻找所需要的元件,然后在目标元件的图标单击选定元件,拖动到面包板上目的地位置,松开左键即可将元件插入面包板上。需要特别注意的是,在放置元件时,一定要确保元件的引脚已经成功插入面包板上,如果插入成功,元件引脚所在的连线会显示绿色,反之,元件的引脚则会显示红色(其中左边表示添加成功,右边则表示添加失败),引脚状态如图 3-40 所示。

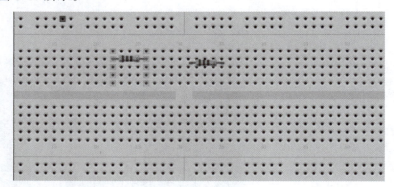

图 3-40　引脚状态

如果在放置元件的过程中操作有误,则直接单击选定目标元件,然后再按 Delete 键即可将元件从视图上删除。

3.2.5　添加元件间连线

使用 Fritzing 绘制电路图是必不可少的过程,在此将对连线的方法给出详细的介绍。连线时,单击想要连接的引脚后,拖动到要连接的目的引脚,松开鼠标即可。这里需要注意的是,只有当连接线段的两端都显示绿色时,才代表导线连接成功,若连线的两端显示红色,则表示连接出现问题(左边代表成功,右边代表失败)。连线状态如图 3-41 所示。

为了使电路更清晰明了,设计者还能根据自己的需求在导线上设置拐点,使导线可以根

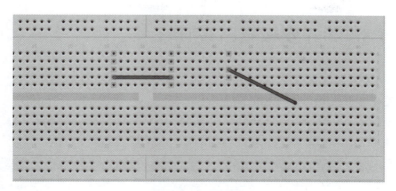

图 3-41 连线状态

据设计者的喜好而改变连线角度和方向。具体方法如下：光标处即为拐点处，设计者能自由拖动拐点的位置。此外，设计者也可以先选定导线，将光标放在想设置的拐点处，右击后从弹出的快捷菜单中选择"添加拐点"命令即可，如图 3-42 所示。

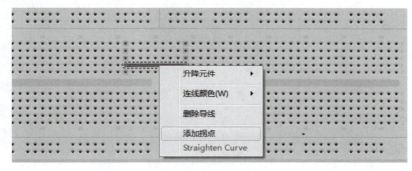

图 3-42 添加拐点

除此之外，在连线的过程中，设计者还可以更改导线的颜色，不同的颜色将帮助设计者更好地掌握绘制的电路。具体的修改方法为选定要更改颜色的导线，然后右击，选择更改颜色，如图 3-43 所示。

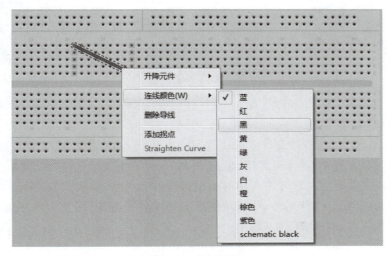

图 3-43 更改颜色

3.3　ESP32 开发板电路设计

本节将用一个具体的示例系统地介绍如何利用 Fritzing 软件绘制一个完整的电路图，以及如何用 ESP32 开发板控制 LED 的亮灭。

电路图详细设计步骤如下：打开软件并新建一个项目，具体操作为单击软件的运行图标，在软件的主界面选择"文件"→"新建"选项命令，如图 3-44 所示。

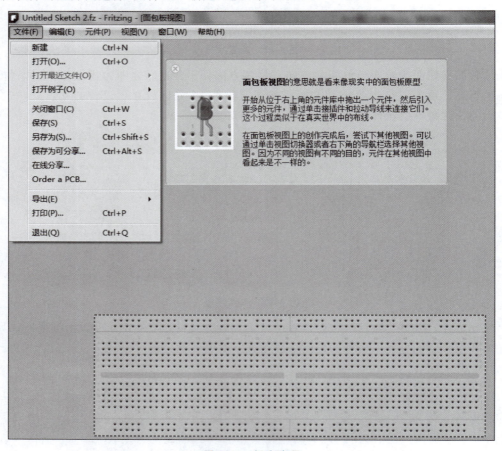

图 3-44　新建选项

完成项目新建后，保存项目，选择"文件"→"另存为"命令，在该对话框中输入保存的文件名和类型，然后单击"保存"按钮，如图 3-45 所示。

一般来说，在绘制电路前，设计者应该先对开发环境进行设置，这里的开发环境主要指设计者选择使用的面包板型号和类型、原理图和 PCB 视图类型。本书以面包板视图为重点，并在 CORE 元件库中选好开发所用的面包板类型和尺寸，如图 3-46 所示。

元件库中没有 ESP32 开发板，可以从网络上搜索并下载元件，文件的扩展名为 fzpz，然后通过元件栏导入即可，如图 3-47 所示。

如图 3-48 所示，需要 1 块 ESP32 的开发板、1 个 LED，也可以串联 1 个 220Ω 的电阻。

在编辑视图中切换到原理图视图效果如图 3-49 所示。

第3章　硬件设计平台

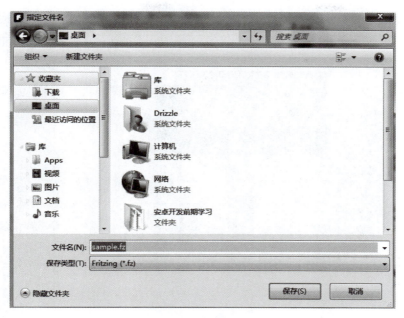

图 3-45　保存项目

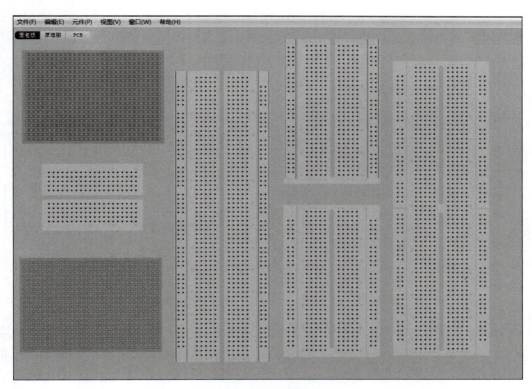

图 3-46　面包板类型和尺寸

如果布线没有完成,开发者可以单击编辑视图下方的自动布线,但要注意自动布线后,是否所有的元件都完成了布线,对没有完成的,开发者要进行手动布线,即手动连接引脚间连线。

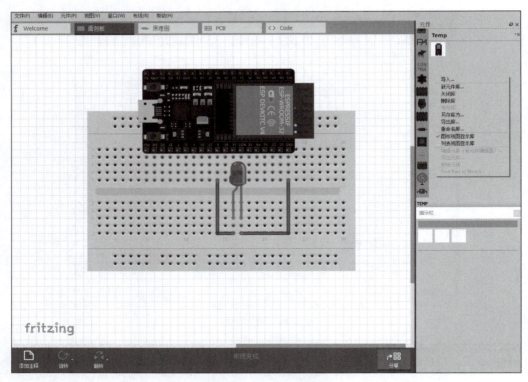

图 3-47 导入 ESP32 元件

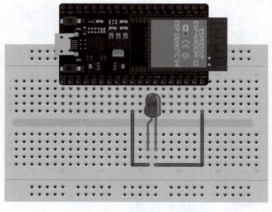

图 3-48 放置元件

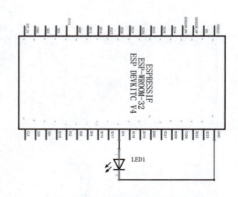

图 3-49 原理图视图效果

同理，可以在编辑视图中切换到 PCB 视图，观察 PCB 视图下的电路，此时也要注意编辑视图窗口下方是否提示布线未完成，如果未完成，开发者可以单击"自动布线"按钮进行布线处理，也可以手动进行布线，如图 3-50 所示。

完成所有操作后，即可修改电路中各元件的属性，不需要修改任何值。完成所有步骤后，设计者就能根据需求导出所需要的文档或文件。以导出一个 PDF 格式的面包板视图为例对该流程进行说明。首先，确保将编辑视图切换到面包板视图，然后，选择"文件"→"导出"→"作为图像"→"PNG"命令，如图 3-51 所示。

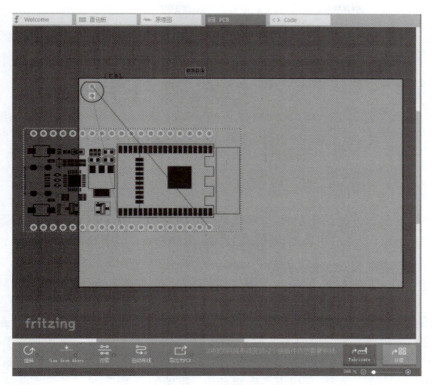

图 3-50 自动布线

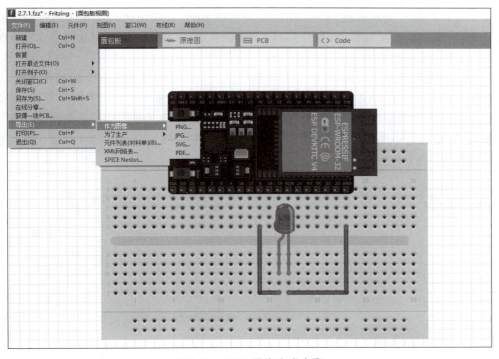

图 3-51 PNG 图像生成步骤

第 4 章　软件设计方法

CHAPTER 4

本章首先介绍软件的设计方法，为软件实现提供设计工具，包括流程图、N-S 图和 PAD 图，然后对每种设计工具的用法进行详细的说明，为软件设计打下良好的基础。

4.1　流程图符号

流程图也称作输入/输出图，是流经一个系统的信息流、观点流或元件流的图形代表，常常利用特定的图形符号加上说明来表示算法或工序步骤。流程图不仅是揭示和掌握封闭系统运动状况的有效方式，还能作为诊断工具、辅助决策制定，找出问题和故障所在，从而确定可供选择的行动方案。此外，还可以事先画出某一事情的流程图，再将其与实际情况进行比较，以达到设计和改进工作流程的目的。

由于流程图能直观地描述一个工作过程的具体步骤，帮助快速准确地了解事情和决定改进方案，在实际生产生活中得以广泛应用。在企业中，流程图主要用来说明生产线上的工艺流程，或是完成一项任务的必需管理过程。

程序设计流程图是构思的具体体现，在程序设计中主要用来表示程序的操作步骤，从而达到帮助程序开发人员整体把握程序框架、更好地实现开发程序的目的。

程序流程图常常使用一些特定的标准符号来表示某种含义的动作。包括指明实际操作的处理符号、根据逻辑条件确定要执行的路径符号、指明控制流的流线符号和便于读写程序流程图的符号，图例及意义如表 4-1 所示。

表 4-1　图例及意义

图　例	意　义	图　例	意　义
◇	判断	▱	循环上界限
▭	处理	▱	循环下界限
▭	特定处理	○	页内连接
▱	数据	▽	离页引用
⬡	准备	▭	终结符

续表

图 例	意 义	图 例	意 义
⟋	注解符	▱	文档
↳	动态连接线	⬭	存储数据
▷	传递控制线	▭	内部存储器
⌒	直线曲线连接	◯	顺序数据
═	并行方式	⏗	手动输入

◇表示判断或开关。设计者往往在菱形内注明相应的判断条件,流程图的菱形只有一个入口,但可以有若干个可供选择的出口,在对符号内定义的判断条件求值后,将有且仅有一个出口被激活,相应的求值结果可以在出口路径的动态连接线附近写出。

▭表示处理功能。设计者可以在矩形框中执行一个或一组特定的操作,从而使信息的值、形式或所在位置发生变化,也可以在矩形框中确定对某一流向的选择。

▯表示调用已命名的特定处理。该处理表示在另外一个地方已对持有该命名的某个操作或某一组操作进行过详细说明,如例行程序、模块等。为了更清晰明了,设计者也可以在带有双边纵线的矩形内注明特定的处理名和其简要的功能介绍。

▱表示数据。设计者在平行四边形内可注明数据名、来源、用途或其他的文字说明。注意:此符号并不限定数据的媒体。

⬡表示准备。用来修改一条指令或一组指令以影响后续的活动。例如,设置开关、修改变址寄存器、初始化例行程序等。

⌐ ⌐在流程图中用去上角矩形表示循环上界限,用去下角矩形表示循环下界限,循环上界限和循环下界限分别用来表示循环的开始和结束,往往成对出现。在一对符号内应该注明同一循环标识符,同时应在循环上界限或循环下界限中注明循环条件,具体的添加位置由终止条件的判断来确定。

◯表示页内连接,用以表明流程图转向其他地方,或从流程图的其他地方转入,它是流线的断点。页内连接符也往往成对出现,在图内某一标识符处标明连接符,往往能在流程图中找到相同的标识符,用以表明该流线在新的连接符处继续下去。

⌓表示离页引用,用以表明流程图转向其他分页。

⌒表示终结符,用以表明流程转向外部环境或从外部环境转入流程。例如,程序流程的起始或结束,数据的外部使用起点或终点。

⟋表示注解符,用以标识注解的内容,由纵边线和虚线构成。虚线必须连接到被注解的符号或符号组合上,注解的正文应靠近纵边线。

→是流程图中的动态连接线,用来表示控制流流线,流线上的箭头用来表示流程图的流向。

▷是流程图中的传递控制线,用来表示流程图走向。

⌒表示流程图中的直线和曲线相连接,用来连接流程图中按顺序执行的步骤。

═流程图中用一对平行线表示同步进行两个或两个以上并行方式的操作。

4.2 流程图基本结构

为了加深对流程图的理解,读者除了要了解标识符功能,还要熟悉流程图对工作顺序的描述,下面介绍流程图的三种基本结构,分别是顺序结构、条件结构和循环结构。

4.2.1 顺序结构

顺序结构是指按顺序依次完成的步骤,其基本组成单元为处理框和流程线,如图4-1所示。例如,在将大象塞进冰箱的游戏里,为了完成这项任务,就需要采用顺序结构。游戏参与者需要先将冰箱门打开,再将大象塞进去,最后将冰箱门关上。

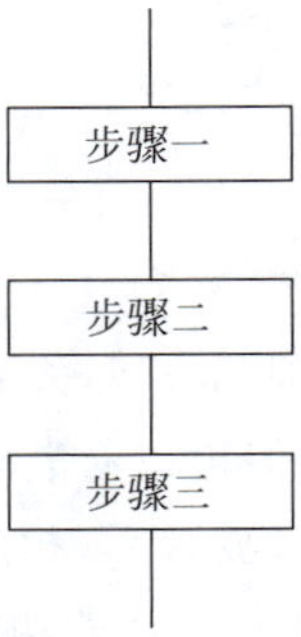

4.2.2 条件结构

条件结构是指根据判断条件的不同值选择不同的流程线,一般由菱形判断框图、处理框、决策线和流程线组成,如图4-2所示。同理,还是以冰箱塞大象的游戏为例。在游戏中,如果现在需要塞入兔子,那么在打开冰箱门之后就应该判断大象是否还在冰箱里。如果在冰箱里,就先把大象挪出来,然后再把兔子塞进去。如果未在冰箱内,也就是说大象在这之前已经被挪出冰箱,那就只需要把兔子塞进冰箱即可。此游戏在这一阶段便是根据冰箱中的不同情况而采取不同的处理方法和步骤。条件结构在程序中对应关键字有 if、if-else、switch、continue 和 break 等。

4.2.3 循环结构

循环结构是指循环某一重复部分的步骤。循环结构有两种,一是当型循环结构,如图4-3左列所示,当型循环结构只有当循环条件成立时才会进入循环体;二是直到型循环结构,即只有当循环条件满足时,循环体才会终止循环。也就是说直到型循环结构在进行循环条件的判断前会先执行一遍循环体,如图4-3右列所示。这两种结构分别对应于程序中的

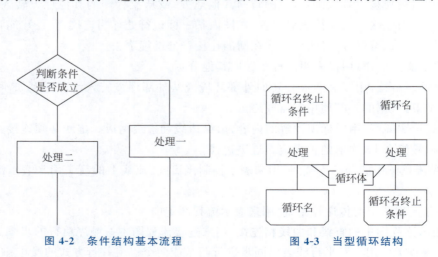

图4-1 顺序结构基本流程

图4-2 条件结构基本流程　　图4-3 当型循环结构

for 循环和 do...while 循环结构。循环结构在程序流程设计时可以使结构简单清晰。例如，递归时利用循环结构就能将操作流程简洁高效地表示出来。

4.3 N-S 图基本结构

程序流程图独立于任何一种程序设计语言，而且比较直观、清晰，初学者能快速学习掌握。总体来说，开发人员能借助程序流程图更好地理解程序步骤，在算法出错时迅速发现和定位漏洞所在，并能将流程图直接转化为相应程序。但是流程图也存在一些缺点，例如，所占篇幅较大、使用符号不够规范、常使用一些习惯性用法，尤其是流程图中允许使用流程线，而流程线的箭头是不受任何约束的，更加导致流程过于灵活完全不受约束，使用者可以根据自己的喜爱而使流程随意转向，这样不仅不利于结构化程序的设计，也会造成程序阅读和修改上的困难。为此，美国学者 I. Nassi 和 B. Shneiderman 在 1973 年提出了 N-S 图。

N-S 图也被称为盒图或 CHAPIN 图，是一种符合结构化程序设计原则的图形描述工具。相对于流程图而言，N-S 图省去了不必要的流程线，而且将整个程序写在一个大框图里，这个大框图又由若干个小的基本框图构成。

与流程图相对应，N-S 图也有三种基本结构，分别为顺序结构、选择结构和循环结构。

4.3.1 顺序结构

如图 4-4 所示，顺序结构由若干个前后衔接的矩形块组成，程序将按照从上至下的顺序依次执行 A 块和 B 块。值得注意的是，各块中的内容既可以表示一条单独的执行操作，也可以表示多条需要顺序执行的操作。

4.3.2 选择结构

如图 4-5 所示，选择结构内有两个分支：①当条件满足时，执行 A 块的操作；②当条件不满足时，执行 B 块的操作。同理，与顺序结构类似，A 块和 B 块的内容既可以是一条单独的执行操作，也可以是多条按顺序执行的操作集合。

图 4-4　N-S 顺序结构

图 4-5　N-S 选择结构

4.3.3 循环结构

与流程图一样，N-S 图也包含当型循环和直到型循环两种结构，其中，当型循环结构如图 4-6 所示，程序将先判断是否满足循环条件，如果满足，则执行循环体 A 块，如果不满足，则直接执行循环结构体后边的步骤，执行完毕后，再返回去判断是否依然满足循环条件；如果是，则继续执行 A 块，直到不再满足循环条件为止。

N-S 图直到型循环结构如图 4-7 所示，直到型循环结构将先执行循环体 A 块，执行完毕后再判断是否满足循环条件，如果不满足，则继续执行循环体 A 块，如果满足，则停止执行循环体。

图 4-6 当型循环结构

图 4-7 直到型循环结构

4.4 N-S 图示例

为了更加直观详细地介绍 N-S 的功能和用法,下面通过一个具体的示例进行说明。首先设计一个程序,使得对于用户任意输入的一行字符,用空格分隔其中的单词,此程序能统计出该行字符中包含多少个单词。根据程序的功能需求和 N-S 框图将按照从上至下、从左至右的顺序依次执行,如图 4-8 所示。

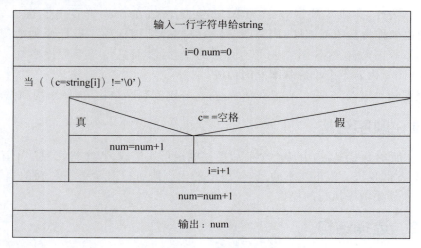
图 4-8 N-S 图示例

首先,程序读入用户输入的字符串,并将其存储在 string 变量中;然后,程序声明有两个变量,循环变量 i 和个数统计变量 num,并将其初始为 0。当没有到达字符的末尾时,会一直执行循环体内的结构。如果读取的字符为空格,则对 num 的数加 1,如果读取的字符不是空格,则将循环变量加 1,继续读取下一个值,直至达到字符的末尾,因为最后一个没统计在内,所以再将 num 的数量加 1;最后,输出统计的字符数。

虽然 N-S 图看上去比流程图更简洁明了,整体上也符合结构化的特点,但 N-S 图在手工画图时不方便修改,尤其当分支嵌套层次较多时,这种局限就更加明显,而且目前也没有合适的 N-S 计算机绘图软件,以上这些局限都在一定程度上阻碍了 N-S 图的进一步推广和发展。

4.5 PAD 图基本结构

PAD 图是由程序流程图演化而来并采用结构化程序设计思想表现逻辑结构的一种图形工具。目前 PAD 图已被 ISO 认可。为了让读者更好地了解 PAD 图,下面将对 PAD 图的几种基本结构进行介绍。

4.5.1 顺序结构

顺序结构由纵线和一系列从上至下依次排列的矩形框组成,如图 4-9 所示。这些矩形框将按照它们的排列顺序依次从上至下按步执行。定义符号结构由两条平行线组成,如图 4-10 所示。在设计 PAD 图时,可能主干线或某一纵干线上的某一操作步骤非常烦琐,如果将这些步骤都放在一张 PAD 图中,那么它的结构将显得十分模糊。因此,在 PAD 图中添加了定义符号来简化 PAD 图的结构,用户可以在设计中,将某些烦琐的步骤抽象成某一操作,然后用定义符号在 PAD 之外,将这些步骤用新的 PAD 图画出,这样可以使得主 PAD 图的整体框架更加清晰明了。

图 4-9 顺序结构　　　　　　图 4-10 定义符号结构

4.5.2 选择结构

PAD 图中包含两种选择结构,一是单支选择结构,如图 4-11 所示。PAD 图将判断选择条件 P 正确与否,若正确,则执行任务 A,若错误,则执行任务 B。二是多支选择结构,PAD 图将判断选择条件的取值,根据具体的值选择将要执行的任务,如图 4-12 所示。

图 4-11 单支选择结构　　　　　　图 4-12 多支选择结构

4.5.3 循环结构

PAD 图中包含两种循环结构,分别是当型循环结构和直到型循环结构,如图 4-13 和图 4-14 所示。

图 4-13 当型循环结构　　　　　　图 4-14 直到型循环结构

4.6 PAD 图示例

对于一个层次复杂的 PAD 图来说,所描述的程序层次关系表现在纵线上。具体来说,一条纵线代码一个层次,把 PAD 图从左到右展开,随着程序层次的增加,PAD 图逐渐向右展开。执行顺序从最左主干线上端的节点开始,自上而下依次执行。每遇到判断或循环,就自左而右进入下一层,从表示下一层的纵线上端开始执行,直到该纵线下端,再返回上一层纵线的转入处。持续操作,直至执行到主干线的下端为止。下面给出图书馆信息管理系统中还书处理的 PAD 图,如图 4-15 所示。

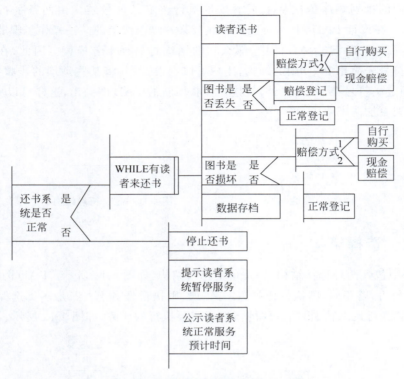

图 4-15　图书馆信息管理系统 PAD 图

第 5 章 基础外设开发

CHAPTER 5

本章对 IO_MUX 和 GPIO 矩阵、ESP32 系统中断矩阵、ADC、DAC、定时器、UART、I2C、I2S、SPI 进行介绍，并给出具体的应用程序。

5.1 IO_MUX 和 GPIO 矩阵

ESP32 的 I/O 组成了与外部世界交互的基础，ESP32 芯片有 34 个物理 GPIO 引脚，每个引脚都可用作一个通用 I/O 或连接一个内部的外设信号。

数字引脚(控制信号：FUN_SEL、IE、OE、WPU、WDU 等)、162 个外设输入信号和 176 个外设输出信号(控制信号：SIG_IN_SEL、SIG_OUT_SEL、IE、OE 等)、快速外设输入/输出信号(控制信号：IE、OE 等)以及 RTC IO_MUX 之间的信号选择和连接关系，构成了 ESP32 的 I/O 复用和 GPIO 交换矩阵。

IO_MUX、RTC IO_MUX 和 GPIO 交换矩阵用于将信号从外设传输至 GPIO 引脚，它们共同组成了芯片的 I/O 控制，如图 5-1 所示。ESP32 芯片的 34 个物理 GPIO 引脚编号为 0～19、21～23、25～27、32～39。其中，编号为 34～39 的引脚仅用作输入引脚，其他引脚既可以作为输入引脚又可以作为输出引脚。

(1) IO_MUX 中每个 GPIO 引脚有一组寄存器。寄存器可以配置成 GPIO 功能，连接 GPIO 交换矩阵，也可以配置成直连功能，旁路 GPIO 交换矩阵，以传输高速信号。例如，以太网、SDIO、SPI、JTAG、UART 等会旁路 GPIO 交换矩阵，以实现更好的高频数字特性，所以高速信号会直接通过 IO_MUX 输入/输出。

(2) RTC IO_MUX 用于控制 GPIO 引脚的低功耗和模拟功能。只有部分 GPIO 引脚具有这些功能，引脚编号为 0、2、4、12～15、25～27、32～39。

(3) GPIO 交换矩阵是外设输入/输出信号和引脚之间的全交换矩阵。

芯片输入方向：162 个外设输入信号都可以选择任意一个 GPIO 引脚的输入信号。

芯片输出方向：每个 GPIO 引脚输出信号可为 176 个外设输出信号中的任意一个。

输入/输出的方式有 IO_MUX 的直接输入/输出、RTC IO_MUX 的输入/输出、GPIO 交换矩阵的外设输入/输出。

5.1.1 通过 GPIO 矩阵的外设输入

为实现通过 GPIO 交换矩阵接收外设输入信号，需要配置 GPIO 交换矩阵，从 34 个

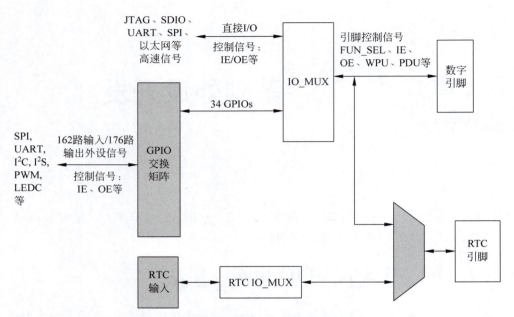

图 5-1　IO_MUX、RTC IO_MUX 和 GPIO 交换矩阵结构

GPIO 引脚中获取外设输入信号的索引号（0～18、23～36、39～58、61～90、95～124、140～155、164～181、190～195、198～206）。输入信号通过 IO_MUX 从 GPIO 引脚中读取。IO_MUX 必须设置相应引脚为 GPIO 引脚，这样 GPIO 引脚的输入信号就可以进入 GPIO 交换矩阵，然后通过 GPIO 交换矩阵进入选择的外设输入，如图 5-2 所示。

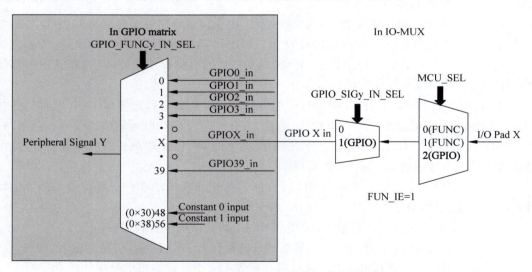

图 5-2　通过 IO_MUX、GPIO 交换矩阵的外设输入

将某个外设信号 Y 绑定到某个 GPIO 引脚 X 的配置过程如下。

（1）在 GPIO 交换矩阵中配置外设信号 Y 的 GPIO_FUNCy_IN_SEL_CFG 寄存器，设置 GPIO_FUNCy_IN_SEL 字段为要读取的 GPIO 引脚 X 的值，清空 GPIO 引脚的其他字段。

(2) 在 GPIO 交换矩阵中配置 GPIO 引脚 X 的 GPIO_FUNCx_OUT_SEL_CFG 寄存器、清空 GPIO_ENABLE_DATA[x]字段。要强制引脚的输出状态始终由 GPIO_ENABLE_DATA[x]字段决定,应将 GPIO_FUNCx_OUT_SEL_CFG 寄存器的 GPIO_FUNCx_OEN_SEL 字段置为 1。GPIO_ENABLE_DATA[x]字段在 GPIO_ENABLE_REG(GPIO 引脚编号为 0～31)或 GPIO_ENABLE1_REG(GPIOs 引脚编号为 32-39)中,清空此位可以关闭 GPIO 引脚的输出。

(3) 配置 IO_MUX 寄存器选择 GPIO 交换矩阵。配置 GPIO 引脚 X 的 IO_MUX_x_REG。设置功能字段(MCU_SEL)为 GPIO 引脚 X 的 IO_MUX 功能(引脚功能 3,数值为 2)。置位 FUN_IE 使能输入。置位或清空 FUN_WPU 和 FUN_WPD 位,使能或关闭内部上拉/下拉电阻器。

(4) GPIO_IN_REG/GPIO_IN1_REG 寄存器存储着每个 GPIO 引脚的输入值。任意 GPIO 引脚的输入值都可以随时读取,而无须为某一个外设信号配置 GPIO 交换矩阵。但是,需要为引脚 X 的 IO_MUX_x_REG 寄存器配置 FUN_IE 位以使能输入。

5.1.2 通过 GPIO 矩阵的外设输出

为实现通过 GPIO 交换矩阵输出外设信号,需要配置 GPIO 交换矩阵,将输出索引为 0～18、23～37、61～121、140～215、224～228 的外设信号输出到 28 个 GPIO 引脚(引脚编号为 0～19、21～23、25～27、32～33)。输出信号从外设输出到 GPIO 交换矩阵,然后到达 IO_MUX。IO_MUX 必须设置相应引脚为 GPIO 引脚,这样输出 GPIO 信号就能连接到相应引脚,如图 5-3 所示。其中,输出索引为 224～228 的外设信号,可配置为从一个 GPIO 引脚输入后直接由另一个 GPIO 引脚输出。176 个输出信号中的某一个信号通过 GPIO 交换矩阵到达 IO_MUX,然后连接到某个引脚。输出外设信号 Y 到某一 GPIO 引脚 X 的步骤如下。

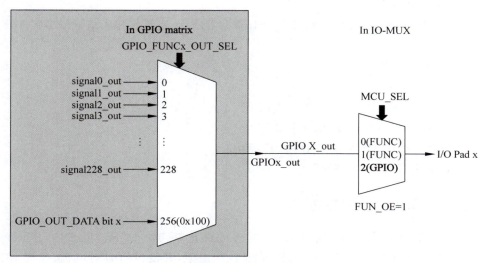

图 5-3 通过 GPIO 交换矩阵输出信号

(1) 在 GPIO 交换矩阵中配置 GPIO 引脚 X 的 GPIO_FUNCx_OUT_SEL_CFG 寄存器和 GPIO_ENABLE_DATA[x]字段。设置 GPIO_FUNCx_OUT_SEL_CFG 寄存器的

GPIO_FUNCx_OUT_SEL 字段为外设输出信号 Y 的索引(Y)。要将信号强制使能为输出模式，应把 GPIO 引脚 X 的 GPIO_FUNCx_OUT_SEL_CFG 寄存器的 GPIO_FUNCx_OEN_SEL 置位，并且将 GPIO_ENABLE_REG 寄存器的 GPIO_ENABLE_DATA[x]字段置位。或者对 GPIO_FUNCx_OEN_SEL 清零，此时输出使能信号由内部逻辑功能决定。GPIO_ENABLE_DATA[x]字段在 GPIO_ENABLE_REG（GPIO 引脚编号为 0～31）或 GPIO_ENABLE1_REG（GPIO 引脚编号为 32～39）中，清空后可以关闭 GPIO 引脚的输出。

(2) 选择以开漏方式输出，可以设置 GPIO 引脚 X 的 GPIO_PINx 寄存器中的 GPIO_PINx_PAD_DRIVER 位。

(3) 配置 IO_MUX 寄存器选择 GPIO 交换矩阵。配置 GPIO 引脚 X 的 IO_MUX_x_REG。设置功能字段(MCU_SEL)为 GPIO X 的 IO_MUX 功能（引脚功能 3，数值为 2）。设置 FUN_DRV 字段为特定的输出强度值(0～3)，值越大，输出驱动能力越强。在开漏模式下，通过置位/清零 FUN_WPU 和 FUN_WPD 使能或关闭上拉/下拉电阻。

GPIO 交换矩阵也可用于简单的 GPIO 输出，设置 GPIO_OUT_DATA 寄存器中某一位的值可以写入对应的 GPIO 引脚。为实现某一引脚的 GPIO 输出，设置 GPIO 交换矩阵 GPIO_FUNCx_OUT_SEL 寄存器为特定的外设索引值 256(0x100)。

5.1.3　IO_MUX 的直接 I/O 功能

ESP32 系统与外设交互的高速信号模式比使用 GPIO 交换矩阵的灵活度要低，即每个 GPIO 引脚的 IO_MUX 寄存器只有较少的功能选择，但可以实现更好的高频数字特性。为实现外设 I/O 旁路 GPIO 交换矩阵必须配置如下两个寄存器。

(1) GPIO 引脚的 IO_MUX 必须设置为相应的引脚功能，不同引脚实现的功能不同，最多可以实现 6 个功能。

(2) 对于输入信号，必须将 SIG_IN_SEL 寄存器清零，直接将输入信号输出到外设。

复位配置如下：

0-IE＝0(输入关闭)。

1-IE＝1(输入使能)。

2-IE＝1，WPD＝1(输入使能，下拉电阻)。

3-IE＝1，WPU＝1(输入使能，上拉电阻)。

R-引脚通过 RTC_MUX 具有 RTC/模拟功能。

I-引脚只能配置为输入 GPIO。

5.1.4　GPIO 示例程序

采用经典的 LED 每隔 1s 闪烁实验，实验硬件连接方式如下：在 ESP32 开发板的 GPIO 数字引脚 18 上连接 LED 正极，再连接 1kΩ 电阻，开发板的 GND 引脚连接 LED 负极，如图 5-4 所示。电阻的选择以不超过 LED 的驱动电压为准，一般情况下：白色 LED：3.0～3.3V；红色 LED：1.8～2.2V；蓝色 LED：3.0～3.2V；绿色 LED：2.9～3.1V；黄色 LED：1.8～2.0V。

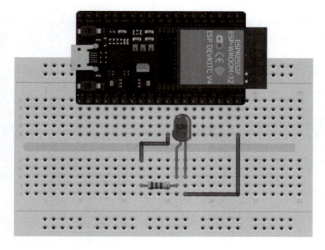
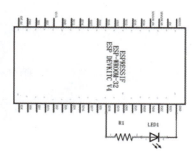

图 5-4　LED 电路连接

相关代码如下：

```
#define LED 18                         //定义输出引脚
void setup() {
  Serial.begin(115200);                //设置串口监视器波特率
  pinMode(LED, OUTPUT);                //设置引脚状态为输出
}
void loop() {                          //主函数
  digitalWrite(LED, 0);                //电平为低
  delay(1000);                         //延迟 1s
  digitalWrite(LED, 1);                //电平为高
  delay(1000);                         //延迟 1s
}
```

5.2　ESP32 系统中断矩阵

ESP32 中断矩阵可将任一外部中断源单独分配给每个 CPU 的任一外部中断，提供了强大的灵活性，能适应不同的应用需求。下面对 ESP32 开发板的中断矩阵功能描述与实现、示例程序等进行介绍。

5.2.1　中断矩阵概述

ESP32 中断主要有以下特性：接收 71 个外部中断源作为输入，为 2 个 CPU 分别生成 26 个外部中断（共 52 个）作为输出，屏蔽 CPU 的 NMI 类型中断，查询外部中断源当前的中断状态，中断矩阵结构如图 5-5 所示，包括外部中断配置寄存器、中断源、中断矩阵和中断输出寄存器。

5.2.2　中断功能概述

本节主要介绍外部中断源、CPU 中断源、分配外部中断源至 CPU 外部中断、屏蔽 CPU 的 NMI 类型中断和查询外部中断源当前的中断状态。

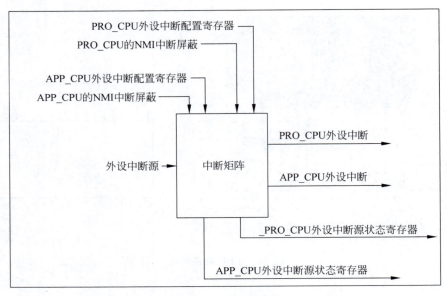

图 5-5　中断矩阵结构

1. 外部中断源

ESP32 共有 71 个外部中断源,其中有 67 个可以分配给 2 个 CPU,其余 4 个外部中断源只能分配给特定的 CPU。GPIO_INTERRUPT_PRO 和 GPIO_INTERRUPT_PRO_NMI 只可以分配给 PRO_CPU,GPIO_INTERRUPT_APP 和 GPIO_INTERRUPT_APP_NMI 只可以分配给 APP_CPU。因此,PRO_CPU 与 APP_CPU 各分配到 69 个外部中断源。

2. CPU 中断源

2 个 CPU(PRO_CPU 和 APP_CPU)各有 32 个中断,其中 26 个为外部中断。表 5-1 列出了每个 CPU 的中断。

表 5-1　CPU 中断

编号	类别	种类	优先级	编号	类别	种类	优先级
0	外部中断	电平触发	1	16	内部中断	定时器 2	5
1	外部中断	电平触发	1	17	外部中断	电平触发	1
2	外部中断	电平触发	1	18	外部中断	电平触发	1
3	外部中断	电平触发	1	19	外部中断	电平触发	2
4	外部中断	电平触发	1	20	外部中断	电平触发	2
5	外部中断	电平触发	1	21	外部中断	电平触发	2
6	内部中断	定时器 0	1	22	外部中断	边沿触发	3
7	内部中断	软件	1	23	外部中断	电平触发	3
8	外部中断	电平触发	1	24	外部中断	电平触发	4
9	外部中断	电平触发	1	25	外部中断	电平触发	4
10	外部中断	边沿触发	1	26	外部中断	电平触发	5
11	内部中断	解析	3	27	外部中断	电平触发	3
12	外部中断	电平触发	1	28	外部中断	边沿触发	4
13	外部中断	电平触发	1	29	内部中断	软件	3
14	外部中断	NMI	NMI	30	外部中断	边沿触发	4
15	内部中断	定时器 1	3	31	外部中断	电平触发	5

3. 分配外部中断源至 CPU 外部中断

按照如下规则描述中断：记号 Source_X 表示某个外部中断源，记号 PRO_X_MAP_REG（或 APP_X_MAP_REG）表示 PRO_CPU（或 APP_CPU）的某个外部中断配置寄存器，且此外部中断配置寄存器与外部中断源 Source_X 相对应。

根据中断源、寄存器、内外中断，可以这样描述中断矩阵控制器操作：将外部中断源 Source_X 分配到 CPU（PRO_CPU 或 APP_CPU）。将寄存器 PRO_X_MAP_REG（APP_X_MAP_REG）配成 Num_P。Num_P 可以取任意 CPU 外部中断值，CPU 中断可以被多个外设共享。关闭 CPU（PRO_CPU 或 APP_CPU）外部中断源 Source_X。将寄存器 PRO_X_MAP_REG（APP_X_MAP_REG）配成任意 Num_I。由于任何被配成 Num_I 的中断都没有连接到 CPU 上，选择特定内部中断值不会造成影响。将多个外部中断源 Source_Xn ORed 分配到 PRO_CPU（APP_CPU）的外部中断。将每个寄存器 PRO_Xn_MAP_REG（APP_Xn_MAP_REG）配成同样的 Num_P。这些外设中断都会触发 CPU 的 Interrupt_P。

4. 屏蔽 CPU 的 NMI 类型中断

中断矩阵能够根据信号 PRO_CPU 的 NMI 中断屏蔽（或 APP_CPU 的 NMI 中断屏蔽）暂时屏蔽所有被分配到 PRO_CPU（或 APP_CPU）的外部中断源的 NMI 类型中断。信号 PRO_CPU 的 NMI 中断屏蔽和 APP_CPU 的 NMI 中断屏蔽分别来自外设进程号控制器。

5. 查询外部中断源当前的中断状态

读寄存器 PRO_INTR_STATUS_REG_n(APP_INTR_STATUS_REG_n)中特定位置的值就可以获知外部中断源当前的中断状态。寄存器 PRO_INTR_STATUS_REG_n(APP_INTR_STATUS_REG_n)与外部中断源有对应关系。

5.2.3 中断示例

本程序将 ESP32 开发板的 GPIO 引脚 18 定义为输出，GPIO 引脚 4 定义为输入，上拉状态，从上升沿触发中断，将 GPIO 引脚 18 与 GPIO 引脚 4 通过导线直接连接。

GPIO 引脚 18 产生的脉冲触发计数，对 GPIO 引脚 4 进行余 4 运算，每隔 4s 产生中断，在 Arduino IDE 的串口监视器上输出中断信息。相关代码如下：

```
void callBack(void)                    //定义中断函数
{
  Serial.printf("GPIO 4 Interrupted\n");
}
void setup()
{
  Serial.begin(115200);                //设置串口监视器波特率
  Serial.println();
  pinMode(18, OUTPUT);                 //GPIO 引脚 18 为输出模式
  pinMode(4, INPUT);                   //GPIO 引脚 4 为输入模式
  attachInterrupt(4, callBack, RISING); //上升沿触发中断
}
int cnt = 0;
void loop()                            //主函数
{
  Serial.printf("cnt: % d\n", cnt++);  //输出计数
```

```
        digitalWrite(18, cnt % 4);          //每隔 4 个进行计数,输出一次中断
        delay(1000);                         //延迟 1s
        //detachInterrupt(4);                //关闭中断
}
```

5.3　ADC

ESP32 采用逐次逼近式 ADC,在每次转换过程中,遍历所有的量化值并将其转换为模拟值,再将输入信号与其逐一比较,最终得到要输出的数字信号。

5.3.1　ADC 概述

ESP32 集成了 12 位 ADC,共支持 18 个模拟通道输入。为了实现更低功耗,ESP32 的协处理器也可以在睡眠方式下测量电压,此时,可通过设置阈值或其他触发方式唤醒 CPU。

通过适当的设置,最多可配置 18 个引脚的 ADC,用于电压模数转换。每个 ADC 单元都支持两种工作模式,即 ADC-RTC 模式和 ADC-DMA 模式。ADC-RTC 由 RTC 控制器控制,适用于低频采样操作。ADC-DMA 由数字控制器控制,适用于高频连续采样操作。

ESP32 的 ADC 由 5 个专用转换器控制器管理,包括 RTC ADC1 控制器、RTC ADC2 控制器、DIG ADC1 控制器、DIG ADC2 控制器及功率/峰值监测控制器,可测量来自 18 个引脚的模拟信号,还可测量内部信号。ADC 使用的 5 个控制器均为专用控制器,其中 2 个支持高性能多通道扫描,2 个经过优化可支持深度睡眠模式下的低功耗运行,另外 1 个专门用于 PWDET/PKDET(功率/峰值监测)。ADC 的基本结构如图 5-6 所示。

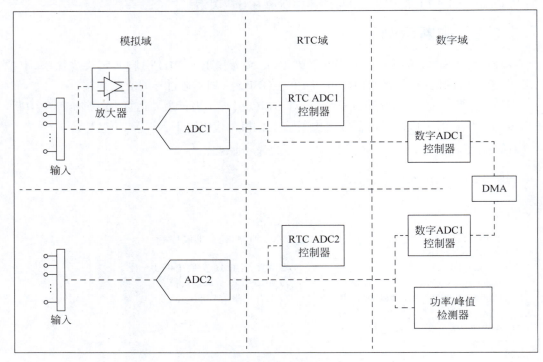

图 5-6　ADC 的基本结构

1. RTC ADC 控制器

RTC 电源域中的 ADC 控制器可在低频状态下提供最小功耗 ADC 测量。对于每个控制器来说，转换由寄存器 SENS_SAR_MEASn_START_SAR 触发，测量结果在寄存器 SENS_SAR_MEASn_DATA_SAR 中，RTC SAR ADC 控制器的功能概况如图 5-7 所示。

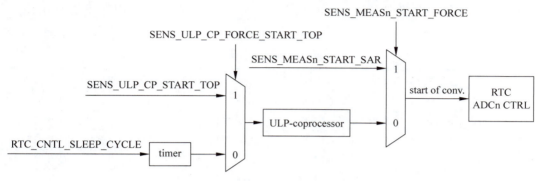

图 5-7　RTC SAR ADC 控制器的功能概况

ULP 协处理器与控制器之间的关系非常紧密，已经内置指令来使用 ADC。控制器均需要与 ULP 协处理器协同工作，例如可在深度睡眠模式下对通道进行周期性检测。在深度睡眠模式下，ULP 协处理器是唯一的触发器，可按一定顺序对通道进行连续性扫描。尽管控制器无法支持连续性扫描或 DMA，但 ULP 协处理器可协助实现这部分功能。

2. 数字 ADC 控制器

与 RTC ADC 控制器相比，数字 ADC 控制器的性能和吞吐量均实现了一定的优化，具备以下特点：①高性能；②时钟更快，因此采样速率实现了大幅提升；③支持多通道扫描模式；④扫描模式可配置为单通道模式、双通道模式或交替模式；⑤扫描可由软件或 I2S 总线发起；⑥支持 DMA；⑦扫描完成即发生中断。

数字 ADC 控制器需要遵守各项测量规则，每个表拥有 16 项，可存储通道选择信息、分辨率和衰减信息。当扫描开始时，控制器将逐条读取样式表中的测量规则。对于每个控制器而言，每个扫描序列最多拥有 16 条不同规则。

样式表寄存器的长度为 8 位，共包括 3 个字段，分别存储了通道、分辨率和衰减信息。

扫描模式可配置为单通道模式、双通道模式或交替模式。单通道模式：仅 ADC1 或 ADC2 的通道被扫描。双通道模式：ADC1 和 ADC2 的通道都被扫描。交替模式：ADC1 和 ADC2 的通道被交替扫描。

ESP32 的 ADC 最终向 DMA 传递的 16 位数据包括 ADC 转换结果及一些因扫描模式不同而有所差别的相关信息，单通道模式仅增加 4 位通道选择信息，双通道模式或交替模式增加 4 位通道选择信息及 1 位 ADC 选择信息。每种扫描模式均有其对应的数据格式，即 Ⅰ 型和 Ⅱ 型。

Ⅰ 型数据格式的 ADC 分辨率最高可支持 12 位，Ⅱ 型数据格式的 ADC 分辨率最高可支持 11 位。数字 ADC 控制器允许通过 I2S 总线实现直接内存访问，I2S 总线的 WS 信号可用作测量触发信号；可通过 DATA 信号获得测量结果是否完成的信息；可通过软件配置 APB_SARADC_DATA_TO_I2S，将 ADC 连接至 I2S 总线。

3. ADC 引脚

ADC 驱动程序 API 支持 ADC1（8 个通道，连接到 GPIO 引脚，引脚编号为 32～39）和 ADC2（10 个通道，连接到 GPIO 引脚，引脚编号为 0、2、4、12～15、25～27）。但是，由于 WiFi 驱动程序使用 ADC2，因此该应用程序只能在未启动 WiFi 驱动程序时使用 ADC2。一些 ADC2 引脚用作捆绑引脚（GPIO 引脚，引脚编号为 0、2、15），因此不能自由使用。ADC 引脚如表 5-2 所示。

表 5-2 ADC 引脚

信 号	引脚名称	GPIO 引脚	信 号	引脚名称	GPIO 引脚
ADC1_CH0	SENSOR_VP	GPIO36	ADC2_CH1	GPIO0	GPIO0
ADC1_CH1	SENSOR_CAPP	GPIO37	ADC2_CH2	GPIO2	GPIO2
ADC1_CH2	SENSOR_CAPN	GPIO38	ADC2_CH3	MTDO	GPIO15
ADC1_CH3	SENSOR_VN	GPIO39	ADC2_CH4	MTCK	GPIO13
ADC1_CH4	32K_XP	GPIO32	ADC2_CH5	MTDI	GPIO12
ADC1_CH5	32K_XN	GPIO33	ADC2_CH6	MTMS	GPIO14
ADC1_CH6	VDET_1	GPIO34	ADC2_CH7	GPIO27	GPIO27
ADC1_CH7	VDET_2	GPIO35	ADC2_CH8	GPIO25	GPIO25
ADC2_CH0	GPIO4	GPIO4	ADC2_CH9	GPIO26	GPIO26

5.3.2 ADC 示例

ESP32 有 2 个 12 位的 ADC，即 ADC1（8 个通道，连接到 GPIO 引脚，引脚编号为 32～39）和 ADC2（10 个通道，连接到 GPIO 引脚，引脚编号为 0、2、4、12～15 和 25～27）。编程的重点主要是在程序中配置精度、衰减倍数、通道引脚，也就是 ADC 的位数配置、检测范围、连接引脚。

本示例使用 ADC2 读取光敏电阻器的采样值和电压，并在 Arduino IDE 的串口监视器上输出数值。ADC2 的通道 0 在 GPIO 引脚 4 上，光敏 ADC 读取电路连接如图 5-8 所示。

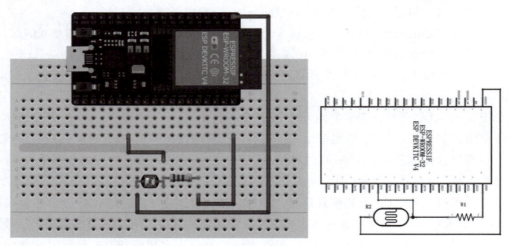

图 5-8 光敏 ADC 读取电路连接

相关代码如下：

```
#include "driver/gpio.h"
#include "driver/adc.h"
#include "esp_adc_cal.h"
void setup() {
  Serial.begin(115200);                          //设置串口监视器波特率
  adc2_config_channel_atten(ADC2_CHANNEL_0,ADC_ATTEN_DB_6);
  //ADC2 设置通道 0 和 2.2V 参考电压
}
void loop() {
  int read_raw;
  Serial.printf("APP Start...\n");
  adc2_get_raw(ADC2_CHANNEL_0, ADC_WIDTH_12Bit, &read_raw);
  //ADC 的结果转换成电压,参考电压是 2.2V,所以是 2200mV,12 位分辨率,总数为 4096
  Serial.printf("ADV_Value: %d Voltage: %d mV \r\n", read_raw, (read_raw * 2200)/4096);
  delay(1000);                                   //延迟 1s
}
```

5.4 DAC

DAC 是把数字量转变成模拟量的设备。下面分别介绍 DAC 及示例程序。

5.4.1 DAC 概述

ESP32 有 2 个 8 位 DAC 通道,将 2 路数字信号分别转换为 2 个模拟电压信号输出,两个通道可以独立工作。DAC 电路由内置电阻串和 1 个缓冲器组成。这 2 个 DAC 可以作为参考电压使用。ESP32 有 2 个数模转换器通道,分别连接到 GPIO25 引脚(通道 1)和 GPIO26 引脚(通道 2)。

DAC 主要特点如下：①2 个 8 位 DAC 通道；②支持双通道的独立/同时转换；③可从 VDD3P3_RTC 引脚获得电压参考；④含有余弦波发生器；⑤支持 DMA 功能；⑥可通过软件或 SAR ADCFSM 开始转换；⑦可由 ULP 协处理器通过控制寄存器实现完全控制。

单通道 DAC 的功能选择如图 5-9 所示。双通道 DAC 的 2 个 8 位通道可实现独立配置,每个通道的输出模拟电压计算方式如下：

$$DACn\_OUT = VDD3P3\_RTC \times PDACn\_DAC/256$$

其中,VDD3P3_RTC 代表引脚的电压(通常为 3.3V)；PDACn_DAC 拥有多个来源：余弦波形生成器、寄存器 RTCIO_PAD_DACn_REG 及 DMA。可通过寄存器 RTCIO_PAD_PDACn_XPD_DAC 决定转换是否开始。

余弦波发生器可用于生成余弦波形/正弦波形,工作流程如图 5-10 所示。

余弦波发生器的特点如下：①频率可调节,余弦波的频率可通过寄存器 SENS_SAR_SW_FSTEP[15:0]调节,频率为 dig_clk_rtc_freq×SENS_SAR_SW_FSTEP/65536,通常 dig_clk_rtc 的频率为 8MHz；②振幅可调节,可通过寄存器 SENS_SAR_DAC_SCALEn[1:0]设置波形振幅,调整为 1、1/2、1/4 或 1/8 倍；③直流偏移,寄存器 SENS_SAR_DAC_DCn[7:0]可能引入一些直流偏移,导致结果饱和；④相位偏移,可通过寄存器 SENS_SAR_DAC_INVn[1:0] 增加 0°/90°/180°/270°相位偏移；⑤支持 DMA,双通道 DAC 的 DMA 控

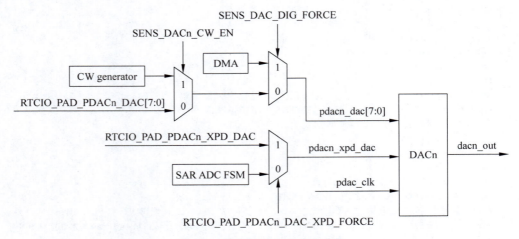

图 5-9　单通道 DAC 的功能选择

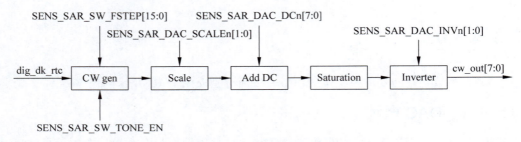

图 5-10　余弦波发生器工作流程

制器可对 2 个 DAC 通道的输出进行设置。通过配置 SENS_SAR_DAC_DIG_FORCE，i2s_clk 可连接至 DAC clk，I2S_DATA_OUT 可连接至 DAC_DATA，实现直接内存访问。

5.4.2　DAC 示例

本示例将 GPIO 引脚 26（DAC2）接到 LED 上，通过 DAC 输出变化的电压值，实现 DAC 控制 LED 的亮灭，并将 DAC 的信息输出到 Arduino IDE 的串口监视器上，DAC 电路连接如图 5-11 所示。

相关代码如下：

```
# include "driver/gpio.h"
# include "driver/adc.h"
# include "driver/dac.h"
# include "esp_system.h"
# include "esp_adc_cal.h"
uint8_t output_data = 0;                              //输出数据变量
esp_err_t r;                                          //判断结果变量
gpio_num_t dac_gpio_num;                              //引脚变量
void setup() {
  Serial.begin(115200);                               //设置串口监视器波特率
}
void loop()
{
    r = dac_pad_get_io_num( DAC_CHANNEL_2, &dac_gpio_num );      //获取引脚信息
```

```
    assert( r == ESP_OK );                              //正确与否
    Serial.printf("DAC channel % d @ GPIO % d.\n",DAC_CHANNEL_2, dac_gpio_num );
    dac_output_enable( DAC_CHANNEL_2 );                 //DAC 输出使能
    delay(2 * portTICK_PERIOD_MS);                      //延迟
    Serial.printf("start conversion.\n");
    dac_output_voltage( DAC_CHANNEL_2, output_data++ );          //输出数据
    Serial.printf("output_data % d @ GPIO % d.\n",output_data, dac_gpio_num );
    delay(10);
}
```

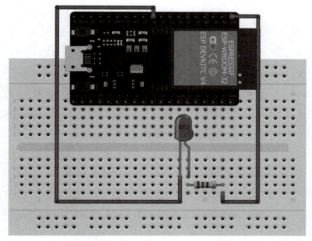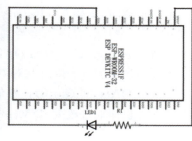

图 5-11　DAC 电路连接

5.5　定时器

定时器,顾名思义是用于设置定时的一个操作。在芯片中使用晶振作为计时单位,通过对晶振的计数实现计时,当时间达到定时器设定的时长时,会跳入对应的函数执行对应的操作。

5.5.1　定时器概述

ESP32 提供两组硬件定时器,每组有两个通用硬件定时器,所有定时器均为 64 位通用定时器。

TIMGn_Tx 的 n 代表组别,x 代表定时器编号。定时器特点如下:①16 位预分频器,分频系数为 2~65536;②64 位时基计数器可配置向上/向下时基计数器;③可暂停和恢复时基计数器,报警时自动重新加载;④当报警值溢出/低于保护值时报警;⑤软件控制即时重新加载;⑥电平触发中断和边沿触发中断。

1. 16 位预分频器

每个定时器都以 APB 时钟(缩写 APB_CLK,频率通常为 80MHz)作为基础时钟。16 位预分频器对 APB 时钟进行分频,产生时基计数器时钟(TB_clk)。TB_clk 每过一个周期,时基计数器会向上数 1 或向下数 1。在使用寄存器 TIMGn_Tx_DIVIDER 配置分频器除数

前,必须关闭定时器(将 TIMGn_Tx_DIVIDER 清零)。定时器使能时配置预分频器会导致不可预知的结果。预分频器可以对 APB 时钟进行 2~65536 的分频。具体来说,TIMGn_Tx_DIVIDER 为 1 或 2 时,时钟分频器是 2;TIMGn_Tx_DIVIDER 为 0 时,时钟分频器是 65536。例如,TIMGn_Tx_DIVIDER 为其他任意值时,时钟会以该数值分频。

2. 64 位时基计数器

TIMGn_Tx_INCREASE 置 1 或清零可以将 64 位时基计数器分别配置为向上计数或向下计数。同时,64 位时基计数器支持自动重新加载和软件即时重新加载,计数器达到软件设定值时会触发报警事件。

TIMGn_Tx_EN 置 1 或清零可以使能或关闭计数。清零后计数器暂停计数,并会在 TIMGn_Tx_EN 重新置 1 前保持其值不变。将 TIMGn_Tx_EN 清零会重新加载计数器并改变计数器的值,但在设置 TIMGn_Tx_EN 前计数不会恢复。

软件可以通过寄存器 TIMGn_Tx_LOAD_LO 和 TIMGn_Tx_LOAD_HI 重置计数器的值。重新加载时,寄存器 TIMGn_Tx_LOAD_LO 和 TIMGn_Tx_LOAD_HI 的值才会被更新到 64 位时基计数器内。报警时自动重新加载或软件即时重新加载会触发重新加载。寄存器 TIMGn_Tx_AUTORELOAD 置 1 可以使能报警时自动重新加载。如果报警时自动重新加载未被使能,64 位时基计数器会在报警后继续向上计数或向下计数。在寄存器 TIMGn_Tx_LOAD_REG 上写任意值可以触发软件即时重新加载,写值时计数器的值会立刻改变。软件也能通过改变 TIMGn_Tx_INCREASE 的值立刻改变 64 位时基计数器计数方向。

软件可以读取时基计数器的值。但由于计数器是 64 位的,因此 CPU 只能以 2 个 32 位值的形式读取。计数器值首先需要被锁入 TIMGn_TxLO_REG 和 TIMGn_TxHI_REG 中。在 TIMGn_TxUPDATE_REG 上写任意值可以将 64 位定时器值锁入 2 个寄存器。之后,软件可以在任意时间读取寄存器,防止读取计时器低字和高字时出现读值错误。

3. 产生报警

定时器可以触发报警,报警则会引发重新加载或触发中断。如报警寄存器 TIMGn_Tx_ALARMLO_REG 和 TIMGn_Tx_ALARMHI_REG 的值等于当前定时器的值,则触发报警。为解决寄存器设置过晚、计数器值超过报警值的问题,定时器值高于(适用于向上定时器)或低于(适用于向下定时器)当前报警值时,使能报警功能会马上触发报警。报警使能后,使能位自动清零。

4. 中断

看门狗定时器、定时器 1 和定时器 0 上的报警事件会产生中断。

(1) TIMGn_Tx_INT_WDT_INT:该中断在看门狗定时器中断阶段超时后产生。

(2) TIMGn_Tx_INT_T1_INT:该中断由定时器 1 上的报警事件产生。

(3) TIMGn_Tx_INT_T0_INT:该中断由定时器 0 上的报警事件产生。

5.5.2 定时器示例

本示例采用定时器,将 GPIO 引脚 2 接到 LED 上,通过输出设置变化的电压值,实现 LED 的亮灭,并将信息输出到串口,定时器电路连接如图 5-12 所示。

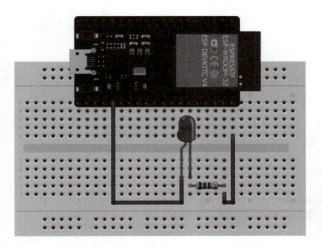
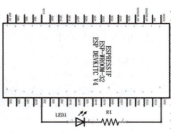

图 5-12 定时器电路连接

相关代码如下:

```
#define LED 2                                      //定义输出引脚
hw_timer_t * timer = NULL;
volatile SemaphoreHandle_t timerSemaphore;
portMUX_TYPE timerMux = portMUX_INITIALIZER_UNLOCKED;
volatile uint32_t isrCounter = 0;
volatile uint32_t lastIsrAt = 0;
void IRAM_ATTR onTimer(){                          //回调函数
  portENTER_CRITICAL_ISR(&timerMux);               //递增计数器并设置 ISR 的时间
  isrCounter++;
  lastIsrAt = millis();
  portEXIT_CRITICAL_ISR(&timerMux);
  xSemaphoreGiveFromISR(timerSemaphore, NULL);     //给出一个可以在循环中检查的信号量
  //如果想切换输出,使用 digitalRead/Write
  digitalWrite(LED, !digitalRead(LED));            //电平翻转
  Serial.printf("Hello, LED\n");
}
void setup() {
  Serial.begin(115200);
  pinMode(LED, OUTPUT);                            //设置引脚状态为输出
  timerSemaphore = xSemaphoreCreateBinary();       //创建信号标,标记计时器启动
  //使用第 1 个计时器(从零开始计数),预设 80 分频器(更多信息,请参阅 ESP32 技术参考手册)
  timer = timerBegin(0, 80, true);
  timerAttachInterrupt(timer, &onTimer, true);     //将 onTimer()函数附加到计时器
  //将报警设置为每秒(以微秒为单位的值),调用一次 onTimer()函数,重复报警(第三个参数)
  timerAlarmWrite(timer, 1000 * 1000, true);
  timerAlarmEnable(timer);                         //启动 alarm
}
void loop() {
  if (xSemaphoreTake(timerSemaphore, 0) == pdTRUE){  //如果计时器已启动
    uint32_t isrCount = 0, isrTime = 0;              //读取中断计数和时间
    portENTER_CRITICAL(&timerMux);
    isrCount = isrCounter;
    isrTime = lastIsrAt;
    portEXIT_CRITICAL(&timerMux);
```

```
      Serial.print("onTimer no. ");
      Serial.print(isrCount);
      Serial.print(" at ");
      Serial.print(isrTime);
      Serial.println(" ms");
   }
}
```

本示例通过定时器回调程序实现 50s 的 LED 亮灭，然后重新启动定时器，在串口输出时间和信息，相关代码如下：

```
#define LED 2                                      //定义输出引脚
hw_timer_t * timer = NULL;
volatile SemaphoreHandle_t timerSemaphore;
portMUX_TYPE timerMux = portMUX_INITIALIZER_UNLOCKED;
volatile uint32_t isrCounter = 0;
volatile uint32_t lastIsrAt = 0;
void IRAM_ATTR onTimer(){                          //回调函数
   if(millis() > 50000) {                          //millis()函数获取时间戳(单位 ms),50s 结束
      if (timer) {                                 //如果计时器仍在运行
         timerEnd(timer);                          //停止并释放计时器
         timer = NULL;
         esp_restart();                            //重启
      }
   }
   portENTER_CRITICAL_ISR(&timerMux);              //递增计数器并设置 ISR 的时间
   isrCounter++;
   lastIsrAt = millis();
   portEXIT_CRITICAL_ISR(&timerMux);
   //给出一个可以在循环中检查的信号量
   xSemaphoreGiveFromISR(timerSemaphore, NULL);
   //如果想切换输出,使用 digitalRead/Write
   digitalWrite(LED, !digitalRead(LED));           //电平翻转
}
void setup() {
   Serial.begin(115200);
   pinMode(LED, OUTPUT);                           //设置引脚状态为输出
   //创建信号标,标记计时器启动
   timerSemaphore = xSemaphoreCreateBinary();
   //使用第 1 个计时器(从零开始计数),预设 80 分频器
   timer = timerBegin(0, 80, true);
   timerAttachInterrupt(timer, &onTimer, true);    //将 onTimer()函数附加到计时器
   //将 alarm 设置为每秒调用 onTimer()函数(以微秒为单位的值),重复报警(第三个参数)
   timerAlarmWrite(timer, 1000 * 1000, true);
   timerAlarmEnable(timer);                        //启动 alarm
}
void loop() {
   if (xSemaphoreTake(timerSemaphore, 0) == pdTRUE){  //如果计时器已启动
      uint32_t isrCount = 0, isrTime = 0;
      //读取中断计数和时间
      portENTER_CRITICAL(&timerMux);
      isrCount = isrCounter;
      isrTime = lastIsrAt;
      portEXIT_CRITICAL(&timerMux);
```

```
        Serial.print("onTimer no. ");
        Serial.print(isrCount);
        Serial.print(" at ");
        Serial.print(isrTime);
        Serial.println(" ms");
    }
}
```

5.6 UART

通用异步接收/发送设备(UART)是一种硬件设备,俗称串口,可使用广泛的异步串行通信接口(例如 RS232、RS422、RS485)处理通信(即时序要求和数据成帧)。UART 提供了一种广泛采用且便宜的方法来实现不同设备之间的全双工或半双工数据交换。

5.6.1 UART 概述

UART 使用以字符为导向的通用数据链,可以实现设备间的通信。异步传输的意思是不需要在发送数据上添加时钟信息。这也要求发送端和接收端的速率、停止位、奇偶校验位等都必须相同,通信才能成功。首先,一个典型的 UART 帧开始于一个起始位,其次是有效数据,再次是奇偶校验位(可有可无),最后是停止位。

TXD、RXD 是串口通常用到的数据输出和输入引脚。RTS(Request To Send)表示请求发送,用于传输计算机发往串口调制解调器等设备的信号,该信号表示计算机是否允许设备发送数据。CTS(Clear To Send)在计算机 UART 引脚中表示为允许发送,在与计算机通信过程中常与 RTS 一起使用,是 UART 通信过程中流控的 2 个引脚,它们是成对出现的。

ESP32 有 3 个串口,UART0 默认作为日志和控制台输出,用户可以使用 UART1 和 UART2。如果使用 ESP32 的模组连接 SPI Flash,会占用 GPIO 引脚 6～11,所以 UART1 使用默认引脚会产生冲突,需要把 UART 配置到其他 GPIO 引脚上,通过任意 GPIO 引脚实现 ESP32 上的 UART 控制器支持多种字长和停止位。另外,控制器还支持软硬件流控和 DMA,以实现无缝、高速的数据传输。开发者可以使用多个 UART 串口,同时又能很好地控制软件开销。

1. 主要功能

ESP32 有 3 个 UART 控制器可供使用,并且兼容不同的 UART。另外,UART 还可以用作红外数据交换(IrDA)或 RS485 调制解调器。3 个 UART 控制器有一组功能相同的寄存器。本书以 UARTn 指代 3 个 UART 控制器,n 为 0、1、2。

UART 控制器主要特性如下:①可编程收发波特率;②3 个 UART 的发送 FIFO 队列及接收 FIFO 队列共享 1024×8 位的 RAM;③全双工异步通信;④支持输入信号波特率自检功能;⑤支持 5/6/7/8 位数据长度;⑥支持 1/1.5/2/3 个停止位;⑦支持奇偶校验位;⑧支持 RS485 协议;⑨支持 IrDA 协议;⑩支持 DMA 高速数据通信;⑪支持 UART 唤醒模式;⑫支持软件流控和硬件流控。

2. UART 架构

UART 基本架构如图 5-13 所示。UART 有 2 个时钟源:80-MHz APB_CLK 和参考

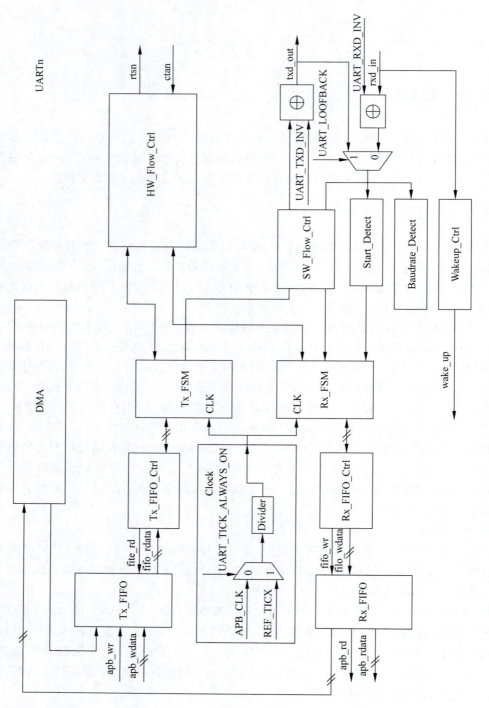

图 5-13 UART 基本架构

时钟 REF_TICK。可以通过配置 UART_TICK_REF_ALWAYS_ON 来选择时钟源。时钟中的分频器用于对时钟源进行分频,然后产生时钟信号来驱动 UART 模块。UART_CLKDIV_REG 将分频系数分成两部分:UART_CLKDIV 用于配置整数部分,UART_CLKDIV_FRAG 用于配置小数部分。

UART 控制器可以分为发送块和接收块。

发送块包含一个发送 FIFO 用于缓存待发送的数据。软件可以通过 APB 总线写 Tx_FIFO,也可以通过 DMA 将数据搬入 Tx_FIFO 中。Tx_FIFO_Ctrl 用于控制 Tx_FIFO 的读写过程,当 Tx_FIFO 非空时,Tx_FSM 通过 Tx_FIFO_Ctrl 读取数据,并将数据按照配置的帧格式转换成比特流。比特流输出信号 txd_out 可以通过配置 UART_TXD_INV 寄存器实现取反功能。

接收块包含一个接收 FIFO,用于缓存待处理的数据。输入比特流 rxd_in 时可以输入 UART 控制器。通过 UART_RXD_INV 寄存器实现取反。Baudrate_Detect 通过检测最小比特流输入信号的脉宽来测量输入信号的波特率。Start_Detect 用于检测数据的起始位,当检测到起始位之后,RX_FSM 通过 Rx_FIFO_Ctrl 将帧解析后的数据存入 Rx_FIFO 中。

软件可以通过 APB 总线读取 Rx_FIFO 中的数据。为了提高数据传输效率,可以使用 DMA 方式进行数据发送或接收。

HW_Flow_Ctrl 通过标准 UART RTS 和 CTS(rtsn_out 和 ctsn_in)流控信号来控制 rxd_in 和 txd_out 的数据流。

SW_Flow_Ctrl 通过在发送数据流中插入特殊字符以及在接收数据流中检测特殊字符来进行数据流的控制。当 UART 处于 Light-sleep 状态时,Wakeup_Ctrl 开始计算 rxd_in 的脉冲个数;当输入 RxD 沿变化的次数大于或等于 UART_ACTIVE_THRESHOLD+2 时产生 wake_up 信号给 RTC 模块,由 RTC 来唤醒 UART 控制器。注意:只有 UART0 和 UART1 具有 Light-sleep 功能,且 rxd_in 不能通过 GPIO 交换矩阵输入,只有通过 IO_MUX 才能输入。

3. UART RAM

芯片中 3 个 UART 控制器共用 1024×8 位的 RAM 空间。RAM 以 block 为单位进行分配,1 个 block 为 128×8 位。默认情况下,3 个 UART 控制器的 Tx_FIFO 和 Rx_FIFO 占用 RAM 的情况如图 5-14 所示。通过配置 UART_TX_SIZE 可以对 UARTn 的 Tx_FIFO 进行扩展;通过配置 UART_RX_SIZE 可以对 UARTn 的 Rx_FIFO 进行扩展。需要注意的是,扩展某个 UART 的 FIFO 空间时可能会占用其他 UART 的 FIFO 空间。

当 3 个 UART 控制器都不工作时,可以通过置位 UART_MEM_PD、UART1_MEM_PD、UART2_MEM_PD 来使 RAM 进入低功耗状态。UART0 的 Tx_FIFO 和 Rx_FIFO 可以通过置位 UART_TXFIFO_RST 和 UART_RXFIFO_RST 复位。UART1 的 Tx_FIFO 和 Rx_FIFO 可以通过置位 UART1_TXFIFO_RST 和 UART1_

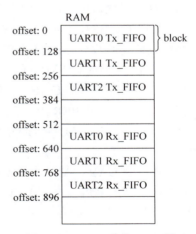

图 5-14　UART 共享 RAM 图

RXFIFO_RST 复位。

4. 波特率检测

置位 UART_AUTOBAUD_EN 可以开启 UART 波特率自动检测功能。波特率检测可以滤除信号脉宽小于 UART_GLITCH_FILT 的噪声。

在 UART 双方进行通信之前可以通过发送几个随机数据让具有波特率检测功能的数据接收方进行波特率分析。UART_LOWPULSE_MIN_CNT 存储了最小低电平脉冲宽度，UART_HIGHPULSE_MIN_CNT 存储了最小高电平脉冲宽度，软件可以通过读取这两个寄存器获取发送方的波特率。

UART0 通过置位 UART_TXFIFO_RST 复位 Tx_FIFO，也可以通过置位 UART_RXFIFO_RST 复位 Rx_FIFO；UART1 通过置位 UART1_TXFIFO_RST 复位 Tx_FIFO，也可以通过置位 UART1_RXFIFO_RST 复位 Rx_FIFO。

5. UART 数据帧

如图 5-15 所示，数据帧从 START 位开始以 STOP 位结束。START 位占用 1 位。STOP 位可以通过配置 UART_STOP_BIT_NUM、UART_DL1_EN 和 UART_DL0_EN 实现 1/1.5/2/3 位宽。START 为低电平有效，STOP 为高电平有效。

数据位宽(BIT0~BITn)为 5~8 位，可以通过 UART_BIT_NUM 进行配置。当置位 UART_PARITY_EN 时，数据帧会在数据之后添加 1 位奇偶校验位。UART_PARITY 用于选择是奇校验还是偶校验。当接收器检测到输入数据的校验位错误时会产生 UART_PARITY_ERR_INT 中断，当接收器检测到数据帧格式错误时会产生 UART_FRM_ERR_INT 中断。

Tx_FIFO 中数据都发送完成后会产生 UART_TX_DONE_INT 中断。置位 UART_TXD_BRK 时，发送端会发送几个连续的特殊数据帧 NULL，NULL 的数量可由 UART_TX_BRK_NUM 进行配置。发送器发送完所有的 NULL 之后会产生 UART_TX_BRK_DONE_INT 中断。数据帧之间可以通过配置 UART_TX_IDLE_NUM 保持最小间隔时间。当一帧数据之后的空闲时间大于或等于 UART_TX_IDLE_NUM 寄存器的配置值时产生 UART_TX_BRK_IDLE_DONE_INT 中断。

当接收器连续收到 UART_AT_CMD_CHAR 字符且字符之间满足如下条件时将会产生 UART_AT_CMD_CHAR_DET_INT 中断。

（1）接收到的第一个 UART_AT_CMD_CHAR 与上一个非 UART_AT_CMD_CHAR 之间至少保持 UART_PER_IDLE_NUM 个 APB 时钟。

（2）UART_AT_CMD_CHAR 字符之间必须小于 UART_RX_GAP_TOUT 个 APB 时钟。

（3）接收的 UART_AT_CMD_CHAR 字符个数必须大于或等于 UART_CHAR_NUM。

（4）接收到的最后一个 UART_AT_CMD_CHAR 字符与下一个非 UART_AT_CMD_CHAR 之间至少保持 UART_POST_IDLE_NUM 个 APB 时钟。

6. 流控

UART 控制器有两种数据流控方式：硬件流控和软件流控。硬件流控通过输出信号 rtsn_out 及输入信号 dsrn_in 进行数据流控制。软件流控通过在发送数据流中插入特殊字符以及在接收数据流中检测特殊字符来实现数据流控制。

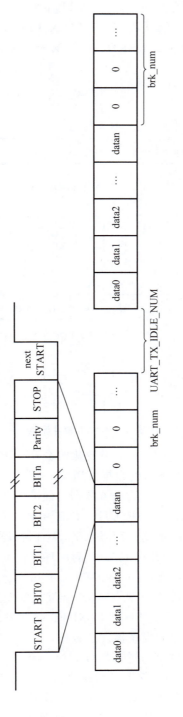

图 5-15 UART 数据帧结构

UART 硬件流控如图 5-16 所示。当使用硬件流控功能时，输出信号 rtsn_out 为高电平表示请求对方发送数据，rtsn_out 为低电平表示通知对方中止数据发送直到 rtsn_out 恢复高电平。发送器的硬件流控有两种方式：UART_RX_FLOW_EN 等于 0，可以通过配置 UART_SW_RTS 改变 rtsn_out 的电平；UART_RX_FLOW_EN 等于 1，当 Rx_FIFO 中的数据大于 UART_RXFIFO_FULL_THRHD 时拉低 rtsn_out 的电平。

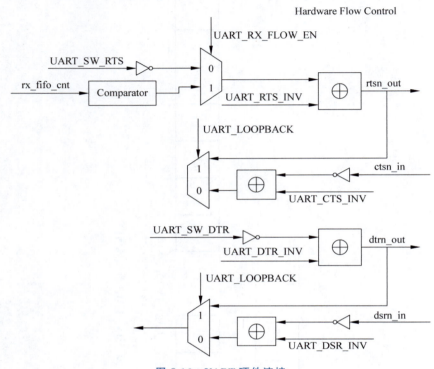

图 5-16　UART 硬件流控

当 UART 检测到输入信号 ctsn_in 的沿变化时会产生 UART_CTS_CHG_INT 中断，并且在发送完当前数据后停止接下来的数据发送。

输出信号 dtrn_out 为高电平表示发送方数据已经准备完毕，UART 在检测到输入信号 dsrn_in 的沿变化时会产生 UART_DSR_CHG_INT 中断。软件在检测到中断后，通过读取 UART_DSRN 可以获取 dsrn_in 的输入信号电平，从而判断当前是否可以接收数据。

置位 UART_LOOPBACK 即开启 UART 的回环测试功能。此时 UART 的输出信号 txd_out 和其输入信号 rxd_in 相连，rtsn_out 和 ctsn_in 相连，dtrn_out 和 dsrn_out 相连。当接收的数据与发送的数据相同时，表明 UART 能够正常发送和接收数据。

软件流控可以通过置位 UART_FORCE_XOFF 强制发送器停止发送数据，也可以通过置位 UART_FORCE_XON 强制发送器发送数据。

UART 还可以通过传输特殊字符进行软件流控。置位 UART_SW_FLOW_CON_EN 可以开启软件流控功能。当 UART 接收的数据字节数超过 UART_XOFF 的阈值时，可以通过发送 UART_XOFF_CHAR 告知对方停止发送数据。

在 UART_SW_FLOW_CON_EN 为 1 时，软件可以在任意时刻发送流控字符。置位 UART_SEND_XOFF，发送器会在发送完当前数据之后发送一个 UART_XOFF_CHAR；

置位 UART_SEND_XON，发送器会在发送完当前数据之后发送一个 UART_XON_CHAR。

5.6.2 UART 示例

本示例通过 Arduino IDE 开发环境实现在串口监视器写入数据后显示在其上，相关代码如下：

```
void setup() {
    //设定串口波特率
    Serial.begin(115200);
}
void loop() {
    if (Serial.available()) {
    delay (100);                                    //等待数据传输完毕
    int n = Serial.available();
    Serial.print("接收到 ");
    Serial.print(n);
    Serial.print(" 字节数据:");
    delay (100);
    for (int i = 0; i < n; ++i) {
    Serial.print((char)Serial.read());
    }
    Serial.println();
    }
}
```

5.7 I2C

I2C 是一种串行、同步、半双工通信总线，它允许在同一总线上同时存在多个主机和从机。I2C 为两线总线，由 SDA 和 SCL 两条线构成，两条线都设置为漏极开漏输出且都需要上拉电阻。因此，I2C 总线上可以挂载多个外设，通常是一个或多个主机以及一个或多个从机，主机通过总线访问从机。

主机发出开始信号，则通信开始，在 SCL 为高电平时拉低 SDA，主机通过 SCL 线发出 9 个时钟脉冲。前 8 个脉冲用于按位传输，该字节包括 7 位地址和 1 个读/写标志位。如果从机地址与该 7 位地址一致，那么从机可以通过在第 9 个脉冲上拉低 SDA 来应答，根据读/写的标志位，主机和从机可以发送/接收更多的数据。

应答位的逻辑电平决定是否停止发送数据。在数据传输中，SDA 仅在 SCL 为低电平时才发生变化。主机完成通信时，会发送一个停止信号，在 SCL 为高电平时拉高 SDA。

5.7.1 I2C 概述

I2C 总线用于 ESP32 和多个外设进行通信。多个外设可以共用一条 I2C 总线。ESP32 的 I2C 控制器可以处理 I2C 协议，腾出处理器核用于其他任务。ESP32 有 2 个 I2C 控制器（也称为端口），负责处理 2 条 I2C 总线上的通信。每个控制器都可以作为主机或从机运行。例如，1 个控制器可以同时充当主机控制器和从机控制器。任何引脚都可以设置为 SDA 引脚或 SCL 引脚。

1. 主要特性

I2C 具有以下特点：①支持主机模式和从机模式；②支持多主机、多从机通信，支持标准模式（100Kb/s）；③支持快速模式（400Kb/s）；④支持 7 位及 10 位寻址；⑤支持关闭 SCL 时钟实现连续数据传输；⑥支持可编程数字噪声滤波功能。

2. I2C 架构

I2C 控制器可以工作于主机模式或从机模式，I2C_MS_MODE 寄存器用于模式选择。I2C 主机基本架构如图 5-17 所示，I2C 从机基本架构如图 5-18 所示。

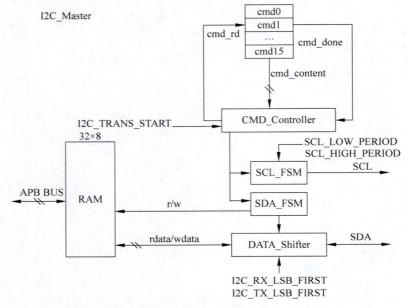

图 5-17　I2C 主机基本架构

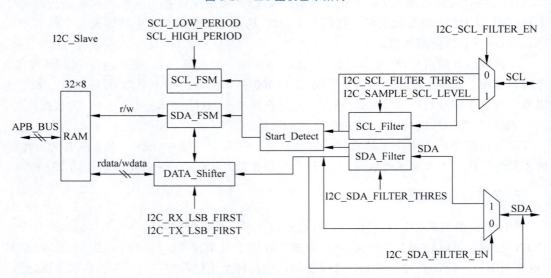

图 5-18　I2C 从机基本架构

从图 5-17 和图 5-18 中可知，I2C 控制器内部主要有以下几个单元。

(1) RAM 大小为 32×8 位，直接映射 CPU 内核的地址，地址为（REG_I2C_BASE+0x100），I2C 数据的每个字节占据一个字的存储地址（因此，第一字节在+0x100，第二字节在+0x104，第三字节在+0x108，以此类推），用户需要置位 I2C_NONFIFO_EN 寄存器。

(2) 16 个命令寄存器（cmd0 ～ cmd15）及 1 个 CMD_Controller 用于 I2C 主机控制数据传输过程，I2C 控制器每次执行一个命令。

(3) SCL_FSM 用于控制 SCL（时钟线），I2C_SCL_HIGH_PERIOD_REG 和 I2C_SCL_LOW_PERIOD_REG 寄存器用于配置 SCL 的频率和占空比。

(4) SDA_FSM 用于控制 SDA（数据线）。

(5) DATA_Shifter 用于将字节数据转换成比特流或者比特流转换成字节数据。I2C_RX_LSB_FIRST 和 I2C_TX_LSB_FIRST 用于配置最高有效位或最低有效位的优先储存或传输。

(6) SCL_Filter 和 SDA_Filter 用于 I2C_Slave 滤除输入噪声。通过配置 I2C_SCL_FILTER_EN 和 I2C_SDA_FILTER_EN 寄存器可以开启或关闭滤波器。滤波器可以滤除脉宽低于 I2C_SCL_FILTER_THRES 和 I2C_SDA_FILTER_THRES 的毛刺。

3. I2C cmd 结构

命令寄存器只在 I2C 主机中有效，其内部结构如图 5-19 所示。软件可以通过读取每条命令的 CMD_DONE 位来判断一条命令是否执行完毕。op_code 用于命令编码，I2C 控制器支持如下命令。

	31		13:11	10	9	8	7:0
cmd0	CMD_DONE	...	op_code	ack_value	ack_exp	ack_check_en	byte_num

...

	31		13:11	10	9	8	7:0
cmd15	CMD_DONE	...	op_code	ack_value	ack_exp	ack_check_en	byte_num

图 5-19　I2C 命令寄存器结构

(1) RSTART：op_code 等于 0 为 RSTART 命令，该命令用于控制 I2C 协议中 START 位及 RESTART 位的发送。

(2) WRITE：op_code 等于 1 为 WRITE 命令，该命令表示当前主机要发送数据。

(3) READ：op_code 等于 2 为 READ 命令，该命令表示当前主机要接收数据。

(4) STOP：op_code 等于 3 为 STOP 命令，该命令用于控制协议中 STOP 位的发送。

(5) END：op_code 等于 4 为 END 命令，该命令用于主机模式下连续发送数据。主要实现方式为关闭 SCL 时钟，当数据准备完毕时继续传输。一次完整的命令序列始于 RSTART 命令，结束于 STOP 命令。

ack_value 接收数据时，在字节被接收后，该位用于表示接收方将发送一个 ACK 位。

ack_exp 用于设置发送方期望的 ACK 值。

ack_check_en 用于控制发送方是否对 ACK 位进行检测，1 表示检测 ACK 值，0 表示不检测 ACK 值。

byte_num 用于说明读写的数据长度（单位为字节），最大为 255，最小为 1。RSTART、

STOP、END 命令中 byte_num 无意义。

4. I2C 主机写入从机

为了便于描述,此处的 I2C 主机和从机都假定为 ESP32 的 I2C 外设控制器,I2C 主机写 N 字节数据到 I2C 从机,如图 5-20 所示。根据 I2C 协议,第一字节为 I2C 从机地址,如图 5-20 中 RAM 所示,第一个数据为从机 7 位地址加 1 位读/写标志位,其中读/写标志位为 0 时表示写操作,后续连续空间存储待发送的数据,cmd 包含了用于运行的一系列命令。

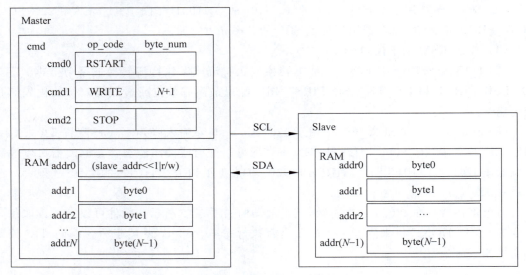

图 5-20 I2C 主机写 7 位地址从机

如果通过 I2C 主机传输数据,总线就不能被占用,也就是说 SCL 线不能被其他主机或从机拉低,SCL 恢复到高电平才可以进行数据传输。在不使用 END 命令的情况下,I2C 主机一次最多发送 $14 \times 255 - 1$ 个有效数据给 7 位地址的 I2C 从机,其命令配置为 1 个 RSTART+14 个 WRITE +1 个 STOP。

5. I2C 主机读取从机

I2C 主机从 7 位地址 I2C 从机读取 N 个字节数据,如图 5-21 所示。

I2C 主机需要将 I2C 从机的地址发送出去,所以 cmd1 为 WRITE。该命令发送的字节是一个 I2C 从机地址及其读/写标志位,1 表示这是一个读操作。I2C 从机在匹配好地址之后即开始发送数据给 I2C 主机。I2C 主机根据 READ 命令中的 ack_value 在每个接收的数据之后回复 ACK。图 5-21 中,READ 分成两次,I2C 主机对 cmd2 中 $N-1$ 个数据均回复 ACK,对 cmd3 中的数据即传输的最后一个数据不回复 ACK,实际使用时可以根据需要进行配置。在存储接收数据时,I2C 主机从 RAM 的首地址开始存储,图 5-21 中 byte0 会覆盖从机地址加 1 位读/写位。在不使用 END 命令的情况下,I2C 主机一次最多从 I2C 从机读取 13×255 个有效数据,其命令配置为 1 个 RSTART +1 个 WRITE+13 个 READ+1 个 STOP。

5.7.2 I2C 示例

在 Arduino IDE 中使用 ESP32 时,默认的 I2C 引脚为 GPIO 引脚 21(SDA),GPIO 引脚 22(SCL),本示例采用 I2C 模式的 OLED 显示模块,读取其 I2C 设备地址,并输出在

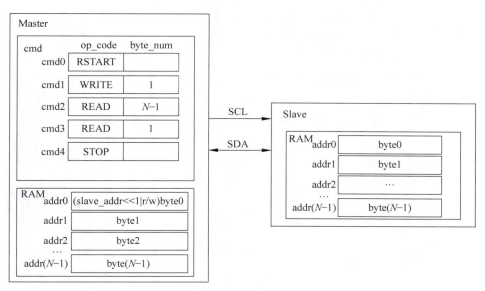

图 5-21　I2C 主机读 7 位地址从机

Arduino IDE 的串口监视器上。将 OLED 的 SDA 引脚接 GPIO 引脚 21，SCL 引脚接 GPIO 引脚 22，VCC 接 3.3V，GND 接 GND，I2C 电路连接如图 5-22 所示。

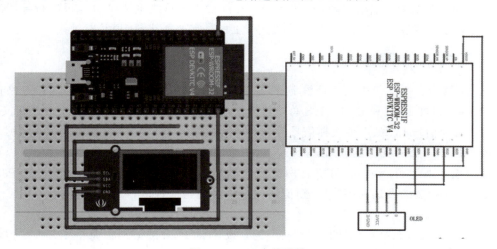

图 5-22　I2C 电路连接

相关代码如下：

```
# include "Wire.h"
void setup() {
  Serial.begin(115200);
  Wire.begin();
}
void loop() {
  byte error, address;
  int nDevices = 0;
  delay(5000);
  Serial.println("Scanning for I2C devices ...");
```

```
    for(address = 0x01; address < 0x7f; address++){
      Wire.beginTransmission(address);
      error = Wire.endTransmission();
      if (error == 0){
        Serial.printf("I2C device found at address 0x%02X\n", address);
        nDevices++;
      } else if(error != 2){
        Serial.printf("Error %d at address 0x%02X\n", error, address);
      }
    }
    if (nDevices == 0){
      Serial.println("No I2C devices found");
    }
  }
```

5.8 I2S

I2S 是飞利浦公司为数字音频设备之间的数据传输而制定的一种总线标准，广泛应用于各种多媒体系统。

I2S 采用独立传输时钟信号与数据信号的设计，通过将数据信号和时钟信号分离，避免了因时差诱发的失真，解决了音频抖动问题。标准的 I2S 总线电缆是由 3 根串行导线组成的：1 根是时分多路复用（简称 TDM）数据线；1 根是字选择线；1 根是时钟线。

5.8.1 I2S 概述

I2S 总线为多媒体应用尤其是数字音频应用提供了灵活的数据通信接口。ESP32 内置两个 I2S 接口，即 I2S0 和 I2S1。I2S 总线可以使用任意 GPIO 引脚。I2S 标准总线定义了 3 种信号：时钟信号 BCK、声道选择信号 WS 和串行数据信号 SD。一条基本的 I2S 数据总线有一个主机和一个从机。主机和从机的角色在通信过程中保持不变。每个控制器可以在半双工通信模式下运行。因此，可以将两个控制器组合起来以建立全双工通信。ESP32 的 I2S 模块包含独立的发送和接收声道，能够保证优良的通信性能，可以通过任意 GPIO 引脚实现。

图 5-23 是 I2S 系统框架，图中"n"对应为 0 或 1，即 I2S0 或 I2S1。每个 I2S 模块包含一个独立的发送单元（TX）和一个独立的接收单元（RX）。发送和接收单元各有一组三线接口，分别为时钟线（信号 BCK）、声道选择线（信号 WS）和串行数据线（信号 SD）。其中，发送单元的串行数据线固定为输出，接收单元的串行数据线固定为接收。发送单元和接收单元的时钟线和声道选择线均可配置为主机发送和从机接收。在 LCD 模式下，串行数据线扩展为并行数据总线。I2S 模块发送和接收单元各有一块宽 32 位、深 64 位的 FIFO 存储器。此外，只有 I2S0 支持接收/发送 PDM 信号，并且支持片上 DAC/ADC 模块。

I2S 信号总线描述如表 5-3 所示。RX 单元和 TX 单元的信号命名规则为 I2SnA_B_C。其中"n"为模块名，表示 I2S0 或 I2S1，"A"表示 I2S 模块数据总线信号的方向，"I"表示输入，"O"表示输出，"B"表示信号功能，"C"表示该信号的方向，"in"表示该信号输入 I2S 模块，"out"表示该信号自 I2S 模块输出。除 I2Sn_CLK 信号外，其他信号均需要经过 GPIO 交换矩阵和

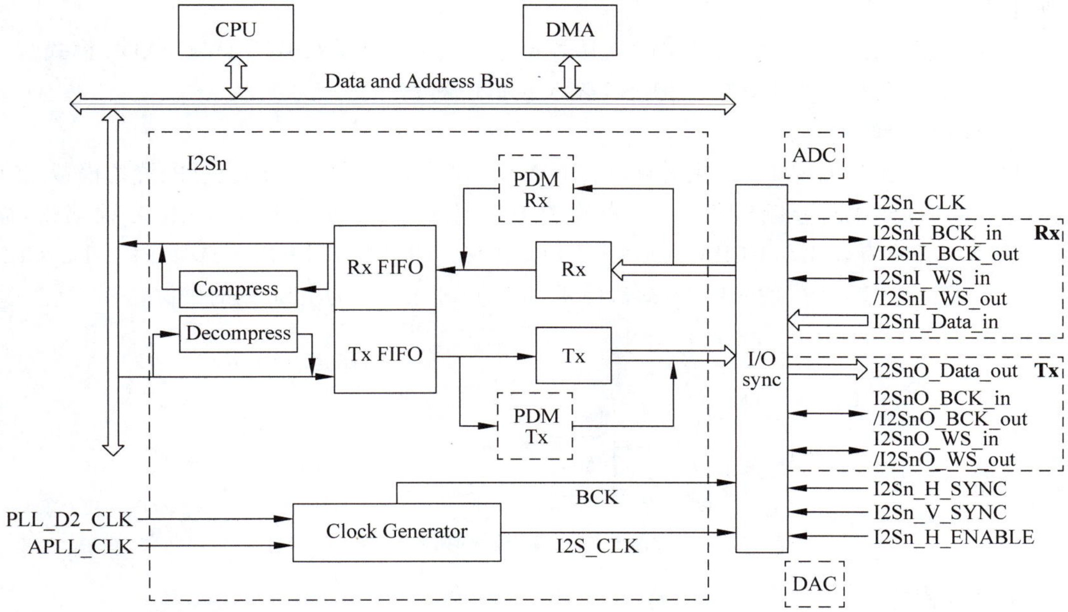

图 5-23　I2S 系统框架

IO_MUX 映射到芯片的引脚。I2Sn_CLK 信号需要经过 IO_MUX 映射到芯片引脚。

表 5-3　I2S 信号总线描述

信号总线	信号方向	数据信号方向
I2SnI_BCK_in	从机模式下，I2S 模块输入信号	表示 I2S 模块接收数据
I2SnI_BCK_out	主机模式下，I2S 模块输出信号	表示 I2S 模块接收数据
I2SnI_WS_in	从机模式下，I2S 模块输入信号	表示 I2S 模块接收数据
I2SnI_WS_out	主机模式下，I2S 模块输出信号	表示 I2S 模块接收数据
I2SnI_Data_in	I2S 模块输入信号	I2S 模式下，I2SnI_Data_in[15] 为 I2S 的串行数据总线，LCD 模式下，可以根据需要配置数据总线的宽度
I2SnO_Data_out	I2S 模块输出信号	I2S 模式下，I2SnO_Data_out[23] 为 I2S 的串行数据总线，LCD 模式下，可以根据需要配置数据总线的宽度
I2SnO_BCK_in	从机模式下，I2S 模块输入信号	表示 I2S 模块发送数据
I2SnO_BCK_out	主机模式下，I2S 模块输出信号	表示 I2S 模块发送数据
I2SnO_WS_in	从机模式下，I2S 模块输入信号	表示 I2S 模块发送数据
I2SnO_WS_out	主机模式下，I2S 模块输出信号	表示 I2S 模块发送数据
I2Sn_CLK	I2S 模块输出信号	作为外部芯片的时钟源
I2Sn_H_SYNC	相机模式下，I2S 模块输入信号	来自相机的信号
I2Sn_V_SYNC		
I2Sn_H_ENABLE		

1. 主要特性

I2S 模式：①可配置高精度输出时钟；②支持全双工和半双工收发数据；③支持多种音频标准；④内嵌 A 律压缩/解压缩模块；⑤可配置时钟；⑥支持 PDM 信号输入/输出；⑦收

发数据模式可配置。

LCD 模式：①支持外接 LCD；②支持外接相机；③支持连接片上 DAC/ADC 模式。

I2S 中断：①I2S 接口中断；②I2S DMA 接口中断。

2. I2S 模块时钟

I2Sn_CLK 作为 I2S 模块的主时钟，由 160MHz 时钟 PLL_D2_CLK 或可配置的模拟 PLL 输出时钟 APLL_CLK 分频获得。I2S 模块的串行时钟 BCK 再由 I2Sn_CLK 分频获得，如图 5-24 所示。寄存器 I2S_CLKM_CONF_REG 中 I2S_CLKA_ENA 用于选择 PLL_D2_CLK 或 APLL_CLK 作为 I2Sn 的时钟源，默认使用 PLL_D2_CLK 作为 I2Sn 的时钟源。

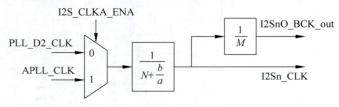

图 5-24　I2S 模块时钟

3. I2S 模式

ESP32 I2S 模块内置数据 A 律压缩/解压缩模块，用于对接收到的音频数据进行 A 律缩/解压缩操作。I2S 支持的音频标准包括飞利浦标准、MSB 对齐标准、PCM 标准。

ESP32 I2S 发送数据分为三个阶段：第一阶段，从内存中读出数据并写入 FIFO 队列；第二阶段，将待发送数据从 FIFO 中读出；第三阶段，在 I2S 模式下，将待发送数据转换为串行数据流输出，在 LCD 模式下，将待发送数据转换为位宽固定的并行数据流输出。

ESP32 I2S 接收数据分为三个阶段：第一阶段，在 I2S 模式下，输入的串行比特流数据会被以声道属性转换成宽度为 64 位的并行数据流；在 LCD 模式下，输入位宽固定的并行数据流会被扩展成宽度为 64 位的并行数据流；第二阶段将待接收的数据写入 FIFO；第三阶段将待接收的数据从 FIFO 中读出，并写入内存。

I2S 主机/从机模式：I2S 模块可以配置为主机接收/发送接口，支持半双工模式和全双工模式，也可以配置为从机接收/发送接口，还支持半双工模式和全双工模式。ESP32 I2S0 内部集成了 PDM 模块，用于 PCM 编码信号和 PDM 编码信号相互转换。

4. LCD 模式

ESP32 I2S 的 LCD 模式分为 LCD 主机发送模式、相机从机接收模式、ADC/DAC 模式。LCD 模式的时钟配置与 I2S 模式的时钟配置一致。在 LCD 模式下，WS 频率为 BCK 的一半，BCK 为串行时钟，WS 为通道选择信号。在 ADC/DAC 模式下，要使用 PLL_D2_CLK 作为时钟源。LCD 主机发送模式如图 5-25 所示，在 LCD 主机发送模式下，LCD 的 WR 信号接 I2S 模块的 WS 信号，数据信号线宽度为 24 位。

相机从机接收模式如图 5-26 所示，ESP32 I2S 可以配置成相机从机模式，以此实现与外部相机模块之间的高速数据传输。

在 ADC/DAC 模式下，片上 ADC 模块接收到的数据可以通过 I2S0 模块搬到内部存储区，也可以使用 I2S0 模块将内部存储区的数据搬到片上 DAC 模块。当 I2S0 模块连接片上 ADC 时，需要将 I2S0 模块配置为主机接收模式。图 5-27 为 I2S0 模块与 ADC 控制器的信号连接。

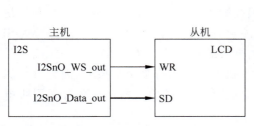
图 5-25 LCD 主机发送模式

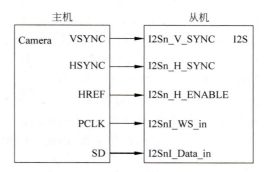
图 5-26 相机从机接收模式

当 I2S0 模块接片内 DAC 时，需要将 I2S0 模块配置成主机发送模式。图 5-28 为 I2S0 模块与 DAC 控制器的信号连接。DAC 控制模块以 I2S_CLK 为时钟，此时 I2S_CLK 最高为 APB_CLK/2。

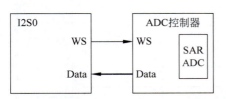
图 5-27 I2S0 模块与 ADC 控制器的信号连接

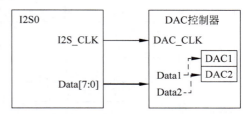
图 5-28 I2S0 模块与 DAC 控制器的信号连接

5.8.2 I2S 示例

在 GPIO 引脚 34 输入任意音频或模拟值，串口输出是设备的读数范围：12 位（0～4096），相关代码如下：

```
#include <I2S.h>
void setup() {
  Serial.begin(115200);
  while (!Serial) {
    ;
  }
  if (!I2S.begin(ADC_DAC_MODE, 8000, 16)) {      //I2S 开启采样
    Serial.println("Failed to initialize I2S!");
    while (1);
  }
}
void loop() {
  int sample = I2S.read();                        //读取并输出采样值
  Serial.println(sample);
}
```

5.9 SPI

SPI 是摩托罗拉公司推出的一种高速、全双工、同步串行接口。其优点是支持全双工通信、通信简单、数据传输率高；缺点是没有指定的流控制，没有应答机制确认是否接收到数

据,所以与 I2C 总线比较,它在数据、可靠性上有一定的缺陷。

SPI 的通信原理很简单,它以主从模式工作,这种模式通常有 1 个主机和 1 个或多个从机,双向传输时至少需要 4 根线,单向传输时 3 根线即可。所有基于 SPI 的设备共有的是 SDI(数据输入)、SDO(数据输出)、SCLK(时钟)、CS(片选),如图 5-29 所示。SDO/MOSI 为主机数据输出,从机数据输入。SDI/MISO 为主机数据输入,从机数据输出。SCLK 为时钟信号,由主机产生。CS/SS 为从机使能信号,由主机控制。当有多个从机时,因为每个从机上都有一个片选引脚接主机,因此主机和某个从机通信时需要将从机对应的片选引脚电平拉低或拉高。

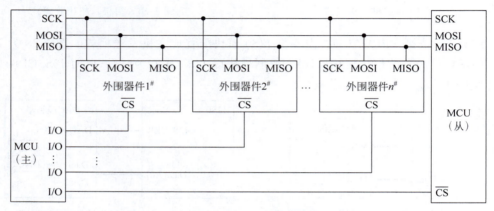

图 5-29 SPI 的通信原理

SPI 通信有 4 种不同的模式,不同的从机可能在出厂时就配置为某种模式,这是不能改变的,但通信双方必须是工作在同一模式下,所以可以对主机的 SPI 模式进行配置,通过 CPOL(时钟极性)和 CPHA(时钟相位)来控制主机的通信模式,CPOL 用于配置 SCLK 的电平空闲态和有效态,CPHA 用于配置数据采样在第几个边沿,四种模式如下:

(1) 模式 0,CPOL=0、CPHA=0:空闲时,SCLK 处于低电平,数据采样在第 1 个边沿,即 SCLK 由低电平到高电平跳变,所以数据采样在上升沿,数据发送在下降沿。

(2) 模式 1,CPOL=0、CPHA=1:空闲时,SCLK 处于低电平,数据发送在第 1 个边沿,即 SCLK 由低电平到高电平跳变,所以数据采样在下降沿,数据发送在上升沿。

(3) 模式 2,CPOL=1、CPHA=0:空闲时,SCLK 处于高电平,数据采集在第 1 个边沿,即 SCLK 由高电平到低电平跳变,所以数据采集在下降沿,数据发送在上升沿。

(4) 模式 3,CPOL=1、CPHA=1:空闲时,SCLK 处于高电平,数据发送在第 1 个边沿,即 SCLK 由高电平到低电平跳变,所以数据采集在上升沿,数据发送在下降沿。

5.9.1 SPI 概述

ESP32 共有 4 个 SPI 控制器:SPI0、SPI1、SPI2、SPI3,如图 5-30 所示,用于支持 SPI 协议。SPI0 控制器作为缓存,供访问外部存储单元接口使用,SPI1 作为主机使用,SPI2 和 SPI3 控制器既可作为主机使用又可作为从机使用,作为主机使用时,每个 SPI 控制器可以使用多个片选信号(CS0~CS2)连接多个 SPI 从机设备。因此,SPI2 和 SPI3 是通用 SPI 控制器,分别称为 HSPI 和 VSPI,它们向用户开放。SPI2 和 SPI3 具有独立的信号总线,分别具有相同的名称,每条总线具有 3 条 CS 线,最多可驱动 3 个 SPI 从机。

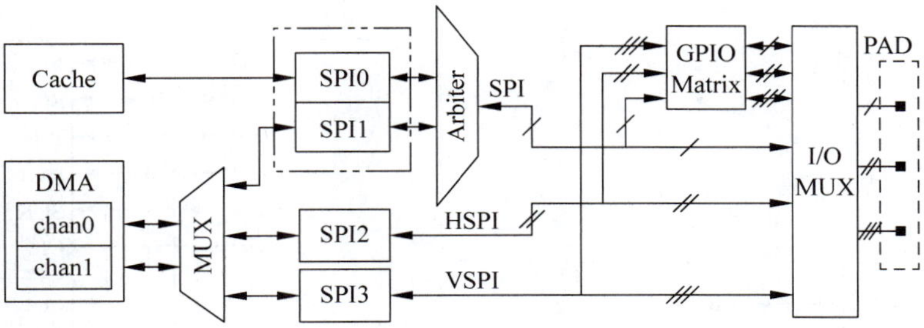

图 5-30　SPI 系统框架

　　SPI1～SPI3 控制器共享 2 个 DMA 通道。SPI0 和 SPI1 控制器通过 1 个仲裁器共用一组信号总线，这组带前缀 SPI 的信号总线由 D、Q、CS0～CS2、CLK、WP 和 HD 信号组成，SPI2 和 SPI3 控制器分别使用带前缀 HSPI 和 VSPI 的信号总线。这些信号总线包含的输入/输出信号线可以经过 GPIO 交换矩阵和 IO_MUX 实现与芯片引脚的映射。

　　SPI 控制器在 GP-SPI 模式下，支持标准的四线全双工/半双工通信（MOSI、MISO、CS、CLK）和三线半双工通信（DATA、CS、CLK）。SPI 控制器在 QSPI 模式下使用信号总线 D、Q、CS0～CS2、CLK、WP 和 HD 作为 4 位并行 SPI 总线访问外部 Flash 或 SRAM。不同模式下引脚功能信号与总线信号的映射关系如表 5-4 所示。

表 5-4　引脚功能信号与总线信号的映射关系

GP-SPI 四线全双工/半双工信号总线	GP-SPI 三线半双工信号总线	QSPI 信号总线	引脚功能信号		
SPI 信号总线	HSPI 信号总线	VSPI 信号总线	SPI 信号总线	HSPI 信号总线	VSPI 信号总线
MOSI	DATA	D	SPID	HSPID	VSPID
MISO	—	Q	SPIQ	HSPIQ	VSPIQ
CS	CS	CS	SPICS0	HSPICS0	VSPICS0
CLK	CLK	CLK	SPICLK	HSPICLK	VSPICLK
—	—	WP	SPIWP	HSPIWP	VSPIWP
—	—	HD	SPIHD	HSPIHD	VSPIHD

　　ESP32 GP-SPI 支持四线全双工/半双工通信和三线半双工通信。四线全双工/半双工通信电气连接如图 5-31 所示。ESP32 SPI1～SPI3 可以作为 SPI 主机与其他从机通信，SPI2 和 SPI3 可以作为从机，每个 ESP32 SPI 主机默认最多可以接 3 个从机。在非 DMA 模式下，ESP32 SPI 一次最多可以接收/发送 64 字节的数据，收发数据长度以字节为单位。

　　GP-SPI 三线半双工模式与四线半双工的不同之处在于接收和发送数据使用同一根信号线，且必须包含命令、地址和接收/发送数据状态。软件需要通过配置 SPI_USER_REG 寄存器的 SPI_SIO 位来使能三线半双工模式。

　　ESP32 SPI 控制器对 SPI 存储器（如 Flash、SRAM）提供特殊支持。SPI 引脚与存储器的硬件连接如图 5-32 所示。

图 5-31　SPI 四线全双工/半双工通信电气连接

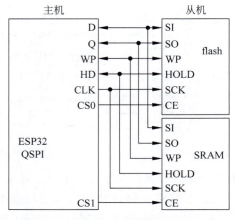
图 5-32　SPI 引脚与存储器的硬件连接

　　ESP32 的大多数外设信号都直接连接到专用的 IO_MUX 引脚。但是，也可以使用 GPIO 交换矩阵将信号路由到其他任何可用的引脚。如果至少一个信号通过 GPIO 矩阵路由，则所有信号都将通过 GPIO 交换矩阵路由。SPI 控制器的 IO_MUX 引脚如表 5-5 所示，仅连接到总线的第一个设备可以使用 CS0 引脚。

表 5-5　SPI 控制器的 IO_MUX 引脚

引 脚 名 称	HSPI （GPIO 引脚）	VSPI （GPIO 引脚）	引 脚 名 称	HSPI （GPIO 引脚）	VSPI （GPIO 引脚）
CS0 *	15	5	MOSI	13	23
SCLK	14	18	QUADWP	2	22
MISO	12	19	QUADHD	4	21

表 5-6 为有关 SPI 的操作术语。

表 5-6　SPI 操作术语

名　称	术　语　定　义
主机	ESP32 内部的 SPI 控制器可通过总线启动 SPI 传输，并充当 SPI 主机
从机/设备	SPI 从机。SPI 总线可以连接到一个或多个设备，每个设备共享 MOSI、MISO 和 SCLK 信号，通过 CS 线路激活
总线	连接到一台主机的所有设备通用。通常，总线包括 MISO、MOSI、SCLK，一条或多条 CS 线路，以及可选的 QUADWP 和 QUADHD。因此，设备可连接到相同的线路，但每个设备都有自己的 CS 线路。如果以菊花链方式连接，则多个设备也可以共享一条 CS 线
MISO	主机输入，从机输出，从机到主机的数据传输
MOSI	主机输出，从机输入，从机到主机的数据传输
SCLK	串行时钟，主机产生的振荡信号，使数据位的传输保持同步
CS	片选。允许主机选择连接到总线的单个设备以发送或接收数据
QUADWP	写保护信号。仅用于 4 位交换功能
QUADHD	保持信号。仅用于 4 位交换功能
声明	激活线路的动作。将线路恢复为非活动状态（恢复为空闲状态）的相反操作称为取消声明

续表

名 称	术 语 定 义
事务	主机声明 CS 线,与设备之间进行数据传输以及取消 CS 线的一种实例。事务是原子的,这意味着它们永远不会被其他事务打断
发射边沿	源寄存器将信号发射到线路上的时钟沿
锁存边沿	目的寄存器在信号中锁存的时钟沿

SPI 总线交换功能包含 5 个阶段,如表 5-7 所示,这些阶段中的任何一个都可以跳过。

表 5-7 SPI 交换功能组成

阶 段	描 述
命令	在此阶段,主机将命令(0~16 位)写入总线
地址	在此阶段,主机通过总线发送地址(0~64 位)
写入	主机将数据发送到设备,该数据遵循可选的命令和地址段
虚位	此阶段是可配置的,用于满足时序要求
读取	设备将数据发送到主机

5.9.2 SPI 示例

本示例使用 SPI 总线驱动 SD 卡,引脚连接如表 5-8 所示。

表 5-8 引脚连接

ESP32 开发板	SD 卡	ESP32 开发板	SD 卡
5V	VCC	GPIO19	MISO
GPIO 5	CS	GPIO23	MOSI
GPIO18	SCK	GND	GND

相关代码如下:

```
#include "FS.h"
#include "SD.h"
#include "SPI.h"
void listDir(fs::FS &fs, const char * dirname, uint8_t levels){    //列出文件夹
    Serial.printf("Listing directory: % s\n", dirname);
    File root = fs.open(dirname);
    if(!root){
        Serial.println("Failed to open directory");
        return;
    }
    if(!root.isDirectory()){
        Serial.println("Not a directory");
        return;
    }
    File file = root.openNextFile();
    while(file){
        if(file.isDirectory()){
            Serial.print(" DIR : ");
            Serial.println(file.name());
            if(levels){
                listDir(fs, file.name(), levels - 1);
```

```
            }
        } else {
            Serial.print(" FILE: ");
            Serial.print(file.name());
            Serial.print(" SIZE: ");
            Serial.println(file.size());
        }
        file = root.openNextFile();
    }
}
void createDir(fs::FS &fs, const char * path){          //新建文件夹
    Serial.printf("Creating Dir: %s\n", path);
    if(fs.mkdir(path)){
        Serial.println("Dir created");
    } else {
        Serial.println("mkdir failed");
    }
}
void removeDir(fs::FS &fs, const char * path){          //删除文件夹
    Serial.printf("Removing Dir: %s\n", path);
    if(fs.rmdir(path)){
        Serial.println("Dir removed");
    } else {
        Serial.println("rmdir failed");
    }
}
void readFile(fs::FS &fs, const char * path){           //读取文件
    Serial.printf("Reading file: %s\n", path);
    File file = fs.open(path);
    if(!file){
        Serial.println("Failed to open file for reading");
        return;
    }
    Serial.print("Read from file: ");
    while(file.available()){
        Serial.write(file.read());
    }
    file.close();
}
void writeFile(fs::FS &fs, const char * path, const char * message){
//写入文件
    Serial.printf("Writing file: %s\n", path);
    File file = fs.open(path, FILE_WRITE);
    if(!file){
        Serial.println("Failed to open file for writing");
        return;
    }
    if(file.print(message)){
        Serial.println("File written");
    } else {
        Serial.println("Write failed");
    }
    file.close();
}
```

```cpp
void appendFile(fs::FS &fs, const char * path, const char * message){    //增加写入文件
    Serial.printf("Appending to file: %s\n", path);
    File file = fs.open(path, FILE_APPEND);
    if(!file){
        Serial.println("Failed to open file for appending");
        return;
    }
    if(file.print(message)){
        Serial.println("Message appended");
    } else {
        Serial.println("Append failed");
    }
    file.close();
}
void renameFile(fs::FS &fs,const char * path1,const char * path2){    //重命名文件
    Serial.printf("Renaming file %s to %s\n", path1, path2);
    if (fs.rename(path1, path2)) {
        Serial.println("File renamed");
    } else {
        Serial.println("Rename failed");
    }
}
void deleteFile(fs::FS &fs, const char * path){    //删除文件
    Serial.printf("Deleting file: %s\n", path);
    if(fs.remove(path)){
        Serial.println("File deleted");
    } else {
        Serial.println("Delete failed");
    }
}
void testFileIO(fs::FS &fs, const char * path){    //测试 SD 卡功能
    File file = fs.open(path);
    static uint8_t buf[512];
    size_t len = 0;
    uint32_t start = millis();
    uint32_t end = start;
    if(file){
        len = file.size();
        size_t flen = len;
        start = millis();
        while(len){
            size_t toRead = len;
            if(toRead > 512){
                toRead = 512;
            }
            file.read(buf, toRead);
            len -= toRead;
        }
        end = millis() - start;
        Serial.printf("%u bytes read for %u ms\n", flen, end);
        file.close();
    } else {
        Serial.println("Failed to open file for reading");
    }
}
```

```
        file = fs.open(path, FILE_WRITE);
        if(!file){
            Serial.println("Failed to open file for writing");
            return;
        }
        size_t i;
        start = millis();
        for(i = 0; i < 2048; i++){
            file.write(buf, 512);
        }
        end = millis() - start;
        Serial.printf("%u bytes written for %u ms\n", 2048 * 512, end);
        file.close();
}
void setup(){
        Serial.begin(115200);
        if(!SD.begin()){
            Serial.println("Card Mount Failed");
            return;
        }
        uint8_t cardType = SD.cardType();
        if(cardType == CARD_NONE){
            Serial.println("No SD card attached");
            return;
        }
        Serial.print("SD Card Type: ");                    //输出 SD 卡类型
        if(cardType == CARD_MMC){
            Serial.println("MMC");
        } else if(cardType == CARD_SD){
            Serial.println("SDSC");
        } else if(cardType == CARD_SDHC){
            Serial.println("SDHC");
        } else {
            Serial.println("UNKNOWN");
        }
        uint64_t cardSize = SD.cardSize() / (1024 * 1024);
        Serial.printf("SD Card Size: %lluMB\n", cardSize);     //输出 SD 卡容量
        listDir(SD, "/", 0);
        createDir(SD, "/mydir");
        listDir(SD, "/", 0);
        removeDir(SD, "/mydir");
        listDir(SD, "/", 2);
        writeFile(SD, "/hello.txt", "Hello ");
        appendFile(SD, "/hello.txt", "World!\n");
        readFile(SD, "/hello.txt");
        deleteFile(SD, "/foo.txt");
        renameFile(SD, "/hello.txt", "/foo.txt");
        readFile(SD, "/foo.txt");
        testFileIO(SD, "/test.txt");
        Serial.printf("Total space: %lluMB\n", SD.totalBytes()/(1024 * 1024));
        Serial.printf("Used space: %lluMB\n", SD.usedBytes() / (1024 * 1024));
}
void loop() {}
```

第 6 章 网络连接开发

CHAPTER 6

ESP32 开发板的网络连接涉及底层的物理连接 WiFi 和以太网、TCP/IP 系列协议、网络接口、套接字及应用层协议。本章对 ESP32 的 WiFi 和网络接口进行描述,以加深读者对网络连接开发的理解。

6.1 ESP32 芯片 WiFi 概述

WiFi 的 API 支持配置和监控 ESP32 WiFi 连网功能。支持配置三种模式：①站点模式(STA 模式或 WiFi 客户端模式),此时 ESP32 连接到接入点(AP)或路由器；②AP 模式(Soft-AP 模式或接入点模式),也就是 ESP32 作为路由器,此时站点连接到 ESP32；③AP-STA 共存模式,此时 ESP32 既是接入点同时又作为站点连接到另外一个接入点。ESP32 可以同时支持以上各种安全模式(WPA、WPA2 及 WEP 等),扫描接入点(包括主动扫描及被动扫描),使用混合模式监控 IEEE 802.11 WiFi 数据包。

WiFi 芯片支持 TCP/IP 协议,完全遵循 802.11 b/g/n WiFi 的 MAC 协议栈；支持分布式控制功能下的基本服务集站点模式和 Soft-AP 模式；支持通过最小化主机交互优化有效工作时长,以实现功耗管理。

1. WiFi 射频和基带

WiFi 射频和基带具有以下特性：①支持 802.11b/g/n；②支持 802.11n MCS0-7 20MHz 和 40MHz 带宽；③支持 802.11n MCS32 (RX)；④支持 802.11n 0.4μs 保护间隔；⑤数据传输率高达 150Mb/s,接收时空分组码 2×1；⑥发射功率高达 20.5dBm；⑦发射功率可调节；⑧支持天线分集。

芯片支持带有外部射频开关的天线分集与选择。外部射频开关由一个或多个 GPIO 引脚控制,用来选择最合适的天线,以减少信道衰减的影响。

2. WiFi MAC

WiFi MAC 自行支持的底层协议及功能如下：①4 个虚拟 WiFi 接口；②支持基础结构型网络站点模式/Soft-AP 模式/混杂模式；③RTS 保护,CTS 保护,立即块回复；④重组；⑤TX/RX A-MPDU 和 RX A-MSDU；⑥TXOP；⑦无线多媒体；⑧CCMP(CBC-MAC、计数器模式)、TKIP(MIC,RC4)、WAPI(SMS4)、WEP (RC4)和 CRC；⑨自动 Beacon 监测(硬件 TSF)。WiFi 射频特性如表 6-1 所示。

表 6-1　WiFi 射频特性

参　　数	条　　件	最小值	典型值	最大值	单位
工作频率范围	—	2412	—	2484	MHz
输出功率	11n，MCS7	12	13	14	dBm
	11b 模式	18.5	19.5	20.5	dBm
灵敏度	11b，1 Mb/s	—	−97	—	dBm
	11b，11 Mb/s	—	−88	—	dBm
	11g，6 Mb/s	—	−92	—	dBm
	11g，54 Mb/s	—	−75	—	dBm
	11n，HT20，MCS0	—	−92	—	dBm
	11n，HT20，MCS7	—	−72	—	dBm
	11n，HT40，MCS0	—	−89	—	dBm
	11n，HT40，MCS7	—	−69	—	dBm
邻道抑制	11g，6 Mb/s	—	27	—	dB
	11g，54 Mb/s	—	13	—	dB
	11n，HT20，MCS0	—	27	—	dB
	11n，HT20，MCS7	—	12	—	dB

6.2　WiFi 网络连接数据类型

WiFi 库支持 ESP32 WiFi 连网功能，本节介绍几个应用示例程序。

6.2.1　设置 WiFi 的 AP 模式示例

在示例配置选项下设置 ESP32 开发板为 AP 模式，也就是作为路由器，设置 WiFi 的 SSID 和 WiFi 密码信息，其他 WiFi 设备可以连接到 ESP 开发板。相关代码如下：

```
#include <Arduino.h>
#include "WiFi.h"
void setup()
{
  Serial.begin(115200);
  WiFi.softAP("ESP_AP", "12345678");            //设置 AP 参数(名称和密码)
}
void loop()
{
  Serial.print("主机名:");
  Serial.println(WiFi.softAPgetHostname());
  Serial.print("主机 IP:");
  Serial.println(WiFi.softAPIP());
  Serial.print("主机 IPv6:");
  Serial.println(WiFi.softAPIPv6());
  Serial.print("主机 SSID:");
  Serial.println(WiFi.SSID());
  Serial.print("主机 MAC 地址:");
  Serial.println(WiFi.softAPmacAddress());
  Serial.print("主机连接个数:");
  Serial.println(WiFi.softAPgetStationNum());
```

```
  Serial.print("主机状态:");
  Serial.println(WiFi.status());
  delay(1000);
}
```

6.2.2　设置 WiFi 的 STA 模式示例

在示例配置选项下设置 ESP32 开发板作为设备,接入已知的路由器,在程序中设置连接 WiFi 的名称和密码。相关代码如下:

```
#include <Arduino.h>
#include "WiFi.h"
void setup()
{
  Serial.begin(115200);
  WiFi.begin("testAP", "12345678");          //连接路由器的名称和密码
  WiFi.setAutoReconnect(true);
}
void loop()
{
  Serial.print("是否连接:");
  Serial.println(WiFi.isConnected());
  Serial.print("本地 IP:");
  Serial.println(WiFi.localIP());
  Serial.print("本地 IPv6:");
  Serial.println(WiFi.localIPv6());
  Serial.print("MAC 地址:");
  Serial.println(WiFi.macAddress());
  Serial.print("休息:");
  Serial.println(WiFi.getSleep());
  Serial.print("获取状态码:");
  Serial.println(WiFi.getStatusBits());
  Serial.print("getTxPower:");
  Serial.println(WiFi.getTxPower());
  Serial.print("是否自动连接:");
  Serial.println(WiFi.getAutoConnect());
  Serial.print("是否自动重连:");
  Serial.println(WiFi.getAutoReconnect());
  Serial.print("获取模式:");
  Serial.println(WiFi.getMode());
  Serial.print("获取主机名:");
  Serial.println(WiFi.getHostname());
  Serial.print("获取网关 IP:");
  Serial.println(WiFi.gatewayIP());
  Serial.print("dnsIP:");
  Serial.println(WiFi.dnsIP());
  Serial.print("状态:");
  Serial.println(WiFi.status());
  delay(1000);
}
```

6.2.3　扫描 AP 示例

在 ESP32 开发板环境下,扫描附件的 WiFi,获取 AP 接入点的信息,工作在 STA 站点

模式下，获取认证模式、加密类型等信息，依据 RSSI 强度，输出 WiFi 的信息。相关代码如下：

```
#include "WiFi.h"
void setup()
{
    Serial.begin(115200);
    //设置 WiFi 站点模式并断开连接的 AP
    WiFi.mode(WIFI_STA);
    WiFi.disconnect();
    delay(100);
    Serial.println("Setup done");
}
void loop()
{
    Serial.println("scan start");
    //返回发现 WiFi 数量
    int n = WiFi.scanNetworks();
    Serial.println("scan done");
    if (n == 0) {
        Serial.println("no networks found");
    } else {
        Serial.print(n);
        Serial.println(" networks found");
        for (int i = 0; i < n; ++i) {
            //输出名称和密码
            Serial.print(i + 1);
            Serial.print(": ");
            Serial.print(WiFi.SSID(i));
            Serial.print(" (");
            Serial.print(WiFi.RSSI(i));
            Serial.print(")");
            Serial.println((WiFi.encryptionType(i) == WIFI_AUTH_OPEN)?" ":" * ");
            delay(10);
        }
    }
    Serial.println("");
    delay(5000);                              //5s 后重新扫描
}
```

6.3 网络接口

ESP-NETIF 是一个网络接口库，它在 TCP/IP 堆栈的顶部为应用程序提供了一个抽象层，允许应用程序在 IP 堆栈之间进行选择。即使底层的 TCP/IP 堆栈 API 不安全，网络接口提供的 API 线程也是安全的。

6.3.1 网络接口概述

ESP-IDF 当前为轻量级的 TCP/IP 堆栈实现 ESP-NETIF。但是，适配器本身与 TCP/IP 实现无关，同样的适配器也可能有不同的 TCP/IP 实现。某些 ESP-NETIF API 函数旨在由应用程序调用,如获取/设置接口 IP 地址的函数、配置 DHCP 的函数。有些功能供网络驱动程序层内部 ESP-IDF 使用。在许多情况下,应用程序不需要直接调用 ESP-NETIF API 函数,因为它们是在默认网络事件处理程序中调用的。

ESP-NETIF 组件是 TCP/IP 适配器(以前的网络接口抽象)的后继产品,ESP-IDF v4.1 及其以后的版本不推荐使用 TCP/IP 适配器。如果要移植现有应用程序以使用 ESP-NETIF API,请参考 TCP/IP 适配器迁移指南。ESP-NETIF 架构如图 6-1 所示。

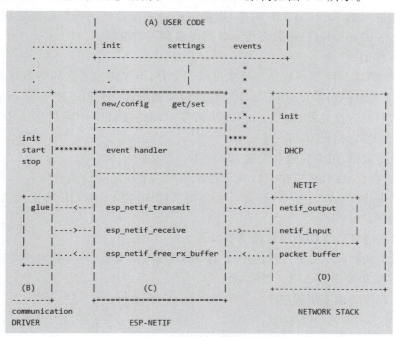

图 6-1　ESP-NETIF 架构

图 6-1 中事件流表示如下:

………:从用户代码到 ESP-NETIF 和通信驱动程序的初始化行。

--<--->--:数据包从通信媒体到 TCP/IP 堆栈再返回。

********:ESP-NETIF 中聚合的事件会传播到驱动程序、用户代码和网络堆栈。

|:用户设置和运行时配置。

ESP-NETIF 交互如下。

1. 用户代码

使用 ESP-NETIF API 提取用于通信介质和配置 TCP/IP 网络堆栈的特定 I/O 驱动程序,整体应用程序交互概述如下。

(1)初始化代码。包括初始化 I/O 驱动程序;创建一个新的 ESP-NETIF 实例,并使用 ESP-NETIF 特定的选项(标志、行为、名称)、网络堆栈选项(NETIF 初始化和输入功能,不公开)、I/O 驱动程序特定的选项(传输、空闲的接收缓冲区功能、I/O 驱动程序句柄);将 I/O 驱动程序句柄附加到上述步骤中创建的 ESP-NETIF 实例;配置事件处理程序,对 I/O 驱动程序中定义的通用接口使用默认处理程序,或为自定义行为/新界面定义特定的处理程序,注册与应用相关事件(如 IP 丢失/获取)的处理程序。

（2）使用 ESP-NETIF API 与网络接口进行交互。获取和设置与 TCP/IP 相关的参数（如 DHCP、IP 等），接收 IP 事件（连接/断开连接），控制应用程序生命周期（设置界面打开/关闭）。

2. 通信驱动程序

与 ESP-NETIF 相关的通信驱动程序有以下两个重要任务：①事件处理；②定义与 ESP-NETIF 交互的行为模式（如以太网链接、打开 NETIF）。

胶连 I/O 层：调整输入/输出功能以使用 ESP-NETIF 发送、接收和释放缓冲区；将驱动程序安装到适当的 ESP-NETIF 对象，以便将网络堆栈的传出数据包传递到 I/O 驱动程序；调用 esp_netif_receive()函数将传入数据传递到网络堆栈。

3. ESP-NETIF

ESP-NETIF 是 I/O 驱动程序和网络堆栈的中介，不仅将二者之间的数据包、数据路径连接在一起，还提供一组接口，用于将驱动程序附加到 ESP-NETIF 对象（运行时）并配置网络堆栈（编译时）。除此之外，提供一组 API 来控制网络接口生命周期及其 TCP/IP 属性。ESP-NETIF 公共接口分为以下 6 组。

（1）初始化 API，用于创建和配置 ESP-NETIF 实例。

（2）输入/输出 API，用于在 I/O 驱动程序和网络堆栈之间传递数据。

（3）事件或动作 API，用于网络接口生命周期管理，ESP-NETIF 提供了用于设计事件处理程序的构建块。

（4）基本网络接口属性的设置器和获取器。

（5）网络堆栈抽象：用于启用用户与 TCP/IP 堆栈的交互，设置接口向上或向下，设置 DHCP 服务器端和客户端 API、DNS API。

（6）驱动程序转换实用程序。

4. 网络堆栈

网络堆栈在公共接口方面与应用程序之间没有交互，因此应由 ESP-NETIF API 完全抽象。以 WiFi 默认初始化为例：esp_netif_create_default_wifi_ap()函数和 esp_netif_create_default_wifi_sta()函数的 API 中提供了初始化代码以及用于默认接口（如 AP 和站点）事件处理程序的注册，以简化大多数应用程序的启动代码。这些函数返回 ESP_NETIF 句柄，即指向使用默认设置分配和配置网络接口对象的指针，因此如果应用程序提供了网络反初始化功能，则必须销毁创建的对象。除非使用 esp_netif_destroy()函数删除创建的句柄，否则不得多次创建这些默认接口。在 AP+STA 模式下使用 WiFi 时，必须创建这两个接口。

6.3.2 基于 TCP 的 Socket 通信示例

Socket 是在应用层和传输层之间的一个抽象层，它把 TCP/IP 层复杂的操作抽象为几个简单的接口，供应用层调用以实现进程在网络中通信。

TCP 是面向连接的可靠服务，服务器端的通信步骤如下。

（1）创建套接字 socket()函数。

（2）绑定套接字到一个 IP 地址和一个端口上，bind()函数。

（3）将套接字设置为监听模式等待连接请求，listen()函数。

（4）请求到来后，接收连接请求，返回一个新的对应于此次连接的套接字，accept()函数。

(5) 用返回的套接字和客户端进行通信,send()/recv()函数。

(6) 关闭套接字,close()函数。

客户端的通信步骤如下。

(1) 创建套接字,socket()函数。

(2) 向服务器端发出连接请求,connect()函数。

(3) 与服务器端进行通信,send()/recv()函数。

(4) 关闭套接字,close()函数。

  ESP32 开发板可以作为客户端,也可以作为服务器端。为了实现 Socket 网络通信,客户端和服务器端连接到同一个路由器或 AP,连接时需要名称和密码,本示例在手机上打开热点,名称为 testAP,密码为 12345678。网络通信是对等通信,在 PC 端或手机端下载网络调试工具,配合 ESP32 进行客户端和服务器端的测试。

1. Arduino 开发环境实现客户端

相关代码如下:

```
#include <WiFi.h>
const char * ssid = "your-ssid";                //连接的WiFi名称
const char * password = "your-password";        //连接的WiFi密码
const char * host = "your-host";                //连接的主机服务器端地址
const char * streamId = "....................";
const char * privateKey = "....................";
void setup()
{
    Serial.begin(115200);
    delay(10);
    //连接WiFi
    Serial.println();
    Serial.println();
    Serial.print("Connecting to ");
    Serial.println(ssid);
    WiFi.begin(ssid, password);                 //连接WiFi
    while (WiFi.status() != WL_CONNECTED) {
        delay(500);
        Serial.print(".");
    }
    Serial.println("");
    Serial.println("WiFi connected");           //输出WiFi连接信息
    Serial.println("IP address: ");
    Serial.println(WiFi.localIP());
}
int value = 0;
void loop()
{
    delay(5000);
    ++value;
    Serial.print("connecting to ");
    Serial.println(host);
    //使用WiFiClient类创建TCP连接
    WiFiClient client;
    const int httpPort = 80;                    //使用主机的80端口
    if (!client.connect(host, httpPort)) {
```

```
            Serial.println("connection failed");
            return;
        }
        //为请求创建一个URL
        String url = "/input/";
        url += streamId;
        url += "?private_key=";
        url += privateKey;
        url += "&value=";
        url += value;
        Serial.print("Requesting URL: ");
        Serial.println(url);
        //向服务器端发送请求
        client.print(String("GET ") + url + " HTTP/1.1\r\n" +
                     "Host: " + host + "\r\n" +
                     "Connection: close\r\n\r\n");
        unsigned long timeout = millis();
        while (client.available() == 0) {
            if (millis() - timeout > 5000) {
                Serial.println(">>> Client Timeout !");
                client.stop();
                return;
            }
        }
        //从服务器端读取回复的所有行,并输出到串口
        while(client.available()) {
            String line = client.readStringUntil('\r');
            Serial.print(line);
        }
        Serial.println();
        Serial.println("closing connection");
}
```

2. Arduino 开发环境实现服务器端

本示例搭建了一个简单的网络服务器端,允许通过网络控制 LED。可以在浏览器中打开串口监视器输出的 IP 地址,以打开和关闭引脚 5 上的 LED。此示例是为使用 WPA 加密网络编写的,对于 WEP,相应地更改 WiFi.begin()函数调用即可。

```
#include <WiFi.h>
const char* ssid     = "yourssid";           //连接的 WiFi 名称
const char* password = "yourpasswd";         //连接的 WiFi 密码
WiFiServer server(80);                       //服务器端定义
void setup()
{
    Serial.begin(115200);
    pinMode(5, OUTPUT);                      //设置 LED 引脚
    delay(10);
    //连接 WiFi
    Serial.println();
    Serial.println();
    Serial.print("Connecting to ");
    Serial.println(ssid);
    WiFi.begin(ssid, password);
    while (WiFi.status() != WL_CONNECTED) {
```

```
        delay(500);
        Serial.print(".");
    }
    Serial.println("");
    Serial.println("WiFi connected.");
    Serial.println("IP address: ");
    Serial.println(WiFi.localIP());
    server.begin();
}
int value = 0;
void loop(){
    WiFiClient client = server.available();              //监听客户端请求
    if (client) {
        Serial.println("New Client.");                    //如果有客户端请求
        String currentLine = "";                          //输出消息到串口监视器
        while (client.connected()) {                      //创建一个字符串以保存来自客户端的数据
            if (client.available()) {                     //连接到客户端时,循环扫描
                char c = client.read();                   //如果客户端有数据
                Serial.write(c);                          //读取1字节
                if (c == '\n') {                          //输出到串口监视器
                    //如果当前行为空,则连续有两个换行符
                    //客户端 HTTP 请求结束,发送响应
                    if (currentLine.length() == 0) {
                        //HTTP 头一般以响应代码(例如 HTTP/1.1 200 OK)和内容类型开头,以便客户端知道接
                        //下来会发生什么,然后是一个空行
                        client.println("HTTP/1.1 200 OK");
                        client.println("Content-type:text/html");
                        client.println();
                        //HTTP 响应的内容如下
                        client.print("Click <a href=\"/H\"> here </a> to turn the LED on pin 5 on.<br>");
                        client.print("Click <a href=\"/L\"> here </a> to turn the LED on pin 5 off.<br>");
                        //HTTP 响应以另一个空行结束
                        client.println();
                        //跳出循环
                        break;
                    } else {                              //如果有换行符,则清除当前行
                        currentLine = "";
                    }
                } else if (c != '\r') {                   //如果除回车符之外还有其他内容
                    currentLine += c;                     //将其添加到当前行的末尾
                }
                //检查客户端请求是"GET/H"还是"GET/L"
                if (currentLine.endsWith("GET /H")) {
                    digitalWrite(5, HIGH);                //请求为"GET/H",打开 LED
                }
                if (currentLine.endsWith("GET /L")) {
                    digitalWrite(5, LOW);                 //请求为"GET/L",关闭 LED
                }
            }
        }
        //停止连接
        client.stop();
        Serial.println("Client Disconnected.");
    }
}
```

6.3.3 基于 UDP 的 Socket 通信示例

用户数据报协议属于传输层。UDP 是面向非连接的协议,它不与对方建立连接,而是直接把数据发送给对方。UDP 无须建立三次握手的连接,通信效率很高。因此,UDP 适用于一次传输数据量很少、对可靠性要求不高或对实时性要求高的应用场景。

服务器端通信步骤如下。

(1) 使用 socket() 函数,生成套接字文件描述符。
(2) 通过 Socket 结构体设置服务器端地址和监听端口。
(3) 使用 bind() 函数绑定监听端口,将套接字文件描述符和地址类型变量进行绑定。
(4) 使用 recvfrom() 函数接收客户端的数据。
(5) 使用服务器端 sendto() 函数向客户端发送数据。
(6) 关闭套接字,使用 close() 函数释放资源。

客户端通信步骤如下。

(1) 使用 socket() 函数生成套接字文件描述符。
(2) 通过 Socket 结构体设置服务器端地址和监听端口。
(3) 使用 sendto() 函数向服务器端发送数据。
(4) 使用 recvfrom() 函数接收服务器端的数据。
(5) 使用 close() 函数关闭套接字。

ESP32 开发板可以作为客户端,也可以作为服务器端使用。为了实现网络通信,客户端和服务器端必须连接到同一个路由器或 AP,需要名称和密码,本示例在手机上打开热点,名称为 testAP,密码为 12345678。

1. Arduino 开发环境实现客户端

相关代码如下:

```
#include <WiFi.h>
#include <WiFiUdp.h>
//使用的 WiFi 名称和密码,服务器端 IP 地址和端口
const char * networkName = "your-ssid";
const char * networkPswd = "your-password";
const char * udpAddress = "192.168.0.255";
const int udpPort = 3333;
boolean connected = false;                              //当前是否连接
WiFiUDP udp;                                            //UDP 实例
void setup(){
  Serial.begin(115200);                                 //初始化串口
  connectToWiFi(networkName, networkPswd);              //连接到 WiFi
}
void loop(){
  //连接成功,发送数据
  if(connected){
    udp.beginPacket(udpAddress,udpPort);
    udp.printf("Seconds since boot: %lu", millis()/1000);
    udp.endPacket();
  }
  delay(1000);
}
```

```
void connectToWiFi(const char * ssid, const char * pwd){
  Serial.println("Connecting to WiFi network:" + String(ssid));    //删除旧的配置
  WiFi.disconnect(true);
  WiFi.onEvent(WiFiEvent);                                         //注册事件句柄
  WiFi.begin(ssid, pwd);                                           //初始化连接
  Serial.println("Waiting for WIFI connection...");
}
void WiFiEvent(WiFiEvent_t event){                                 //WiFi事件句柄
    switch(event) {
      case ARDUINO_EVENT_WIFI_STA_GOT_IP:                          //连接完成
          Serial.print("WiFi connected! IP address: ");
          Serial.println(WiFi.localIP());
          udp.begin(WiFi.localIP(),udpPort);                       //初始化UDP和传输缓冲区
          connected = true;
          break;
      case ARDUINO_EVENT_WIFI_STA_DISCONNECTED:
          Serial.println("WiFi lost connection");
          connected = false;
          break;
      default: break;
    }
}
```

2. Arduino 开发环境实现服务器端

相关代码如下：

```
#include <WiFi.h>
#include <WiFiUdp.h>
const char * ssid = "********";
const char * password = "********";
WiFiUDP Udp;                                                        //建立UDP对象
unsigned int localUdpPort = 2333;                                   //本地端口
void setup()
{
  Serial.begin(115200);
  Serial.println();
  WiFi.mode(WIFI_STA);
  WiFi.begin(ssid, password);
  while (!WiFi.isConnected())
  {
    delay(500);
    Serial.print(".");
  }
  Serial.println("Connected");
  Serial.print("IP Address:");
  Serial.println(WiFi.localIP());
  Udp.begin(localUdpPort);                                          //启用UDP监听以接收数据
}
void loop()
{
  int packetSize = Udp.parsePacket();                               //获取当前队首数据包长度
  if (packetSize)                                                   //若有数据可用
  {
    char buf[packetSize];
```

```
        Udp.read(buf, packetSize);                          //读取当前包数据
        Serial.println();
        Serial.print("Received: ");
        Serial.println(buf);
        Serial.print("From IP: ");
        Serial.println(Udp.remoteIP());
        Serial.print("From Port: ");
        Serial.println(Udp.remotePort());
        Udp.beginPacket(Udp.remoteIP(), Udp.remotePort());  //准备发送数据
        Udp.print("Received: ");                            //复制数据到发送缓存
        Udp.write((const uint8_t *)buf, packetSize);        //复制数据到发送缓存
        Udp.endPacket();                                    //发送数据
    }
}
```

第 7 章 应用层技术开发

应用层协议定义了不同的终端系统如何相互传递报文,应用层的层次结构如图 7-1 所示。

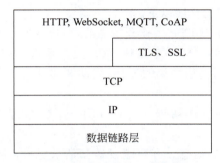

图 7-1 应用层的层次结构

应用层协议用于确定如下内容:①交换的报文类型,如请求报文和响应报文;②各种报文类型的语法,如报文中各个字段的公共详细描述;③字段的语义,即字段中信息的含义;④进程何时、如何发送报文及响应报文。应用层主要为应用程序提供网络服务,主要协议有 DNS、HTTP、SMTP、POP3、IMAP、Telnet、FTP、TFTP、MQTT、COAP 等。

7.1 基于 HTTP 开发

超文本传输协议是一种用于分布式、协作式和超媒体信息系统的应用层协议,是万维网数据通信的基础。其中,最著名的协议版本是 1999 年 6 月公布的 RFC2616,它定义了广泛的使用版本——HTTP1.1,其特点如下。

(1) 无状态,协议对客户端没有状态存储,对实务处理没有"记忆"能力。例如,访问一个网站需要反复进行登录操作。

(2) 无连接,HTTP1.1 之前,由于无状态的特点,客户端每次请求需要通过 TCP 三次握手四次挥手,和服务器端重新建立连接。例如,某个客户机在短时间内多次请求同一个资源,服务器端并不能判断是否已经响应过该用户端的请求,所以每次需要重新响应请求,需要耗费不必要的时间和流量。

(3) 基于请求和响应(基本的特性),由客户端发起请求,服务器端响应。

(4) 简单、快速、灵活。

(5) 使用明文,请求和响应不会对通信方进行确认,无法保护数据的完整性。

(6) HTTP 是一个客户端、服务器端请求和响应的标准。通过使用网页浏览器、网络爬虫或者其他工具,客户端发送一个 HTTP 请求到服务器端上指定端口(默认端口为 80),响应的服务器端存储着一些资源,如文件和图像。

(7) HTTP 可以在任何互联网协议上或其他网络上实现。HTTP 假定其下层协议提供可靠的传输。因此,任何能够提供这种保证的协议都可以被其使用。目前 TCP/IP 是互联网上最流行的协议族,因此可使用 TCP 作为其传输层,但是 HTTP 并没有规定必须使用它。

1. HTTP 工作原理

通常,HTTP 客户端发起一个请求,创建一个到服务器端指定端口(默认端口为 80)的 TCP 连接。HTTP 服务器端则在端口监听客户端的请求。一旦收到请求,服务器端会向客户端返回一个状态,如"HTTP/1.1 200 OK",并返回其他内容(如请求的文件、错误消息或其他信息)。HTTP 请求/响应的步骤以下。

(1) 建立 TCP 连接。在 HTTP 工作开始之前,客户端通过网络与服务器端建立连接,该连接是通过 TCP 来完成的。HTTP 是比 TCP 更高层次的应用层协议,根据规则,只有低层协议建立之后,才能进行高层协议的连接,因此要建立 TCP 连接,一般 TCP 连接使用 80 端口。

(2) 客户端向服务器端发送请求。建立 TCP 连接后,客户端就会向服务器端发送请求。

(3) 客户端发送请求标头信息。客户端发送其请求之后,还要以标头信息的形式向服务器端发送一些其他信息,然后客户端发送一个空行来通知服务器端该标头信息的发送已结束。

(4) 服务器端响应。客户端向服务器端发出请求后,服务器端会对客户端返回响应。

(5) 服务器端响应标头信息。正如客户端会随同请求发送关于自身的信息一样,服务器端也会随同响应向客户端发送关于它自己的数据及被请求的文档。

(6) 服务器端向客户端发送数据。首先,服务器端向客户端发送标头信息后,再发送一个空行来表示标头信息的发送到此结束。其次,以 Content-Type 响应标头信息所描述的格式,发送客户端所请求的实际数据。

(7) 服务器端关闭 TCP 连接。一般情况下,一旦服务器端向客户端返回了请求的数据,就要关闭 TCP 连接,如果客户端或服务器端在其标头信息加入了代码 Connection: keep-alive,TCP 连接将保持打开状态,于是客户端可以继续通过相同的连接发送请求。保持连接可节省为每个请求建立新连接所需的时间,还可节约网络带宽。

2. HTTP 请求方法

HTTP/1.1 共定义八种方法(也叫"动作"),以不同方式操作指定的资源。

(1) GET。请求指定的界面信息,并返回实体主体。

(2) HEAD。类似于 GET,但返回的响应中没有具体的内容,用于获取报头。

(3) POST。向指定资源提交数据并请求处理(如提交表单或上传文件)。数据被包含在请求体中,POST 可能会导致新资源的建立或已有资源的修改。

(4) PUT。从客户端向服务器端传送的数据取代指定的文档内容。

(5) DELETE。请求服务器端删除指定的界面。

(6) CONNECT。HTTP/1.1 中预留给能够将连接改为管道方式的代理服务器端。

(7) OPTIONS。允许客户端查看服务器端的性能。

(8) TRACE。回显服务器端收到的请求,主要用于测试或诊断。

3. HTTP 状态码

所有 HTTP 响应的第一行都是状态行,依次是当前 HTTP 版本号、3 位数字组成的状态码、描述状态的短语,以空格分隔。状态代码的第一个数字代表当前响应的类型。

(1) 1××消息。请求已被服务器端接收,继续处理。

(2) 2××成功。请求已被服务器端接收、理解并接受。

(3) 3××重定向。需要后续操作才能完成这一请求。

(4) 4××请求错误。请求含有语法错误或者无法被执行。

(5) 5××服务器端错误。服务器端在处理某个正确请求时发生错误。

4. URL

URL 俗称网址,学名叫作统一资源定位符,是专为标识互联网上资源位置而设置的一种编址方式,URL 是对可以从互联网上得到的资源位置和访问方法的一种简洁的表示,是互联网上标准资源的地址。互联网上的每个文件都有唯一的 URL,它包含的信息指明了文件的位置以及该如何处理文件。

HTTP 的 URL 将从互联网获取信息的方法存储在一个简单的地址中,依次包含以下元素。

(1) 传输协议为 HTTP。

(2) 层级 URL 标记符号为"//",固定不变。

(3) 访问资源需要的凭证信息,可省略。

(4) 服务器端,一般为域名或 IP 地址。

(5) 端口编号,以数字表示,默认值为 80,可省略。

(6) 路径,以"/"分隔路径中的每个目录名称。

(7) 查询,以"?"开始,以"="分隔参数名称与数据,一般以 UTF8 编码。

(8) 片段,以"♯"开始。

5. HTTP 请求/响应

HTTP 请求包含三部分,即首行、标头和正文。

首行:[方法]+[URL]+[版本]。

标头:请求的属性,以冒号分隔键值对,间隔对之间使用"\n"分隔,遇到空行表示标头结束。

正文:空行后面的内容都是正文,允许为空字符串,如果正文存在则在标头中有一个 Content-Length 属性来标识正文的长度。

HTTP 响应也包含三部分,即首行、标头和正文。

首行:[版本号]+[状态码]+[状态码解释]。

标头:响应的属性,以冒号分隔键和值,键值对之间使用"\n"分隔,遇到空行表示标头结束。

正文:空行后面的内容都是正文,允许为空字符串,如果正文存在则在标头中会有一个

Content-Length 属性标识正文的长度；如果服务器端返回了一个 HTML 界面，那么 HTML 界面内容就在正文中。

通过 Edge 浏览器打开网页，单击右上角的三个点，选择"更多工具"→"开发人员工具"，出现开发人员工具窗口后，单击窗口第一行菜单上的"网络"，按"Ctrl＋R"组合键刷新，如图 7-2 所示，可以看到请求标头和响应标头。

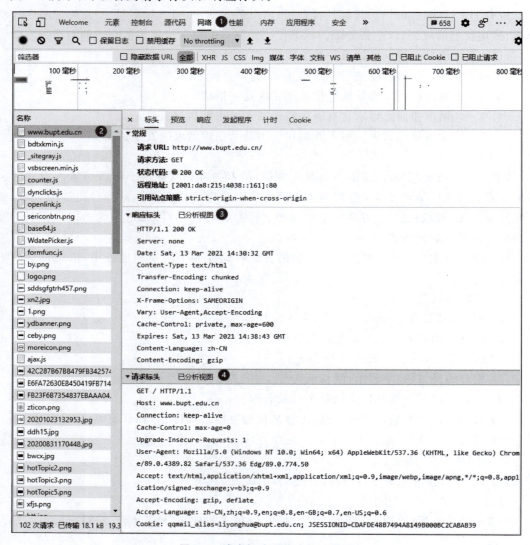

图 7-2　请求标头和响应标头界面

7.1.1　HTTP 服务器端示例

HTTP Server 组件提供了在 ESP32 上运行轻量级网络服务器端的功能，在 Arduino 开发环境实现一个简单的 Web 服务器端，通过浏览器控制 LED。此程序将服务器端的 IP 地址输出到串行监视器，可以在浏览器中打开该地址，打开和关闭数字引脚 5 上的 LED。相关代码如下：

```cpp
#include <WiFi.h>
const char* ssid     = "yourssid";
const char* password = "yourpasswd";
WiFiServer server(80);
void setup()
{
    Serial.begin(115200);
    pinMode(5, OUTPUT);                          //设置 LED 引脚模式
    delay(10);
    //开始连接 WiFi
    Serial.println();
    Serial.println();
    Serial.print("Connecting to ");
    Serial.println(ssid);
    WiFi.begin(ssid, password);
    while (WiFi.status() != WL_CONNECTED) {
        delay(500);
        Serial.print(".");
    }
    Serial.println("");
    Serial.println("WiFi connected.");
    Serial.println("IP address: ");
    Serial.println(WiFi.localIP());
    server.begin();
}
int value = 0;
void loop(){
WiFiClient client = server.available();          //监听客户端请求
  if (client) {                                  //如果有客户端请求
    Serial.println("New Client.");               //输出消息到串口监视器
    String currentLine = "";                     //创建一个字符串以保存来自客户端的数据
    while (client.connected()) {                 //连接客户端时,循环扫描
      if (client.available()) {                  //如果客户端有数据
        char c = client.read();                  //读取 1 字节,然后输出到串口监视器
        Serial.write(c);
        if (c == '\n') {                         //如果读取的字节是换行符
          //如果当前行为空,则连续有两个换行符.客户端 HTTP 请求结束,发送响应
          if (currentLine.length() == 0) {
            //HTTP 头一般开始于响应码 (如 HTTP/1.1 200 OK)
            //以内容类型开头,便于客户端知道接下来会发生什么,然后是一个空行
            client.println("HTTP/1.1 200 OK");
            client.println("Content-type:text/html");
            client.println();
            //HTTP 响应的内容如下
            client.print("Click <a href=\"/H\"> here </a> to turn the LED on pin 5 on.<br>");
            client.print("Click <a href=\"/L\"> here </a> to turn the LED on pin 5 off.<br>");
            //HTTP 响应以另一个空行结束
            client.println();
            //跳出循环
            break;
          } else {                               //如果有换行符,则清除当前行
            currentLine = "";
          }
        } else if (c != '\r') {                  //如果除了回车符之外还有其他内容,则将其
                                                 //添加到当前行的末尾
```

```
                    currentLine += c;
                }
                //检查客户端请求是"GET /H" 还是 "GET /L"
                if (currentLine.endsWith("GET /H")) {
                    digitalWrite(5, HIGH);              //GET/H 则打开 LED
                }
                if (currentLine.endsWith("GET /L")) {
                    digitalWrite(5, LOW);               //GET/L 则关闭 LED
                }
            }
        }
        client.stop();                                  //关闭连接
        Serial.println("Client Disconnected.");
    }
}
```

7.1.2　HTTP 客户端请求示例

通过连接目标 WiFi，实现远程 URL 的访问，并输出结果，相关代码如下：

```
#include <WiFi.h>
const char* ssid     = " ";                             //WiFi 名称
const char* password = " ";                             //WiFi 密码
const char* host = "example.com";                       //访问服务器端的地址
const char* streamId   = "....................";
const char* privateKey = "....................";
void setup()
{
    Serial.begin(115200);
    delay(10);
    Serial.println();
    Serial.println();
    Serial.print("Connecting to ");
    Serial.println(ssid);
    WiFi.begin(ssid, password);                         //连接 WiFi 网络并输出 IP 地址
    while (WiFi.status() != WL_CONNECTED) {
        delay(500);
        Serial.print(".");
    }
    Serial.println("");
    Serial.println("WiFi connected");
    Serial.println("IP address: ");
    Serial.println(WiFi.localIP());
}
int value = 0;
void loop()
{
    delay(5000);
    ++value;
    Serial.print("connecting to ");
    Serial.println(host);
    WiFiClient client;                                  //使用 WiFiClient 类创建 TCP 连接
    const int httpPort = 80;
    if (!client.connect(host, httpPort)) {
```

```
        Serial.println("connection failed");
        return;
    }
    //创建URL请求
    String url = "/input/";
    url += streamId;
    url += "?private_key=";
    url += privateKey;
    url += "&value=";
    url += value;
    Serial.print("Requesting URL: ");
    Serial.println(url);
    //向服务器端发送请求
    client.print(String("GET ") + url + " HTTP/1.1\r\n" +
                 "Host: " + host + "\r\n" +
                 "Connection: close\r\n\r\n");
    unsigned long timeout = millis();
    while (client.available() == 0) {
        if (millis() - timeout > 5000) {
            Serial.println(">>> Client Timeout !");
            client.stop();
            return;
        }
    }
    //读取服务器端返回的所有行数据并在串口输出
    while(client.available()) {
        String line = client.readStringUntil('\r');
        Serial.print(line);
    }
    Serial.println();
    Serial.println("closing connection");
}
```

7.2 基于 WebSocket 协议开发

HTTP 的通信只能由客户端发起。WebSocket 是一种在单个 TCP 连接上进行全双工通信的协议。WebSocket 通信协议于 2011 年被 IETF 定为标准 RFC 6455，并由 RFC 7936 补充规范，WebSocket API 也被万维网联盟定为标准。

WebSocket 使得客户端和服务器端之间的数据交换变得更加简单，允许服务器端主动向客户端推送数据。在 WebSocket API 中，浏览器和服务器端只需要完成一次握手，两者之间就可以直接创建持久性的连接，并进行双向数据传输。

WebSocket 的最大特点是服务器端可以主动向客户端推送信息，客户端也可以主动向服务器端发送信息，是真正的双向平等对话，其特点如下。

（1）建立在 TCP 之上，服务器端的实现相对容易；与 HTTP 有着良好的兼容性。默认端口也是 80 和 443，并且握手阶段采用 HTTP，因此握手时不容易被屏蔽，能通过各种 HTTP 代理服务器端；数据格式属轻量级，性能开销小，通信高效；可以发送文本，也可以发送二进制数据；没有同源限制，客户端可以与任意服务器端通信；协议标识符是 ws（如果加密，则为 wss），服务器端网址是 URL。

（2）WebSocket 使用和 HTTP 相同的 TCP 端口，可以绕过大多数防火墙的限制。默认情况下，Websocket 使用 80 端口；运行在 TLS 之上时，默认使用 443 端口。WebSocket 与 HTTP 一样是基于 TCP，二者的区别：WebSocket 是双向通信协议，模拟 Socket 接口，可以双向发送或接收信息，而 HTTP 是单向的。WebSocket 是需要握手进行建立连接的，在握手时，WebSocket 数据通过 HTTP 传输，但是建立连接之后，真正传输时不需要 HTTP。

下面通过一个 WebSocket 示例进行简单的说明。在开始运行程序之前，需要在图 7-3 中下载 WebSocketClient 库文件，读取目标主机的数据并在串口输出，同时读取引脚上的模拟值发送给主机，实现双向通信，相关代码如下：

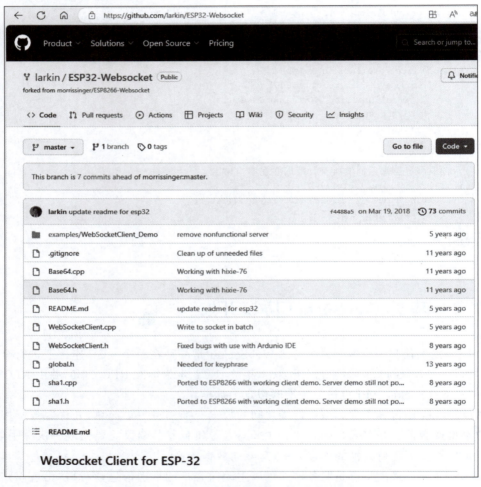

图 7-3　下载 WebSocketClient 库文件

```
#include <WiFi.h>
#include <WebSocketClient.h>
const char* ssid = "";                    //WiFi 名称
const char* password = "";                //WiFi 密码
char path[] = "/";                        //路径
char host[] = "echo.websocket.org";       //主机地址
```

```cpp
//实例化 WebSocketClient
WebSocketClient webSocketClient;
//使用 WiFiClient 类创建 TCP 连接
WiFiClient client;
void setup() {
  Serial.begin(115200);
  delay(10);
  //连接 WiFi
  Serial.println();
  Serial.println();
  Serial.print("Connecting to ");
  Serial.println(ssid);
  WiFi.begin(ssid, password);
  while (WiFi.status() != WL_CONNECTED) {
    delay(500);
    Serial.print(".");
  }
  Serial.println("");
  Serial.println("WiFi connected");
  Serial.println("IP address: ");
  Serial.println(WiFi.localIP());
  delay(5000);
  //连接 WebSocket 服务器端
  if (client.connect("echo.websocket.org", 80)) {
    Serial.println("Connected");
  } else {
    Serial.println("Connection failed.");
    while(1) {
      //等待
    }
  }
  //与服务器端握手
  webSocketClient.path = path;
  webSocketClient.host = host;
  if (webSocketClient.handshake(client)) {
    Serial.println("Handshake successful");
  } else {
    Serial.println("Handshake failed.");
    while(1) {
      //等待
    }
  }
}
void loop() {
  String data;
  if (client.connected()) {
    //接收数据
    webSocketClient.getData(data);              //获取数据并在串口输出
    if (data.length() > 0) {
      Serial.print("Received data: ");
      Serial.println(data);
    }
    pinMode(32, INPUT);                         //引脚 32 设置为输入
    data = String(analogRead(32));              //读取模拟值
```

```
    //发送数据
    webSocketClient.sendData(data);
} else {
    Serial.println("Client disconnected.");
}
delay(3000);
}
```

7.3 基于 MQTT 协议开发

消息队列遥测传输协议是一种基于发布/订阅模式的"轻量级"通信协议,该协议构建于 TCP/IP 上,由 IBM 公司在 1999 年发布。MQTT 优点如下:①以极少的代码和有限的带宽,为连接远程设备提供实时、可靠的消息服务;②作为一种低开销、低带宽占用的即时通信协议,其在物联网、小型设备、移动应用等方面有较广泛的应用。

MQTT 是一个基于客户端-服务器端体系结构的发布/订阅传输协议。MQTT 是轻量、简单、开放和易于实现的,这些特点使它适用范围非常广。MQTT 在受限的环境如通过卫星链路通信的传感器、偶尔拨号的医疗设备、智能家居及一些小型化设备中已广泛使用,系统架构如图 7-4 所示。

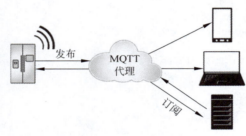

图 7-4 系统架构

1. 开发原则

由于物联网设备的能力受限,因此 MQTT 开发应遵循以下原则:①尽可能精简,不添加可有可无的功能;②采取发布/订阅模式,方便消息在传感器之间传递;③允许用户动态创建主题,降低运维成本;④信息传输量降到最低以提高传输效率,考虑低带宽、高时延、不稳定的网络等因素;⑤支持物联网连续的会话控制;⑥低计算能力,尽可能少地进行信息处理;⑦稳定可靠,提供服务质量管理;⑧数据类型与格式不可知,保持灵活性。

2. 工作原理

本节主要对 MQTT 的工作原理进行总结。

(1)协议实现方式。MQTT 协议需要客户端和服务器端通信来完成,在通信过程中,MQTT 协议中有三种身份:发布者、代理、订阅者。其中消息的发布者和订阅者都是客户端,消息代理是服务器端,发布者可以同时是订阅者。

MQTT 的消息分为主题和负载两部分:主题可以理解为消息的类型,订阅者订阅后,就会收到该主题的负载;负载是指订阅者具体要使用的内容。

(2)网络传输与应用消息。MQTT 会构建底层网络传输,它将建立客户端到服务器端的连接,提供两者之间有序的、无损的、基于字节流的双向传输。当应用数据通过 MQTT

网络发送时，MQTT 会把与之相关的服务质量和主题名相关联。

（3）MQTT 客户端是一个使用 MQTT 协议的应用程序或者设备，是建立到服务器端的网络连接。其作用如下：①发布其他客户端可能会订阅的信息；②订阅其他客户端发布的消息；③退订或删除应用程序的消息；④断开与服务器端连接。

（4）MQTT 服务器端也称为"代理"，可以是一个应用程序或一台设备。它位于发布者和订阅者之间。其作用如下：①接收来自客户的网络连接；②接收客户发布的应用信息；③处理来自客户端的订阅和退订请求；④向订阅的客户端转发应用程序消息。

（5）协议中的订阅、会话。订阅包含主题筛选器和最大服务质量。订阅会与一个会话关联。一个会话可以包含多个订阅。其中的每个订阅都有一个不同的主题筛选器。每个客户端与服务器端建立连接后就会出现一个会话，客户端和服务器端之间有状态交互。会话可能存在于一个网络连接中，也可能在客户端和服务器端之间跨越多个连续的网络连接。主题名是指连接到一个应用程序消息的标签，该标签与服务器端的订阅相匹配。服务器端会将消息发送给订阅所匹配标签的每个客户端。主题筛选器采用通配符对主题名进行筛选，在订阅表达式中使用，表示订阅所匹配到的多个主题。

（6）MQTT 中的方法。MQTT 协议中定义了一些方法（也叫"动作"），用于对确定资源进行操作。资源可以代表预先存在的数据或动态生成的数据，取决于服务器端的实现。通常来说，资源指服务器端的文件或输出。主要方法如下。

① Connect：等待与服务器端建立连接。

② Disconnect：等待 MQTT 客户端完成所做的工作，并与服务器端断开 TCP/IP 会话。

③ Subscribe：等待完成订阅。

④ UnSubscribe：等待服务器端取消客户端的一个或多个主题订阅。

⑤ Publish：MQTT 客户端发送请求，发送完成后返回应用程序线程。

（7）协议数据包结构。在 MQTT 协议中，一个 MQTT 数据包由固定头、可变头、负载三部分构成。MQTT 数据包结构如下：①固定头存在于所有 MQTT 数据包中，表示数据包类型及数据包的分组类标识；②可变头存在于部分 MQTT 数据包中，数据包类型决定了可变头是否存在及其具体内容；③负载存在于部分 MQTT 数据包中，表示客户端收到的具体内容。

实现 ESP32 开发板与远程服务器端的通信，下载本地测试服务器端 EMQX，选择适合自己操作系统的版本，以 Windows 操作系统为例，可使用 v3.1.0 版本，下载后解压到文件夹。使用 cmd 命令进入\bin 目录，运行 emqx start 命令启动服务器端，在浏览器输入 http://<服务器 IP 地址或域名>:18083 进行访问，以用户名 admin 和密码 public 登录。在 Arduino 开发环境下实现客户端的相关代码如下：

```
#include <WiFi.h>
#include <PubSubClient.h>                    //在管理库中下载
const char* ssid = "";                        //ESP32 连接的 WiFi 名称
const char* password = "";                    //WiFi 密码
const char* mqttServer = "";                  //要连接到的服务器端 IP 地址
const int mqttPort = 1883;                    //要连接到的服务器端口号
const char* mqttUser = "admin";               //MQTT 服务器端账号
const char* mqttPassword = "public";          //MQTT 服务器端密码
```

```
WiFiClient espClient;                              //定义 WiFiClient 实例
PubSubClient client(espClient);                    //定义 PubSubClient 实例
void callback(char * topic, byte * payload, unsigned int length)
{
    Serial.print("来自订阅的主题:");                //串口输出:"来自订阅的主题:"
    Serial.println(topic);                          //串口输出订阅的主题
    Serial.print("信息:");                          //串口输出:"信息:"
    for (int i = 0; i< length; i++)                 //使用循环输出接收到的信息
    {
        Serial.print((char)payload[i]);
    }
    Serial.println();
    Serial.println(" ------------------------ ");
}
void setup()
{
    Serial.begin(115200);                           //串口函数,波特率设置
    while (WiFi.status() != WL_CONNECTED)           //若 WiFi 接入成功
    {
        Serial.println("连接 WiFi 中");             //串口输出:连接 WiFi 中
        WiFi.begin(ssid,password);                  //接入 WiFi 函数(WiFi 名称,密码)
        delay(2000);                                //若尚未连接 WiFi,则进行重连 WiFi 的循环
    }
    Serial.println("WiFi 连接成功");                //连接 WiFi 成功之后会跳出循环,串口输出
                                                    //WiFi 连接成功
    client.setServer(mqttServer,mqttPort);          //MQTT 服务器端连接函数(服务器端 IP 地址、
                                                    //端口号)
    client.setCallback(callback);                   //设定回调方式,ESP32 收到订阅消息时会调
                                                    //用此方法
    while (!client.connected())                     //是否连接上 MQTT 服务器端
    {
        Serial.println("连接服务器中");             //串口输出,连接服务器端
        if (client.connect("ESP32Client",mqttUser, mqttPassword ))
//如果服务器端连接成功
        {
            Serial.println("服务器连接成功");       //串口输出,服务器端连接成功
        }
        else
        {
            Serial.print("连接服务器失败");         //串口输出,连接服务器端失败
            Serial.print(client.state());           //重新连接函数
            delay(2000);
        }
    }
    client.subscribe("ESP32");                      //连接 MQTT 服务器端后订阅主题
    Serial.print("已订阅主题,等待主题消息....");
//串口输出,"已订阅主题,等待主题消息...."
    client.publish("/World","Hello from ESP32");    //向服务器端发送的信息(主题、内容)
}
void loop()
{
  client.loop();                                    //等待服务器端返回的数据
}
```

第8章 蓝牙技术开发

CHAPTER 8

蓝牙技术是一种无线数据与语音通信的开放性全球规范,它以低成本的近距离无线连接为基础,为固定与移动设备通信环境建立一个特别连接。其实质是为固定设备或移动设备之间的通信环境建立通用的无线电空中接口,将通信技术与计算机技术进一步结合起来,使各种设备在没有电线或电缆相互连接的情况下,能在近距离范围内实现相互通信或操作。蓝牙工作在全球通用的2.4GHz(工业、科学、医学)频段,使用IEEE 802.15标准。蓝牙技术作为一种短距离无线通信技术,推动了低速率无线个人区域网的发展。

8.1 蓝牙协议基础

蓝牙是物联网接入的重要方法之一。蓝牙协议规定了两个层次,分别为蓝牙核心协议和蓝牙应用层协议。蓝牙核心协议是对蓝牙技术本身的规范,主要包括控制器和主机,不涉及其应用方式;蓝牙应用层协议是在蓝牙核心协议的基础上,根据具体的应用需求定义出的特定策略。蓝牙协议栈如图8-1所示。

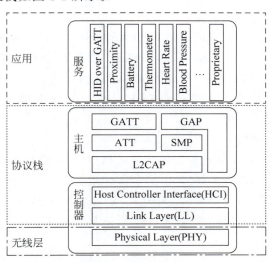

图8-1 蓝牙协议栈

1. 物理层

物理层实现1Mb/s自适应跳频的高斯频移键控射频,工作于免许可证的2.4GHz频段。

2. 链路层

链路层用于控制设备的射频状态,设备将处于五种状态之一:等待、广告、扫描、初始化、连接。广播设备不需要建立连接就可以发送数据,而扫描设备接收广播设备发送的数据;发起连接的设备发送连接请求,回应广播设备,如果广播设备接收连接请求,那么广播设备与发起连接的设备将会进入连接状态。发起连接的设备称为主机,接收连接的设备称为从机。

3. 主机控制接口层

主机控制接口层为主机和控制器之间提供标准通信接口。主机控制接口可以是软件接口或者硬件接口,如 UART 接口、SPI 接口、USB 接口等。

4. 逻辑链路控制及适配协议层

逻辑链路控制及适配协议层为上层提供数据封装服务,允许逻辑上的点对点数据通信。

5. 安全管理层

安全管理层定义了配对和秘钥分配方式,并为协议栈其他层与另一个设备之间的安全连接和数据交换提供服务。

6. 属性协议层

属性协议层允许设备向另一个设备展示特定的数据,即"属性"。在 ATT 环境中,展示"属性"的设备称为服务器端,与之配对的设备称为客户端。链路层状态(主机和从机)与设备的 ATT 角色是相互独立的。例如,主机既可以是 ATT 服务器端,也可以是 ATT 客户端;从机既可以是 ATT 服务器端,也可以是 ATT 客户端。

7. 通用属性配置文件层

通用属性配置文件层定义使用 ATT 的服务框架,规定配置文件的结构。在 BLE 中,所有被配置文件或者服务用到的数据块称为"特性",两个建立连接的设备之间的所有数据通信都通过 GATT 子程序处理。GATT 层用于已连接蓝牙设备之间的数据通信,应用程序和配置文件直接使用 GATT 层。

两个设备建立连接之后,它们就扮演两种角色之一:GATT 服务器端(为 GATT 客户端提供数据服务的设备),GATT 客户端(从 GATT 服务器端读/写应用数据的设备)。

注意:GATT 角色与链路层状态(主机和从机)相互独立,与 GAP 角色也相互独立。主机既可以是 GATT 客户端,也可以是 GATT 服务器端;从机既可以是 GATT 客户端,也可以是 GATT 服务器端。

8. 通用访问配置文件层

通用访问配置文件层负责处理设备访问模式和程序,包括设备发现、建立连接、终止连接、初始化安全特性和设备配置。GAP 层扮演四种角色之一:①广播者(不可连接的广播设备);②观察者(扫描设备,但不发起建立连接);③外设(可连接的广播设备,可以在单个链路层连接中作为从机);④集中器(扫描广播设备并发起连接,可以在单个链路层连接中作为主机)。

外设广播特定的数据使集中器知道它是一个可以连接的设备。广播内容包括设备地址以及一些额外的数据,如设备名等。也可以是自定义的数据,只要满足广播数据中广告的格式即可。集中器收到广播数据后向外设发送扫描请求,外设将特定的数据回应给集中器,称为扫描回应。集中器收到扫描回应后便知道这是一个可以建立连接的外设,这就是设备发现的全过程。此时集中器可以向外设发起建立连接的请求，连接请求包括一些连接参数。

9. BT 与 BLE 的区别

当前的蓝牙协议分为基础率/增强数据率和低功耗两种技术类型。经典蓝牙统称为BT，低功耗蓝牙称为BLE。

BT 是指支持蓝牙 4.0 以下协议的模块，一般用于数据量比较大的传输。经典蓝牙模块可再细分为传统蓝牙模块和高速蓝牙模块。传统蓝牙模块在 2004 年推出，其代表是支持蓝牙 2.1 协议的模块，在智能手机"爆发"的时期得到广泛应用；高速蓝牙模块在 2009 年推出，数据传输率提高到约 24Mb/s，是传统蓝牙模块的 8 倍。

BLE 是指支持蓝牙 4.0 及以上协议的模块，最大的特点是功耗的降低。BLE 技术采用可变连接时间间隔，这个间隔根据具体应用可以设置为几毫秒到几秒不等。另外，BLE 技术由于采用非常快速的连接方式，因此可以处于"非连接"状态（节省能源），此时链路两端仅能知晓对方，必要时可以在尽可能短的时间内开启或关闭链路。

BLE 的客户端请求数据服务，可以主动搜索并连接附近的服务器端。服务器端提供数据服务，不需要进行主动设置，只要开启广播就可以被附近的客户端搜索到，服务器端通过提供特征对数据进行封装，多个特征组成服务。服务是 BLE 的基本应用，如果某个服务是蓝牙联盟定义的标准服务，也可以称其为配置文件。

8.2　ESP32 蓝牙架构

ESP32 支持经典蓝牙和蓝牙低功耗。从整体结构上与蓝牙协议栈是一致的，可分为控制器和蓝牙主机两部分：控制器包括物理层、基带、链路控制管理、设备管理和人机交互等模块，用于硬件接口管理、链路管理等；蓝牙主机包括 L2CAP、SMP、SDP、ATT、GATT、GAP 及各种规范，它构建了向应用层提供接口的基础，方便应用层对蓝牙系统的访问。

8.2.1　蓝牙应用结构

ESP32 蓝牙主机可以与控制器运行在同一个宿主上，也可以分布在不同的宿主上。图 8-2 为 ESP32 蓝牙主机与控制器的结构图，在 ESP32 开发板上，HCI 在同一时间只能使用一个 I/O 接口，如果使用 UART，则放弃虚拟主机控制等其他 I/O 接口。蓝牙主机主要包括三个场景。

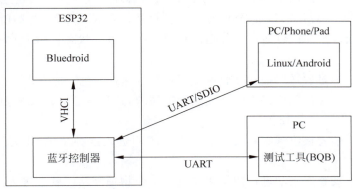

图 8-2　ESP32 蓝牙主机与控制器的结构图

（1）场景一（ESP-IDF 默认）：在 ESP32 系统上，选择 Bluedroid 为蓝牙主机，并通过 VHCI 访问控制器。此场景下，Bluedroid 和蓝牙控制器都运行在同一宿主上（ESP32 芯片），不需要额外连接运行蓝牙主机的 PC 或其他主机设备。

（2）场景二：在 ESP32 上运行控制器（此时设备将单纯作为蓝牙控制器使用），外接一个运行蓝牙主机的设备（如运行 BlueZ 的 Linux PC、运行 Bluedroid 的 Android 手机等）。此场景下，蓝牙控制器和蓝牙主机运行在不同宿主上，与手机、平板电脑、PC 的使用方式类似。

（3）场景三：此场景与场景二类似，区别是在进行蓝牙认证或其他认证时，可以将 ESP32 作为被测器件，用 UART 作为 I/O 接口，连接所谓测试工具的 PC，即可完成认证。

ESP-IDF 的默认运行环境为双核 FreeRTOS，ESP32 蓝牙可按照功能分为多个任务运行，不同任务的优先级不同，其中优先级最高的是运行蓝牙控制器的任务。蓝牙控制器任务对实时性的要求较高，在 FreeRTOS 中的优先级仅次于 IPC 任务（IPC 任务用于双核 CPU 的进程间通信）。Bluedroid（ESP-IDF 默认蓝牙主机）共包含 4 个任务，分别运行 BTC、BTU、HCI UPWARD 及 HCI DOWNWARD。

ESP32 的控制器同时支持 BT 和 BLE，支持蓝牙 4.2 及以上版本。蓝牙控制器中主要集成了 H4 协议、链路管理、链路控制、设备管理、人机接口等功能。这些功能都以库的形式提供给开发者，并做一些 API 用来访问控制器。

在 ESP-IDF 中，使用经过大量修改后的 Bluedroid 作为蓝牙主机。Bluedroid 拥有较为完善的功能，支持常用的架构设计，同时也较为复杂。经过修改后，Bluedroid 保留了蓝牙主机的大多数控制层。

ESP32 经典蓝牙主机协议栈源于 Bluedroid，后来经过改良以配合嵌入式系统的应用。在底层中，蓝牙主机协议栈通过 VHCI 与蓝牙双模控制器进行通信；在上层中，蓝牙主机协议栈将为用户应用程序提供用于协议栈管理和规范的 API。协议栈一方面定义了特定功能的消息格式和过程，例如数据传输、链路控制、安全服务和服务信息交换等，另一方面定义了蓝牙系统中从 PHY 到 L2CAP 及核心规范外的其他协议所需的功能和特性。

8.2.2　ESP32 BLE

本节介绍 ESP32 BLE 通用访问规范、属性协议、通用属性规范。

1. 通用访问规范

GAP 协议层定义了 BLE 设备的发现流程、设备管理和设备连接的建立。BLE 的 GAP 采用 API 调用和事件返回的设计模式，通过事件返回来获取 API 在协议栈的处理结果。当对端设备主动发起请求时，也通过事件返回获取对端设备的状态。BLE 设备定义了以下四类 GAP 角色。

（1）广播者：通过发送广播让接收者发现自己。这种角色只能发送广播，不能被连接。

（2）观察者：通过接收广播事件并发送扫描请求，这种角色只能发送扫描请求，不能被连接。

（3）外设：广播者接收观察者发来的连接请求后进入这种角色，作为从机在链路中进行通信。

（4）集中器：观察者主动进行初始化并建立一个物理链路时就会进入这种角色。在链路中集中器被称为主机。

2. 属性协议

BLE 的数据以属性形式存在，每条属性由以下四个元素组成。

（1）属性句柄：与使用内存地址查找内存中的内容一样，通过属性句柄可以找到相应的属性。例如，第一个属性的句柄是 0×0001，第二个属性的句柄是 0×0002，以此类推，属性句柄最大可以为 0×FFFF。

（2）属性类型：每个数据有自己需要代表的含意，例如表示温度、发射功率、电量等各种各样的信息。蓝牙组织（Bluetooth SIG）对常用的一些数据类型进行了归类，赋予不同的数据类型不同的通用标识码。例如，0x2A09 表示电池信息，0x2A6E 表示温度信息。UUID 可以是 16 位，也可以是 128 位。

（3）属性值：属性值是每个属性真正要承载的信息，其他 3 个元素都是为了让对方能够更好地获取属性值。有些属性的长度是固定的。例如，电池属性的长度只有 1 字节，因为需要表示的数据仅为 0~100%，而 1 字节足以表示 0~100。有些属性的长度是可变的，例如基于 BLE 实现的透传模块。

（4）属性许可：每个属性对各自的属性值有相应的访问限制。例如，有些属性是可读的，有些是可写的，有些既是可读又是可写的。拥有数据的一方可以通过属性许可控制本地数据的可读/写属性。

存有数据（属性）的设备称为服务器端，获取数据的设备称为客户端。下面是服务器端和客户端间的常用操作：客户端给服务器端发送数据，对服务器端的数据进行写操作。（写操作分两种，一种是写入请求，另一种是写入命令，两者的主要区别是前者需要对方回复，而后者不需要）。服务器端给客户端发送数据，主要是通过服务器端指示或者通知的形式，实现将服务器端更新的数据发送给客户端（与写操作类似，指示和通知的主要区别是前者需要对方回复确认）。客户端也可以主动通过读操作读取服务器端的数据。服务器端和客户端的交互操作都是通过消息 ATT 协议数据单元实现的。每个设备可以指定自己支持的最大消息长度，ESP32 IDF 规定可以设置的范围是 23~517 字节，对属性值的总长度未做限制。

3. 通用属性规范

属性协议规定了在 BLE 中的最小数据存储单位，而 GATT 则定义了如何用特性值和描述符表示一个数据，如何把相似的数据聚合成服务，以及如何发现对端设备拥有哪些服务和数据。

GATT 规范引进了特性值的概念。这是由于在某些情况下，一个数据可能并不只是单纯的数值，还会带有一些额外的信息：这个数据的单位是质量单位千克（kg）、温度单位摄氏度（℃）或者其他单位；在同样的温度属性 UUID 下，该数据表示主卧温度还是客厅温度；在表示 230000、460000 这样的数据时，可以增加指数信息，例如告知对方该数据的指数是 10^4，这样在空中传递 23、46 即可。

实际应用中还可能出现其他以各种方式表达的数据需求。每个属性需要安排一大段数据空间来存储这些额外信息。然而，一个数据很有可能用不到绝大部分的额外信息，因此这种设计并不符合 BLE 协议尽可能精简的要求。在此背景下，GATT 规范引进了描述符的概念，每种描述符可以表达一种意思，用户可使用描述符来描述数据的额外信息。需要说明的是，每个数据和描述符并非一一对应，一个复杂的数据可以拥有多个描述符，而一个简单的数据可以没有任何描述符。

数据本身的属性值及其可能携带的描述符构成了数据的特性。数据的特性包含以下几部分。

（1）特性声明：主要告诉对方此声明后面的内容为特性值。当前特性声明和下一个特性声明之间的所有句柄构成一个完整的特性值。此外，特性声明还包括紧跟其后的特性数值可读/写属性信息。

（2）特性值：特性的核心部分，一般在特性声明后面，承载特性的真正内容。

（3）描述符：对数据特性进一步描述，每个数据可以有多个描述符，也可以没有描述符。

（4）BLE 协议中会把一些常用的功能定义成一个服务。例如，把电池相关的特性和行为定义成电池服务；把心率测试相关的特性和行为定义成心跳服务；把体重测试相关的特性和行为定义成体重服务。可以看到，每个服务包含若干个特性，每个特性包含若干个描述符。用户可以根据自己的应用需求选择服务，并组成最终的产品应用。

8.3　ESP32 蓝牙示例

通过手机控制 ESP32 开发板上的 LED，LED 正极连接 GPIO2，如图 8-3 所示。

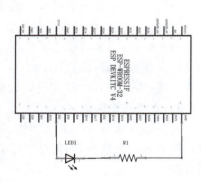

图 8-3　蓝牙电路

1. 低功耗蓝牙

从应用市场下载"BLE 调试助手"程序并安装，通过手机发送 0 和 1，控制 LED 的亮灭，相关代码如下：

```
# include < Arduino.h >
# include < BLEDevice.h >
# include < BLEServer.h >
# include < BLEUtils.h >
# include < BLE2902.h >
# include < String.h >
BLECharacteristic * pCharacteristic;              //创建一个 BLE 特征 pCharacteristic
bool deviceConnected = false;                     //连接标志位
uint8_t txValue = 0;                              //TX 的值
```

```cpp
String rxload = " ";                                              //RX 的值
#define SERVICE_UUID "6E400001-B5A3-F393-E0A9-E50E24DCCA9E"        //UART 服务 UUID
#define CHARACTERISTIC_UUID_RX "6E400002-B5A3-F393-E0A9-E50E24DCCA9E"
#define CHARACTERISTIC_UUID_TX "6E400003-B5A3-F393-E0A9-E50E24DCCA9E"
class MyServerCallbacks : public BLEServerCallbacks    //服务器端回调
{
  void onConnect(BLEServer * pServer)
  {
    deviceConnected = true;                            //设备连接成功
  };
  void onDisconnect(BLEServer * pServer)
  {
    deviceConnected = false;                           //设备连接失败
  }
};
class MyCallbacks : public BLECharacteristicCallbacks  //特性回调
{
  void onWrite(BLECharacteristic * pCharacteristic)
  {
    std::string rxValue = pCharacteristic->getValue();     //读取调试助手输入的值
    if (rxValue.length() > 0)
    {
      rxload = "";
      for (int i = 0; i < rxValue.length(); i++)           //读取输入值,并放入变量
      {
        rxload += (char)rxValue[i];
        Serial.print(rxValue[i]);                          //显示输入的值
      }
      Serial.println("");
    }
  }
};
void setupBLE(String BLEName)
{
  const char * ble_name = BLEName.c_str();             //将传入的 BLE 名字转换为指针
  BLEDevice::init(ble_name);                           //初始化一个蓝牙设备
  BLEServer * pServer = BLEDevice::createServer();     //创建一个蓝牙服务器端
  pServer->setCallbacks(new MyServerCallbacks());
//服务器端回调函数为 MyServerCallbacks
  BLEService * pService = pServer->createService(SERVICE_UUID);
//创建一个 BLE 服务
  pCharacteristic = pService->createCharacteristic(CHARACTERISTIC_UUID_TX, BLECharacteristic::
PROPERTY_NOTIFY);                                      //创建一个(读)特征,类型是通知
  pCharacteristic->addDescriptor(new BLE2902());       //为特征添加一个描述
  BLECharacteristic * pCharacteristic = pService->createCharacteristic(CHARACTERISTIC_
UUID_RX, BLECharacteristic::PROPERTY_WRITE);           //创建一个(写)特征,类型是写入
  pCharacteristic->setCallbacks(new MyCallbacks());    //为特征添加一个回调函数
  pService->start();                                   //开启服务
  pServer->getAdvertising()->start();                  //服务器端开始广播
  Serial.println("Waiting a client connection to notify...");
}
//String val;                                          //存储读取的值
int ledpin = 2;                                        //LED 连接数字引脚 2
void setup()
```

```
{
  Serial.begin(115200);
  setupBLE("ESP32 - BLE");                    //设置蓝牙名称
  pinMode(ledpin,OUTPUT);
}
void loop()
{
  if(rxload == "0")                            //判断为 0,点亮 LED
  {
  digitalWrite(ledpin,HIGH);
  Serial.println("LED ON!");
  delay(1000);
  }
  else if(rxload == "1")                       //判断为 1,关闭 LED
  {
  digitalWrite(ledpin,LOW);
  Serial.println("LED OFF!");
  delay(1000);
  }
}
```

将以上程序通过 Arduino 开发环境烧录到 ESP32 开发板之后,打开"BLE 调试助手",如图 8-4 所示,发现蓝牙设备名称为 ESP32-BLE,单击 CONNECT 按钮,连接后手机界面如图 8-5 所示。

图 8-4 "BLE 调试助手"界面

图 8-5 连接后手机界面

单击 Unknown Service,将显示所有的服务属性和特性,如图 8-6 所示。单击向上的箭头,也就是开启写入服务,输入 0,如图 8-7 所示。单击"发送",则点亮 LED。同时 Arduino 串口监视器将显示相应信息,如图 8-8 所示。同理,输入 1,单击"发送",则关闭 LED。

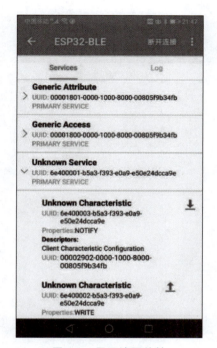

图 8-6 显示读写特性

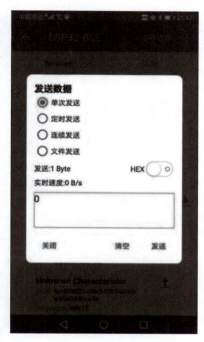

图 8-7 输入 0 界面

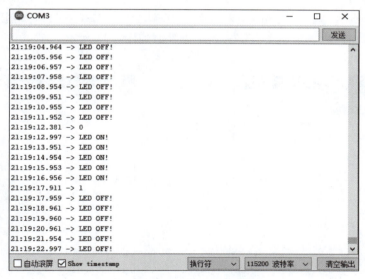

图 8-8 Arduino 串口监视器显示

2. 传统蓝牙

从手机应用市场下载"BluetoothSerial"程序并安装,通过手机发送 0 和 1,控制 LED 的亮灭,相关代码如下。

```
#include "BluetoothSerial.h"
BluetoothSerial SerialBT;                //定义蓝牙对象
char val;                                //定义变量存储输入值
int ledpin = 2;                          //LED 引脚连接
```

```
void setup() {
  Serial.begin(115200);                            //串口波特率
  SerialBT.begin("ESP32 - BT");                    //蓝牙设备名称
  Serial.println("The device started, now you can pair it with bluetooth!");
  pinMode(ledpin, OUTPUT);                         //定义 LED 为输出
}
void loop() {
  if (SerialBT.available()) {
    SerialBT.write(Serial.read());
    val = SerialBT.read();
  }
  if(val == '0')
  {
  digitalWrite(ledpin,HIGH);
  Serial.println("LED ON!");
  delay(1000);
  }
  else if(val == '1')
  {
  digitalWrite(ledpin,LOW);
  Serial.println("LED OFF!");
  delay(1000);
  }
}
```

以上程序经过 Arduino 开发环境烧录到 ESP32 开发板之后，打开"BluetoothSerial"，手机界面如图 8-9 所示。单击 connect，发现蓝牙设备名称为 ESP32-BT，如图 8-10 所示。连接后发送 0，LED 打开，发送 1，LED 关闭，手机界面如图 8-11 所示。Arduino 串口监视器界面如图 8-12 所示。

图 8-9　打开界面

图 8-10　连接界面

图 8-11 发送 0 和 1

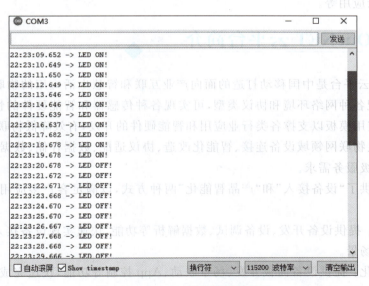

图 8-12 Arduino 串口监视器界面

第 9 章 OneNET云平台

CHAPTER 9

物联网云平台是物联网平台与云计算的技术融合，是构建在 IaaS 层之上的 PaaS 软件平台，可以联动物理感知层和用户应用层，向下连接、管理物联网终端设备，收集、存储感知数据，向上提供应用开发的标准接口和通用工具模块，以 SaaS 软件的形态提供给最终用户，实现数据的处理、分析和可视化。可以说，云平台是物联网的核心，协调整合大量物理设备、信息融合、场景应用等。

9.1 OneNET 云平台简介

OneNET 云平台是中国移动打造的面向产业互联和智慧生活应用的物联网 PaaS 云平台，它支持适配各种网络环境和协议类型，可实现各种传感器和智能硬件的快速接入，提供丰富的 API、应用模板以支撑各类行业应用和智能硬件的开发，有效降低物联网应用开发和部署成本，满足物联网领域设备连接、智能化改造、协议适配、数据存储、数据安全以及大数据分析等平台级服务需求。

云平台提供了"设备接入"和"产品智能化"两种方式，以满足客户多应用场景设备开发需求。

设备接入：提供设备开发、设备调试、数据解析等功能，快速实现设备接入云平台，多适用于行业应用场景。

产品智能化：提供设备面板开发、场景联动、App 控制等功能，快速完成产品智能化改造，多适用于智慧生活场景。

产品优势包括设备快速开发、一站式应用开发、高效数据处理和增值服务升级。

1) 设备快速开发

设备快速开发一是支持 MQTT、CoAP、LwM2M、HTTP 等多种行业主流标准协议及私有协议接入；二是支持 2G、4G、NB-IoT、WiFi、蓝牙、Thread 等多种通信模组接入，支持设备端 SDK 及基于模组的接入，帮助开发者快速实现设备接入和产品智能化开发。

2) 一站式应用开发

一站式应用开发能够提供通用领域服务和行业业务建模基础模型，帮助开发者在线快速构建云上应用和应用托管；用户不必关注底层实现，只需通过配置专属交互控制界面，即可完成智能家居场景应用开发，提高开发效率。

3）高效数据处理

高效数据处理能够提供可靠的实时消息云服务，保障开发者业务稳定运行；提供规则引擎、场景联动等能力，帮助开发者灵活定义设备数据的解析过滤规则等，降低用户数据处理成本。

4）增值服务升级

提供远程升级、定位、消息队列、数字可视化、人工智能等增值能力，助力开发者产品升级；以强大的 OneNET 生态为基础，打通国内外产品线上线下渠道，助力产品快速出货和流量变现。

基本概念如表 9-1 所示。

表 9-1 基本概念

名 词	意 义
产品	产品是一组具有相同功能定义的设备集合，产品下的资源包括设备、设备数据、设备权限、数据触发服务以及基于设备数据的应用等多种资源，用户可以创建多个产品
产品 ID	即参数"product_id"是由云平台分配的，在其范围内产品的唯一识别号作为设备登录鉴权参数之一
MQTT	MQTT（Message Queue Telemetry Transport）是一个物联网传输协议，被设计用于轻量级的发布/订阅式消息传输，旨在为低带宽和不稳定的网络环境中的物联网设备提供可靠的网络服务。MQTTS 指 MQTT+SSL/TLS，在 MQTTS 中使用 SSL/TLS 协议进行加密传输
CoAP	受约束的应用协议 CoAP（Constrained Application Protocol）是一种软件协议，旨在使非常简单的电子设备能够在互联网上进行交互式通信。CoAPS 指 CoAP over DTLS，在 CoAPS 中使用 DTLS 协议进行加密传输
LwM2M	LwM2M（Lightweight Machine-To-Machine）是 OMA 组织制定的一种轻量级的、标准通用的物联网设备管理协议，该协议提供了轻便小巧的安全通信接口及紧凑高效的数据模型，以实现 LwM2M 设备管理和服务支持，其消息传递通过 CoAP 协议达成
泛协议	云平台支持基于 MQTT、CoAP 等标准协议接入，对于其他类型协议（Modbus、JT808、私有协议、云平台）的设备，在无法直接与云平台建立连接的情况下，可使用泛协议 SDK，快速构建桥接服务，搭建设备与云平台、云平台与云平台的双向数据通道
OneJSON 协议	OneJSON 数据协议是针对物联网开发领域设计的一种数据交换规范，数据格式是 JSON，用于设备端和云平台的双向通信，更便捷地实现和规范了设备端和云平台之间的业务数据交互
accessKey	安全性更高的访问密钥，用于访问云平台时的隐性鉴权参数（非直接传输），通过参与计算并传输 token 的方式进行访问鉴权。目前云平台提供用户、设备两种类型 accessKey
token	安全性更高的鉴权参数，由多个参数运算组成，在通道中直接传输
产品认证	物联网终端产品认证是由中移物联网公司发起、对物联网终端是否符合云平台接入及其他技术规范进行认证的服务，认证为线上+线下双重的方式
产品物模型	产品物模型是对设备的数字化抽象描述，描述该型号设备是什么，能做什么，对外提供哪些服务
属性	用于描述设备的动态特征，包括运行时的状态，应用可发起对属性的读取和设置请求
事件	设备运行时可以被触发的上行消息，如设备运行的记录信息、设备异常时发出的告警、故障信息等；可包含多个输出参数

续表

名 词	意 义
服务	用于描述终端设备可被外部调用的能力,可设置输入参数和输出参数。服务可实现复杂的业务逻辑,例如执行某项特定的任务;支持同步或异步返回结果
数据解析	对低配置且资源受限的设备,将其二进制数据格式转换为标准物模型数据格式
远程配置	云平台提供的更新设备系统参数、网络参数等配置信息的功能,设备端可通过定时拉取或命令触发的方式下载云平台配置文件信息,完成本地配置文件更新
设备	归属于某一个产品下,是真实设备在云平台的映射,用于和真实设备通过连接报文建立连接关系,云平台资源分配的最小单位,设备之间通过设备名称来区分
设备名称	设备在云平台的身份标识,单个产品下唯一。添加设备时由用户自定义,可以用 SN、IMEI 等信息作为设备名称
设备转移	云平台支持跨用户的设备转移(转移双方需实名认证)。用户可通过选择指定设备和导入设备列表两种方式进行设备转移。在向他人转移设备时,需要正确获取目标用户在实名认证时输入的手机号(具体查看方式如下:云平台右上角头像→账号信息→用户手机)
授权码	通过授权码方式进行设备转移时,云平台会自动生成一条随机授权码,设备接收方需要正确输入授权码,才能成功接收设备
设备分组	云平台支持建立设备分组,分组中可包含不同产品下的设备。通过设备组来进行跨产品管理设备
标签	分组标签:描述同一个分组下,所有设备具有的共性信息
应用 API	云平台提供设备、服务等,帮助快速开发应用,满足场景业务需求
应用长连接	应用长连接提供点对点的通信服务,可实现应用设备数据的实时获取和控制命令下发,适用于设备操作频繁,对交互性、时效性要求比较高的应用场景,如智能家居 App、大屏应用等,可以减少网络请求次数和流量开销
数据推送	HTTP 推送服务通过 HTTP/HTTPS 请求方式,将项目下设备及应用数据推送给应用服务器端。云平台作为 HTTP 客户端,应用服务器端作为 HTTP 进行数据通信。服务使用流程如下:实例创建、实例验证、规则配置、消息推送。目前每个用户最多创建 10 个 HTTP 推送实例
消息队列	消息队列是具有低时延、高并发、高可用特点的消息通信中间件,可作为规则引擎的消息目的地,快速稳定地将项目数据推送至应用云平台。服务使用流程如下:实例创建、队列及消费代理创建、规则配置、客户端订阅消费
规则引擎	规则引擎提供数据流转能力,可对项目下设备和应用数据进行过滤转换,并推送至用户指定应用服务器端。规则引擎流转需要配置消息源(推送消息类型)、消息处理规则及消息目的地(推送方式)
场景联动	场景联动是一种开发自动化业务逻辑的编程方式,目前支持设备、时间、第三方数据源等多维度的条件触发,可以自定义设备之间的联动规则,系统执行自定义的业务逻辑,满足多场景联动需求
设备防御	设备防御是由 OneNET 提供的设备异常行为监测的能力,通过利用云平台内置规则对设备配置和数据进行判断,可全方位检测设备异常行为,及时发现潜在的异常风险并提醒和通知用户
工业标识	工业标识是由国家统一构建的"统一管理、互联互通、安全可靠"的标识解析体系网络基础设施,OneNET 云平台支持为每个感知设备赋予标准且唯一的身份标识

限制项及限制指标如表 9-2 所示。

表 9-2 限制项及限制指标

限 制 项	限 制 指 标
设备数量	单产品下建议最多创建 50 万个设备
物模型功能点数量	单产品下最多创建 100 个物模型功能点
HTTP 推送实例数量	单用户下最多创建 10 个 HTTP 推送实例
消息队列实例数量	单用户下最多创建 10 个消息队列
消息队列 topic 数量	单消息队列实例下最多创建 5 个 topic
消息队列订阅数量	单 topic 中最多可创建 5 个订阅总数
API 调用频率	单 IP 每秒限制 100 次接口调用
API 数据大小限制	POST 方式限制 body 最大为 4MB
API 超时时间	超时时间最多为 10s
规则引擎规则数量	单项目下最多创建 10 个流转规则
历史数据查询	界面支持最多 1 个月的历史数据查询,一次查询时间最长为 7 天
数据追溯	历史数据备份最多保留 1 个月
全链路日志	仅支持 7 天全链路日志查询
文件管理	单个账号仅支持最多 1GB 的文件存储空间
文件存储时效	文件最多保留 1 个月
文件存储数量	单账户文件数量不超过 1000 个

注册账号与实名认证步骤如下。

1）注册账号

注册账号是使用 OneNET 云平台的功能和服务的前提。在 OneNET 注册的账号,适用于 OneNET 体系的所有服务,需要填写真实信息并进行认证。

(1) 单击首页右上角的"注册"按钮,如图 9-1 所示。

图 9-1 首页界面

(2) 填写相关信息进行注册,如图 9-2 所示。

(3) 注册完成后,自动回到主页,通过右上角入口进行登录,如图 9-3 所示。

(4) 登录后自动跳转进入云平台。

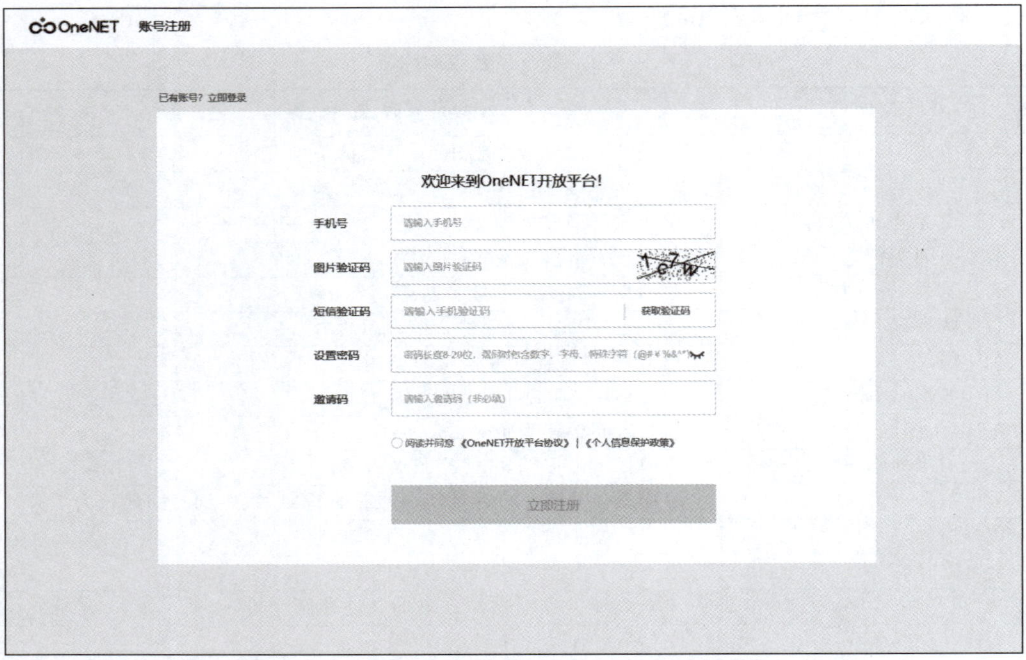

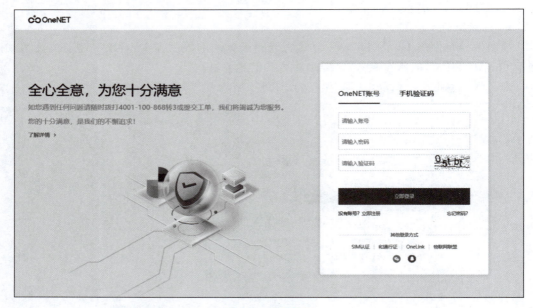

图 9-2　注册界面

图 9-3　登录界面

2）实名认证

实名认证是账号所有权的象征，最大程度地保障账号的安全及用户的合法权益。OneNET 提供企业认证、个人认证两种方式，可以根据实际需要选择其中一种。认证方式如表 9-3 所示，认证级别如表 9-4 所示。

用户中心开启企业认证，如图 9-4 所示。

表 9-3 认证方式

认 证 方 式	认 证 事 件
企业认证	认证需人工审核,工作时间内提交认证,24 小时内完成；非工作时间提交,认证将于下个工作日内完成
个人认证	认证级别如表 9-4 所示,请根据实际使用情况选择认证方式

表 9-4 认证级别

认 证 级 别	允许创建产品总数	每个产品接入设备总数
未实名认证	3	100
完成个人认证	10	1000
完成企业认证	100	100000

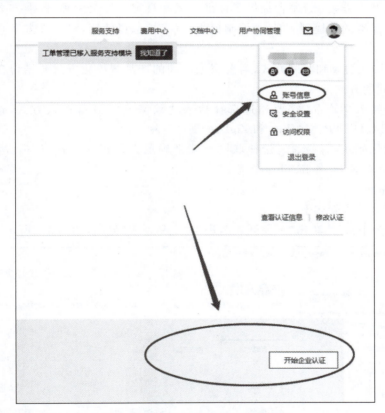

图 9-4 用户中心开启企业认证界面

9.2 OneNET 云平台产品开发

本节介绍创建产品、物模型、设备接入、MQTT 协议接入和数据解析。

9.2.1 创建产品

本部分对如何创建产品以及设备开发进行详细的说明。

1. 准备工作

产品是一组具有相同功能定义的设备集合,创建产品是使用云平台的第一步,创建产品后可定义产品功能,添加对应设备,进行设备开发、软硬件设备调试和发布量产。

在创建产品前,需要先完成以下准备工作。

(1) 了解产品智能化方式:在创建产品之前,根据需求选择不同的产品智能化方式来开发产品,决定产品和云平台双向通信时的交互方式。

设备接入:提供设备开发、设备调试、数据解析等功能,快速实现产品接入云平台,多适用于行业应用场景。

产品智能化:提供设备面板开发、场景联动、App 控制等功能,快速完成产品智能化改造,多适用于智慧生活场景。

了解产品开发方案:云平台提供了标准方案和自定义方案两种,标准方案由云平台定义好具体产品品类的物模型和 App 控制模板,可直接选择使用,自定义方案则需手动进行相关配置。

(2) 了解接入协议和联网方式,需要根据不同的产品智能化方式并结合自身产品品类差异,选择不同的方式。

对于设备接入类产品,需要通过选择接入协议来确定设备接入方式,包括 MQTT、CoAP、LwM2M、HTTP、Modbus 和 ZigBee 等。

对于智能化产品,需要通过选择联网方式来确定设备接入方式,包括 WiFi、NB-IoT、2G、4G、WiFi+蓝牙、红外和 Thread 等。

2. 产品开发

选择产品品类步骤如下。

(1) 进入云平台后,单击"产品开发",进入"产品列表"界面,如图 9-5 所示。

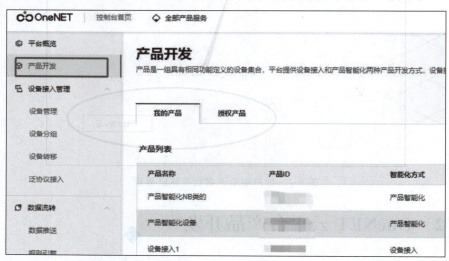

图 9-5 "产品列表"界面

(2) 单击"创建产品",如图 9-6 所示。

方式一:根据行业→场景→品类三级结构,选择设备所属产品类型,如图 9-7 所示。

方式二:若不确定某个产品属于哪个行业、场景,可在弹窗右上角的搜索框内,输入需

图 9-6　创建产品

图 9-7　设备所属产品类型

要创建的产品,搜索后进行选择,如图 9-8 所示。

3. 产品管理

产品列表用于自建产品及第三方授权产品的管理。"我的产品"展示由用户创建的产品信息,具有详情查看、删除、编辑、产品开发等权限,如图 9-9 所示。

"授权产品"是用户获取他人转移设备时,由云平台自动生成的授权产品信息,当前用户只具有产品基础信息及功能定义查看权限,授权产品界面如图 9-10 所示。

9.2.2　物模型

本节主要介绍物模型定义、物模型管理、OneJSON 简介、设备属性/事件、设备服务调用和设备属性期望值。

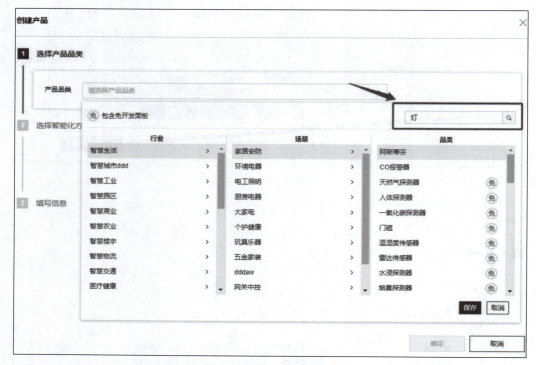

图 9-8　搜索需要创建的产品

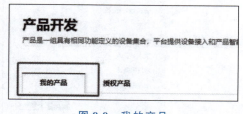

图 9-9　我的产品

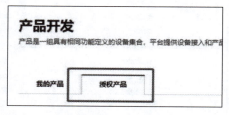

图 9-10　授权产品界面

1. 物模型定义

物模型是对设备的数字化抽象描述,描述该设备型号是什么,能做什么,能对外提供哪些服务。物模型将物理空间中的实体设备数字化,在云平台构建该实体的数据模型,将物理空间的实体在云平台进行格式化表示。物模型位置如图 9-11 所示。

物模型属于应用协议之上的语法语义层。在云平台中,物模型完成对终端产品形态、产品功能的结构化定义,包括终端设备业务数据的格式和传输规则。物模型功能模块在云平台中的位置如图 9-12 所示。

物模型在业务逻辑上属于物联网平台的设备管理模块。用于实现不同设备能够以统一的物模型标准对接应用云平台,不同应用之间能够以统一物模型标准进行数据互通。

(1) 设备抽象模型。物模型基础功能分为属性、服务和事件,功能点数量不超过 100 个,如表 9-5 所示。

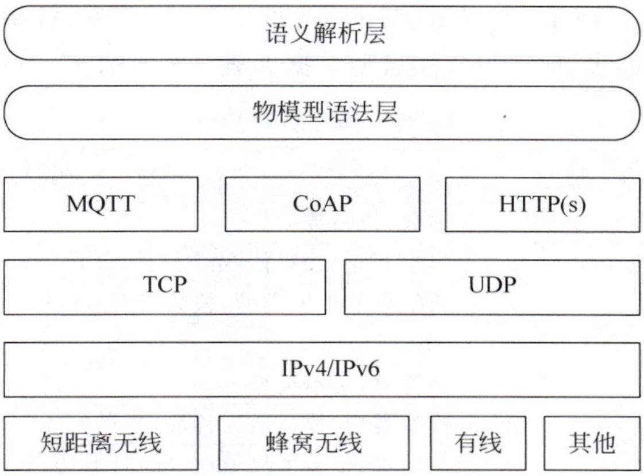

第9章 OneNET云平台

图 9-11　物模型位置

图 9-12　物模型功能模块在云平台中的位置

表 9-5　物模型基础功能

功能类型	说　　明
属性	用于描述设备的动态特征，包括运行时的状态，应用可发起对属性的读取和设置请求
服务	用于描述终端设备可被外部调用的能力，可设置输入参数和输出参数。服务可实现复杂的业务逻辑，例如执行某项特定的任务；支持同步或异步返回结果
事件	设备运行时可以被触发的上行消息，如设备运行的记录信息，设备异常时发出的告警、故障信息等；可包含多个输出参数

功能类别分为三类：系统功能点、标准功能点、自定义功能点，如表 9-6 所示。它们可与属性、服务、事件三者任意组合。

表 9-6　功能类别

功能类别	说　　明
系统功能点	此类功能点多数与云平台提供的服务有关，如 LBS 定位服务、OneNET 设备认证服务等
标准功能点	此类功能点多数与产品行业类别相关，为标准行业产品抽象出的一套标准的功能点
自定义功能点	此类功能点为用户自定义，产品非标准设备，用户按设备实际情况添加设备功能点，自由度较大

（2）数据类型包括整数型、浮点型、时间型、布尔型、字符型、枚举型、位图形、数组型和结构图，数据类型功能如表9-7所示，浮点型数据如表9-8所示。

表9-7 数据类型功能

类 型	标 识 符	说 明
整数型	int32、int64	整数、长整数
浮点型	float、double	单精度浮点、双精度浮点
时间型	date	长整数的扩展类型，整数类型int64的UTC时间戳（毫秒）
布尔型	bool	true或false
字符型	string	字符串，文本类型
枚举型	enum	枚举类型，枚举值为整数
位图形	bitMap	位图，用于多个故障信号同时上送，非传统意义的图片数据
数组型	array	支持int32、int64、float、double、string、date、struct
结构图	struct	仅支持一层嵌套，成员类型不支持数组

表9-8 浮点型数据

类 型	比 特 数	有 效 数 字	数 值 范 围
float	32	6～7	$-3.4*10^{-38}\sim 3.4*10^{38}$
double	64	15～16	$-1.7*10^{-308}\sim 1.7*10^{308}$

（3）物模型描述文件说明如表9-9所示。

表9-9 物模型描述文件说明

名 称	描 述
properties	属性点集合
events	事件点集合
services	服务点集合
identifier	功能点标识符/参数标识符，以"＄"开始为系统功能点，功能点标识符产品下唯一
name	功能点名字，用户自定义
functionType	功能类型，用户自定义(u)/系统功能点(s)/标准功能点(st)
accessMode	读写类型，只读(r)/读写(rw)
dataType	数据描述集合
type	数据类型
eventType	事件类型：信息(info)、告警(alert)、故障(error)
specs	数据类型，描述时存在
desc	用户自定义描述
inputData	输入参数集合
outputData	输出参数集合

2. 物模型管理

在创建产品完善基础信息时，"开发方案"选择为标准方案，云平台将自动带出创建产品品类关联的标准物模型功能点，也可直接基于云平台提供的标准功能点进行设备开发。同时，若标准物模型功能点无法满足需求，云平台还支持自定义物模型功能点、支持单个和批量添加功能点。

（1）单个添加物模型。单击"产品开发"，进入物模型设置界面，单击"设置物模型"，根据需求添加或选择物模型功能点,完成功能点编辑后,单击"保存",使物模型模板生效。产品开发界面如图 9-13 所示,选择产品开发界面如图 9-14 所示,物模型设置界面如图 9-15 所示,添加功能界面如图 9-16 所示。

图 9-13　产品开发界面

图 9-14　选择产品开发界面

(2) 批量添加物模型。单击"产品开发"→"导入物模型"→"保存",使物模型模板生效,如图 9-17 所示。

(3) 导出物模型模板。单击"产品开发"→"物模型设置"→"查看/导出物模型",下载产品物模型描述文件,如图 9-18 所示。

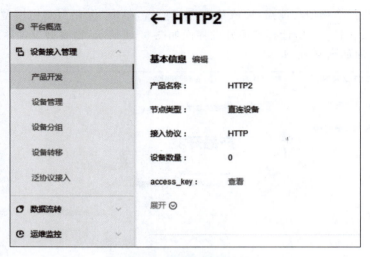

图 9-15 物模型设置界面

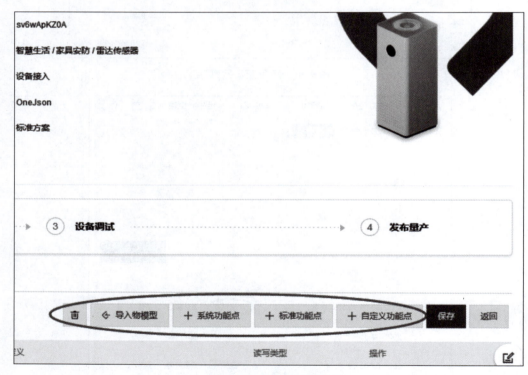

图 9-16 添加功能界面

3. OneJSON 简介

本部分包括协议简介、设备接入、设备上报属性或事件、获取设备属性、设备服务调用及属性设置。

1）协议简介

OneJSON 协议是针对物联网开发领域设计的一种数据交换规范,数据格式是 JSON,用于设备端和云平台的双向通信,更便捷地实现和规范了两者之间的业务数据交互。

图 9-17　导入物模型

图 9-18　导出物模型模板

2）设备接入

设备接入流程可以按照设备类型分为直连设备和子设备接入，如图 9-19 所示。

图 9-19　设备接入流程

3）设备上报属性或事件

设备上报属性或事件如图 9-20 所示。

（1）设备使用 OneJSON 指定主题，上报数据。

（2）云平台对数据进行业务处理，包含格式验证、数据存储等，如果配置了规则引擎，则数据将流转到用户配置消息目的地，推送方式支持 HTTP、MQ 等。

（3）云平台返回数据上报结果。

（4）开发者可以通过控制台或公开 API 查询上报的数据。

4）获取设备属性

获取设备属性如图 9-21 所示。

（1）开发者通过公开 API 或控制台发起获取属性请求。

（2）云平台将根据物模型定义验证请求参数。

（3）云平台将数据请求传输给设备。

（4）云平台等待设备响应，如果等待超时，将返回超时错误信息。

（5）设备处理完请求之后，把需要的设备属性返回给云平台。

（6）云平台收到设备最新属性后，对设备属性进行校验，将结果返回给开发者。

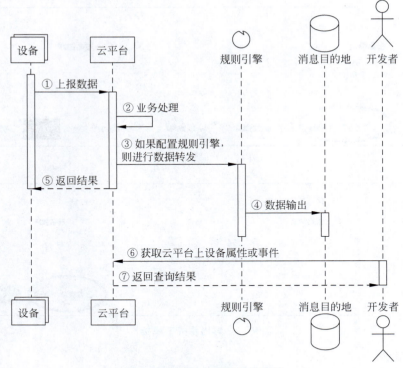

图 9-20　设备上报属性或事件

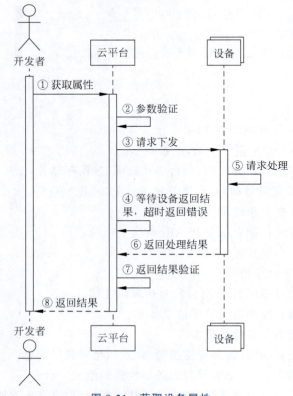

图 9-21　获取设备属性

5）设备服务调用及属性设置

同步服务调用及属性设置如图 9-22 所示。

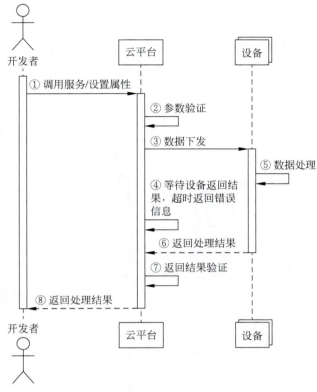

图 9-22 同步服务调用及属性设置

（1）通过 API 接口来调用同步服务（定义服务时，调用方式选择为同步服务，即为同步调用）。
（2）云平台将根据物模型定义验证输入参数。
（3）云平台将数据下发给设备。
（4）云平台等待设备响应。如果等待超时，将返回相应错误信息。
（5）设备处理完数据之后，把处理结果返回给云平台。
（6）云平台收到设备处理结果后，对设备输出参数进行校验，将结果返回给开发者。

异步服务调用如图 9-23 所示。

（1）通过 API 接口来调用异步服务（定义服务时，调用方式选择为异步的服务即为异步调用）。
（2）云平台对输出参数进行校验，并返回处理结果给开发者。
（3）云平台采用异步方式将数据下发。
（4）设备收到数据后，进行业务处理。
（5）设备完成业务处理后，返回处理结果给云平台。
（6）云平台对设备返回的输出参数进行验证。
（7）如果配置了规则引擎，数据将流转到用户配置的消息目的地，推送方式支持 HTTPS、MQ 等。

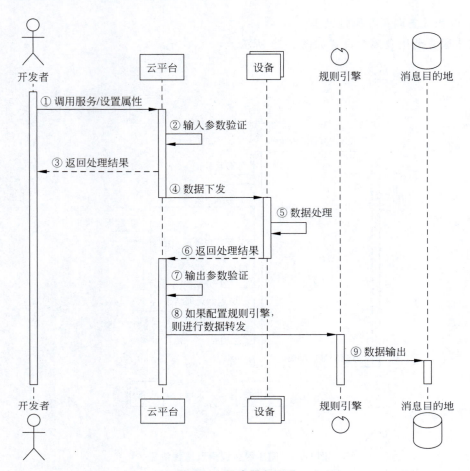

图 9-23　异步服务调用

4. 设备属性/事件

1）设备属性上报

上行（OneJSON）请求 Topic 示例如下：

$sys/{pid}/{device-name}/thing/property/post

OneJSON 数据格式如下：

```
{
"id": "123",
"version": "1.0",
"params":{
 "Power": {
   "value": "on" ,
   "time": 15244487221231,
   },
 "WF": {
   "value": 23.6,
   "time": 1524448722123
   }
 }
}
```

请求参数描述如表 9-10 所示。

表 9-10　请求参数描述

参　数	类　型	描　　　　述
ID	String	消息 ID 号由用户自定义，String 类型的数字长度限制不超过 13 位
version	String	物模型版本号，可选字段，不填默认为 1.0
params	JsonObject	请求参数用户自定义，标准 JSON 格式。以上示例中，设备上报了两个属性 Power 和 WF。具体属性信息包含属性上报时间（time）和上报的属性值（value）
time	Long	属性值生成时间，该参数为可选字段，毫秒级。根据业务场景决定消息中是否带时间戳，如果消息频繁，需根据时间戳判断消息顺序，建议消息中带有时间戳
value	Object	上报的属性值

响应 Topic 示例如下：

$sys/{pid}/{device-name}/thing/property/post/reply

OneJSON 数据格式如下：

```
{
"id": "123",
"code" :200,
"msg" :"xxxx"
}
```

响应参数描述如表 9-11 所示。

表 9-11　响应参数描述

参　数	类　型	描　　　　述
ID	String	消息 ID 号用户自定义，String 类型的数字长度限制不超过 13 位
code	Integer	结果状态码
msg	String	错误信息

2）设置设备属性

下行（OneJSON）：请求 Topic 示例如下：

$sys/{pid}/ {device-name}/thing/property/set

OneJSON 数据格式如下：

```
{
"id": "123",
"version": "1.e",
"params": {
"temperature":"30.5"
}
}
```

请求参数描述如表 9-12 所示。

表 9-12　请求参数描述

参　数	类　型	描　　　　述
ID	String	消息 ID 号用户自定义，String 类型的数字长度限制不超过 13 位

续表

参　数	类　型	描　述
version	String	物模型版本号可选字段,不填默认为1.0
params	JsonObject	设置属性参数。如以上示例中,设置属性： {"temperature":"30.5"}

响应 Topic 示例如下：

$sys/{pid}/{device-name}/thing/property/set_reply

OneJSON 数据格式如下：

```
{
    "id": "123",
    "code": 200,
    "params": {
    "msg":"xxxx"
    }
}
```

响应参数描述如表 9-13 所示。

表 9-13　响应参数描述

参　数	类　型	描　述
ID	String	消息 ID 号用户自定义,String 类型的数字长度限制不超过 13 位
code	Integer	结果状态码
msg	String	错误信息

获取设备属性、事件上报、批量数据上报和历史数据上报的相关内容请参考中国移动物联网开放平台,如图 9-24 所示。

5. 设备服务调用

云平台支持同步调用和异步调用,同步调用超时时间 5s,异步调用无超时时间。

下行(OneJSON),请求 Topic 示例如下：

$sys/{pid}/(device-name)/thing/service/(identifier)/invoke

OneJSON 数据格式如下：

```
{
    "id":"123",
    "version":"1.0",
    "params":{
        "Power1": "on",
        "WF1":"2"
    }
}
```

请求参数描述如表 9-14 所示。

表 9-14　请求参数描述

参　数	类　型	描　述
identifier	String	功能点唯一标识符(产品下唯一)
ID	String	消息 ID 号用户自定义,String 类型的数字长度限制不超过 13 位

续表

参数	类型	描述
version	String	物模型版本号可选字段，不填默认为1.0
params	Object	服务的请求参数类型具体见物模型对应的"服务"定义（输入参数部分）{"Power1":"on","WF1":"2"}

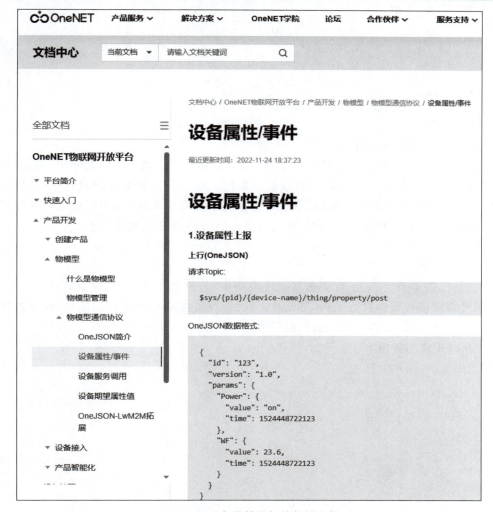

图 9-24　设备属性及相关数据上报

响应 Topic 示例如下：

$sys/{pid}/{device-name}/thing/service/{identifier}/invoke_ reply

OneJSON 数据格式如下：

{
    "id":"123",
    "code" :200,
    "msg":"xxxx",
    "data":{
    "resuIt1":"on",

```
            "resuIt2":"2"
        }
}
```

响应参数描述如表 9-15 所示。

表 9-15　响应参数描述

参　数	类　型	描　述
ID	String	消息 ID 号用户自定义，String 类型的数字长度限制不超过 13 位
code	Integer	结果状态码
msg	String	错误信息
data	Object	服务的响应参数类型具体见物模型对应的"服务"定义（输出参数部分）{"result1":"on","result2":"2"}

具体说明如下：

（1）同步调用，返回以上结果。

（2）异步调用，云平台收到服务调用请求后立即返回以上结果传输给应用，但是不包含 data 字段；云平台收到设备响应后，按以上结果（含 data 字段）将数据通过规则引擎流转队列、推送或数据存储，用户通过队列、推送等服务获取设备服务执行结果，也可通过"设备详情"→"服务记录"查看相关执行结果，还可以通过 API 查询获取执行结果。

6．设备属性期望值

1）属性期望值流程

设置属性期望值后，云平台会更新属性期望值，若设备在线，将实时更新状态；若设备离线，属性期望值将缓存在云平台，待设备上线后，设备主动获取属性期望值，业务处理后，并选择是否上报属性最新状态。属性期望值流程如图 9-25 所示。

2）获取属性期望值

请求 Topic 示例如下：

ssys/{pid}/{device－name}/thing/property/desired/get

OneJSON 数据格式如下：

```
{
  "id" : "123",
  "version":"1.0",
"params" : [
  "power" ,
  "temperature"
]
}
```

请求参数描述如表 9-16 所示。

表 9-16　请求参数描述

参　数	类　型	描　述
ID	String	消息 ID 号用户自定义，String 类型的数字长度限制不超过 13 位
version	String	消息 ID 号用户自定义，String 类型的数字长度限制不超过 13 位
params	Array	获取属性期望的标识符列表

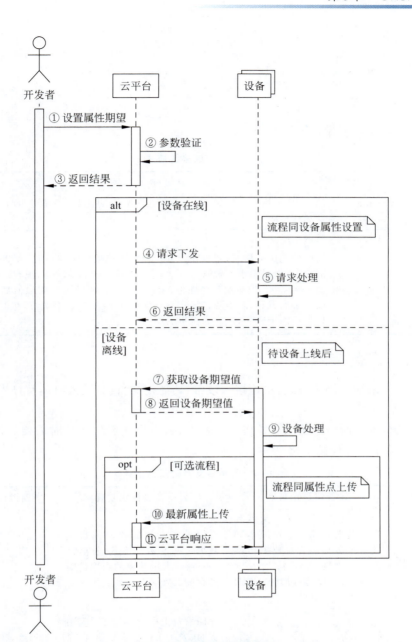

图 9-25 属性期望值流程

响应 Topic 示例如下：

$sys/(pid)/(device-name)/thing/property/desired/get/reply

OneJSON 数据格式如下：

```
{
  "id":"123",
  "code" :200,
  "msg" :"xxxx"
  "data":{
```

```
    "power": {
     "value": "on",
     "version": 2
    }
   }
  }
```

响应参数描述如表 9-17 所示。

表 9-17　响应参数描述

参　　数	类　　型	描　　述
ID	String	消息 ID 号用户自定义，String 类型的数字长度限制不超过 13 位
code	Integer	结果状态码
msg	String	错误信息
data	Object	返回的期望值信息，若未在云平台设置过该属性的期望值，或期望值属性被清空，返回对象中不包含该属性的标识符。key：属性标识符；value：期望值；version：当前期望属性值的版本。首次设置属性期望值后，版本为 1。以后每次设置，版本号自增；清空期望值再设置期望值，版本号从 1 开始。如果状态未成功，msg 为携带的错误信息

9.2.3　设备接入

本节主要介绍接入协议方式、快速接入设备、功能定义、设备接入概述及接入安全认证。

1. 接入协议方式

云平台支持各种网络环境及多种协议接入方式，用户在创建产品时需要为设备选择一种协议进行设备接入，如表 9-18 所示。

表 9-18　云平台支持的接入协议

接入协议	设备侧适用特点	云平台侧提供功能	典型适用行业
LwM2M/CoAP	使用 NB 网络；对于深度和广度覆盖要求高；对成本和功耗十分敏感；对数据传输的实时性要求不高；存在大量连接，需要传输加密；周期性上报特点明显	存储设备上报的资源列表及数据；下发数据及命令至设备；接收大量并发的数据传输和存储；数据推送到应用	水/电/气/暖等智能表、智能井盖等市政场景
MQTT	需要设备上报数据到云平台；需要实时接收控制指令；有充足的电量支持设备保持在线；需要保持长连接状态	存储设备上报的数据点；应用实时、离线自定义数据或命令；固件更新地址通知；提供数据推送到应用；基于 topic 的消息订阅/发布（仅 MQTT）	共享经济、物流运输、智能硬件、M2M 等多种场景
HTTP	只上报传感器数据到云平台；无须下行控制指令到设备	存储设备上报的数据点；提供 API 接口实现设备管理；提供数据推送到应用	简单数据上报场景
modbus	设备类型主要是基于 TCP 的 DTU；DTU 下挂设备为标准 modbus 协议的通信设备	自定义配置采集命令及采集周期；存储设备上报的数据点；下发自定义 modbus 命令；数据推送到应用	使用 Modbus＋DTU 进行数据采集的行业

2. 快速接入设备

设备开发商需要将物联网设备接入云平台,具体流程如下。

1)设备接入流程

设备接入流程如图9-26所示。

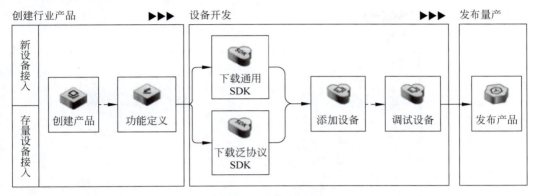

图 9-26　设备接入流程

2)设备类型

设备类型主要分为新设备和存量设备两大类。

(1)新设备是指未对接入过其他云平台的设备,此类设备在接入时,可以选择云平台提供的标准协议接入。

(2)存量设备是指对接入过其他云平台的设备,此类设备无法选择标准协议,需要通过泛协议接入。

对于原使用 OneNET NB-IOT 套件、MQTT 套件、云平台接入设备的用户,可选择不同接入协议和数据协议接入设备,接入流程与原流程相似。

NB-IOT 套件产品:接入协议选择 LwM2M,数据协议选择 IPSO 进行开发。

MQTT 套件产品:接入协议选择 MQTT,数据协议选择数据流进行开发。

OneNET 产品:与原设备接入流程一致。

3)接入步骤

不管是哪类设备或哪种连接协议,完整的设备接入都包括以下步骤:创建产品、功能定义、设备开发、添加设备、设备调试和发布量产。

第一步:创建产品。

实现设备接入的第一步是在云平台创建一个设备接入类型的产品,创建产品后,该产品在云平台上注册生成,并生成产品唯一标识 PID。新建产品流程参考中国移动物联网开放平台,如图 9-27 所示。

第二步:功能定义。

定义物模型:定义产品中设备的功能点,统一物模型后可以使设备与云平台间的数据格式标准化,简化设备和应用的开发。

数据流开发产品:定义产品统一按照数据流模板进行数据点上报。

IPSO 数据协议开发产品:无须进行功能定义。

第三步:设备开发。

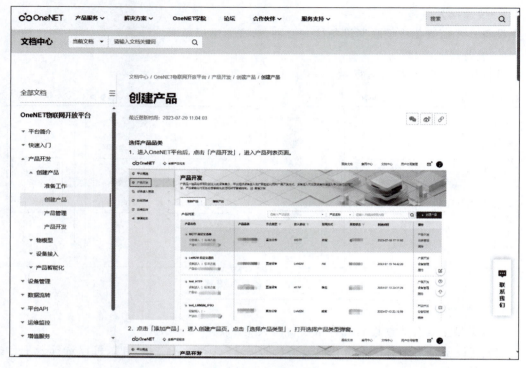

图 9-27　新建产品流程

（1）新设备：下载通用 SDK。根据定义的物模型功能点，可选择基于模组/SDK 进行开发，云平台会自动根据需求生成 MCU SDK 或 SOC SDK，下载 SDK 至设备，完成设备侧的开发。

（2）存量设备：下载泛协议 SDK。如果未采用云平台标准协议接入设备，要先添加泛协议服务实例，便于云平台对 SDK 鉴权，然后下载 SDK 至设备，完成设备侧的开发。

（3）存量已接入 OneNET 设备：旧版云平台 SDK。如果设备已通过 OneNET NB-IOT 套件、MQTT 套件、OneNET 和生活云平台完成开发，需重新下载原 SDK 文件，如图 9-28 所示。

第四步：添加设备。

物理设备要连接到云平台，需要先在云平台创建设备，并获取连接到云平台的鉴权信息。

第五步：设备调试。

基于定义的物模型，通过设备调试功能可以快速进行数据交互调试，查看设备实时日志，进行投产前的功能数据验证。

第六步：发布量产。

对于已经开发完成的设备，可直接量产发布，发布后的产品原则上不允许进行修改。

4）MQTT.fx 快速接入指引

MQTT.fx 是目前主流的 MQTT 桌面客户端，支持 Windows、Mac、Linux 操作系统，可以快速验证设备是否可与云平台进行连接，并发布或订阅消息，也可以按照如图 9-29 所示，使用标准 MQTT 协议接入云平台。

第9章 OneNET云平台

图 9-28 下载原 SDK 文件

图 9-29 MQTT 设备接入

OneNET 接入支持海量自研模组和成品智能设备，支持设备物模型（属性、事件、动作）、设备开发、设备调试、数据解析、实时监控、设备消息流转和云平台应用开发等配套接入能力，下面主要介绍设备接入类产品开发流程。

3. 功能定义

对于设备接入类产品，根据数据协议不同，功能定义类型略有不同。

OneJSON、透传/自定义格式：通过物模型模板进行功能定义，使用物模型功能点组织设备数据上下行。

数据流格式：通过数据流模板进行功能定义，使用数据流与数据点组织设备数据上下行。

IPSO 格式：无须进行功能定义，仅 LwM2M 接入协议的产品可使用，采用 OMA 组织制定的标准数据流对象规范组织设备数据上下行，如图 9-30 所示。

图 9-30 协议规范

1）物模型管理

对于数据协议为 OneJSON、透传/自定义格式的产品，无论是设备接入类还是产品智能类，都使用云平台统一的物模型进行产品功能定义，设置产品物模型如图 9-31 所示。

2）数据流与数据点

对于数据协议为数据流格式的产品或原 MQTT 套件接入存量产品，云平台通过数据流或数据点组织设备上行数据，如图 9-32 所示。

（1）数据存储。设备上传并存储数据时，必须以 key-value 的格式上传数据，其中 key

图 9-31　设置产品物模型

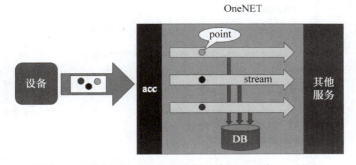

图 9-32　云平台通过数据流或数据点组织设备上行数据

为数据流(stream)名称，value 为实际存储的数据点(point)，value 可以为 int、float、string、json 等多种自定义格式。

在实际应用中，数据流可用于分类描述设备的某一类属性数据，例如温度、湿度、坐标等信息，用户可以自定义数据流的数据范围，将相关性较高的数据归类为一个数据流。

数据流中的云平台会默认以时序存储，用户可以查询数据流中不同时间的数据点的值，查看数据存储如图 9-33 所示。

(2) 数据流向。数据流中的数据在存储的同时可以"流向"后续服务，用户可以通过规则引擎配置数据流的流向，如图 9-34 所示。

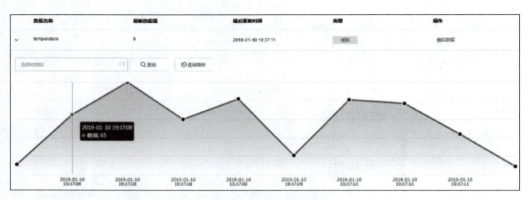

图 9-33　查看数据存储

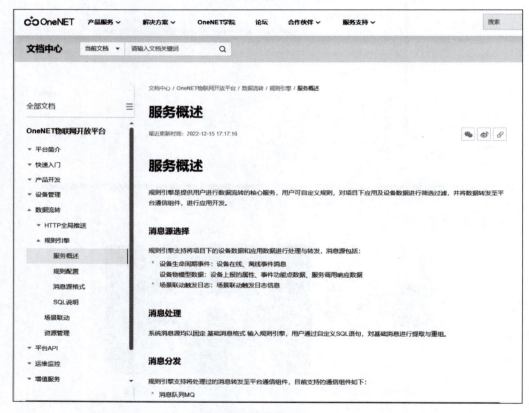

图 9-34　配置数据流流向

4．设备接入概述

下面介绍如何接入协议、规范 MQTT 协议。

1）接入协议概述

云平台支持标准 MQTT、CoAP、LwM2M 和 HTTP 协议接入。

MQTT 是一种基于 TCP 构建的轻量级发布、订阅传输协议，适用于网络带宽有限的场景，同时其可以保持长连接，具有一定的实效性。

CoAP 是一个满足受限环境下 M2M 需求的应用层协议，运行在 UDP 之上，适合数据采集等场景,广泛应用于对电量需求低、覆盖深度广、终端设备海量连接以及设备成本敏感的环境。典型应用场景如下:智能停车、智能抄表、智能井盖、智能路灯等。

LwM2M 协议是 OMA 组织制定的轻量化的 M2M 协议,主要面向基于蜂窝的窄带物联网场景下的应用,聚焦于低功耗、广覆盖物联网市场,是一种可在全球范围内广泛应用的新兴技术,具有连接多、速率低、成本低等特点。

2)规范 MQTT 协议

云平台支持标准 MQTT 3.1.1 版本。

(1)报文支持。云平台支持 connect、subscribe、publish、ping、unsubscribe、disconnect 等,不支持 pubrec、pubrel、pubcomp 报文。

(2)特性支持。云平台对协议特性支持如表 9-19 所示。

表 9-19　云平台对协议特性支持

特　　性	是否支持	说　　明
will	不支持	will、will retain 的 flag 必须为 0,will qos 必须为 0
session	不支持	clean session 标记必须为 1
retain	不支持	相关标记必须为 0
QoS0	支持	相关标记必须为 0
QoS1	支持	设备发布至云平台系统 topic 的消息均支持 QoS1
QoS2	不支持	目前不支持该选项

关于 OneNET 云平台支持的 CoAP 协议规范和 LwM2M 协议规范如图 9-35 所示。

5. 接入安全认证

本部分介绍接入安全认证的概述、Token 算法和 Token 计算工具。

1)概述

设备接入云平台之前,需通过身份认证,目前云平台提供 IMEI 和设备密钥两种鉴权方式,对于不同接入方式的设备,鉴权方式不同,如表 9-20 所示。

表 9-20　设备的接入方式及鉴权方式

接入方式	鉴权方式	说　　明
使用 LwM2M 协议接入设备	IMEI	用户在云平台注册设备时录入移动设备国际识别码 IMEI,在设备接入云平台时使用 IMEI 进行访问认证,请保持云平台录入 IMEI 和设备内置信息一致
使用其他协议接入设备	设备秘钥	用户需要先在云平台注册设备,获取产品 ID 和设备名称,在设备接入云平台时,使用产品 ID、设备名称及通过核心密钥计算的 token 进行访问认证

云平台主要通过如下方式保证访问安全。

(1)禁止在核心密钥网络中直接传输,从而避免核心密钥在传输中泄露。

(2)通过包含由非可逆算法生成签名的 token 进行身份认证,即使 token 被窃取,攻击者也无法通过 token 反向获得核心密钥。

(3)鉴权参数 token 具有用户自定义的过期时间属性,可从时间维度降低被攻击/仿冒的风险。

图 9-35　协议规范

安全鉴权方案如下。

（1）访问者固化访问密钥于软件中，在需要进行服务访问时，通过密钥计算临时 token，通过临时 token 进行服务访问认证。

（2）访问者首先通过访问管理者获取临时访问 token，然后根据需要自定义 token 的访问有效期（过期时间），访问者获取 token 后才能访问云平台。访问流程 1 如图 9-36 所示。

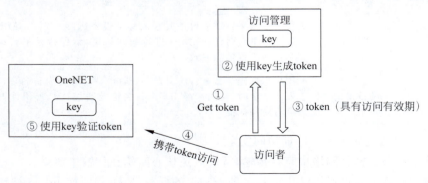

图 9-36　访问流程 1

（3）管理者直接将密钥授权给访问者（例如直接为设备烧写 key），访问者通过密钥生成 token 进行访问。访问流程 2 如图 9-37 所示。

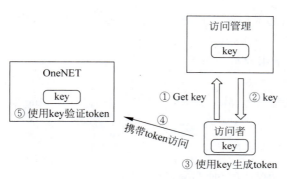

图 9-37 访问流程 2

2）Token 算法

设备密钥鉴权需包含产品 ID＋设备名称＋鉴权 Token，其中 Token 由多个参数构成，如表 9-21 所示。

表 9-21 Token 参数

名称	类型	是否必需	参数说明	参数示例
version	string	是	参数组版本号、日期，目前仅支持"2018-10-31"格式	2018-10-31
res	string	是	访问资源 resource 产品级格式为 products/{产品 ID} 设备级格式为 products/{产品 ID}/devices/{设备名字}	products/123123 products/123123/devices/78329710
et	int	是	访问过期时间和系统时间，当一次访问参数中的 et 时间小于当前时间时，云平台会认为访问参数过期从而拒绝该访问	1537255523 （代表北京时间：2018-09-18 15:25:23）
method	string	是	签名方法 signatureMethod 支持 md5、sha1、sha256	sha256（使用 hmacsha1 算法）
sign	string	是	签名结果字符串 signature	rBYeJXTp2q4V3C2aj4DBzjaydcw％3D

Token 参数使用场景如表 9-22 所示。

表 9-22 Token 参数使用场景

场景	res 参数格式	示例	说明
产品级鉴权 （一型一密）	products/{产品 ID}	products/123123	使用产品级密钥，同一产品下设备烧录相同产品证书
设备级别鉴权 （一机一密）	products/{产品 ID}/devices/{设备名称}	products/123123/devices/mydev	使用设备级密钥，每台设备烧录自己的设备证书

参数 sign 的生成算法如下：

sign = base64(hmac_ (method> (base64decode(key),utf－8(StringForSignature))))

（1）Key 为 OneNET 资源分配的访问密钥（产品级、设备级均可），其作为签名算法参数之一参与签名计算，为保证访问安全，请妥善保管。

（2）Key 参与计算前应先进行 base64decode 操作。

(3) 用于计算签名的字符串 StringForSignature 按照参数名称进行排序,以'\n'作为参数分隔,排序顺序如下：et→method→res→version。

StringForSignature 组成示例如下：

StringForsignature ＝ et ＋ '\n' ＋ method ＋ '\n' ＋ res＋ '\n' ＋ version

注：每个参数均为 key＝value 格式,但是只有参数中的 value 参与计算签名。

token 的参数如下：

```
    et = 1537255523
method = sha1
res = products/dafdfadfafdaf/devices/che1
    version = 2018 - 10 - 31
```

StringForSignature 组成示例如下：StringForsignature＝ "1537255523" ＋"\n "＋"sha1"＋ "\n"＋"products/123123"＋"\n"＋" 2018－10－31"

计算出 sign 后,将每个参数均采用 key＝value 的形式表示,并用'&'作为分隔符,参考示例如下：

Version = 2018 - 10 - 31&res = products/dafdfadfafdaf/devices/che1&et = 1537255523&method = sha1&sign = ZjA1NzZ1MmMxYz I0Tg3MjBzNjYTI2MjA4Yw =

token 中 key＝value 形式的 value 部分需要经过 URL 编码,参数编码如表 9-23 所示。

表 9-23　参数编码

序号	符号	编码	序号	符号	编码
1	＋	％2B	5	％	％25
2	空格	％20	6	＃	％23
3	/	％2F	7	＆	％26
4	?	％3F	8	＝	％3D

编码后,传输 token 如下：

Version = 2018 - 10 - 31&res = products％2F123123&et = 1537255523&method = sha1&sign = ZjA1NzZ1MmMxYz I0Tg3MjBzNjYTI2MjA4Yw％3D

3) Token 计算工具

为便于开发,OneNET 提供的 Token 计算工具如下。

(1) 打开 token 计算工具 token.exe,如图 9-38 所示。

(2) 填写对应参数,单击 Generate 按钮,参数填写方式如图 9-39 所示。

产品级鉴权时,res 字段为 products/{产品 ID},key 为产品级 key。设备级鉴权时,res 字段为 products/{产品 ID}/devices/{设备名},key 为设备级 key。token 工具填写参数如图 9-40 所示。

(3) 生成 token 如图 9-41 所示。

嵌入式协议接入如图 9-42 所示。

CoAP 协议接入如图 9-43 所示。

LwM2M 协议接入如图 9-44 所示。

HTTP 协议接入如图 9-45 所示。

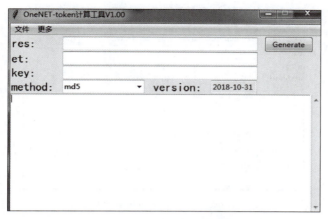

图 9-38　token 计算工具初始界面

图 9-39　参数填写方式

9.2.4　MQTT 协议接入

本节主要介绍设备连接、通信主题和使用限制。

1. 设备连接

设备接入支持标准为 MQTTV3.1.1 版本，支持 TLS 加密，接入服务地址如表 9-24 所示。

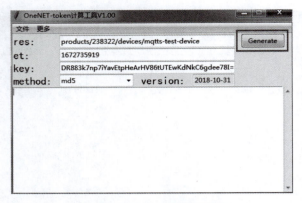

图 9-40 token 工具填写参数

图 9-41 生成 token

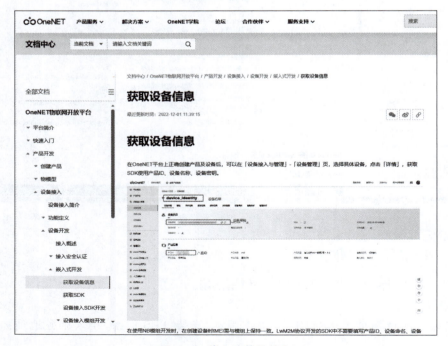

图 9-42 嵌入式协议接入

图 9-43　CoAP 协议接入

图 9-44　LwM2M 协议接入

图 9-45　HTTP 协议接入

表 9-24　接入服务地址

连 接 协 议	证　　书	地　　　址
MQTT	—	mqtts.heclouds.com:1883
MQTTS	证书下载	mqttstls.heclouds.com:8883

　　创建 MQTT 产品和设备。其中，产品名称在用户下具有唯一性，设备名称在产品内也具有唯一性，推荐采用设备 sn、mac 地址、IMEI 等信息命名设备。创建产品与设备如图 9-46 和图 9-47 所示。

　　在创建设备时，云平台为每类产品、每个设备均分配了唯一的 key，设备登录时需要使用通过 key 计算出的 token 进行设备安全认证，如图 9-48 所示。

　　设备可通过 MQTT connect 报文进行登录，connect 报文三要素填写方法如表 9-25 所示。

表 9-25　connect 报文三要素填写方法

参　　数	是 否 必 须	参 数 说 明
clientId	是	设备名称
username	是	平台分配的产品 ID
password	是	填写经过 key 计算的 token

第9章 OneNET云平台

图 9-46 创建产品

图 9-47 创建设备

图 9-48　设备安全认证

2. 通信主题

在云平台中，服务器端和设备端通过通信主题 topic 实现消息通信，设备可以通过发布消息到系统 topic 调用服务接口，也可以订阅系统 topic 用于接收服务消息通知。

云平台需要预定义物模型通信 topic，另外，为兼容旧设备可保留数据流、同步命令以及设备镜像相关的 topic。

topic 以正斜线（/）进行分层，区分每个类目。其中，{pid}表示产品的 ID，{device-name}表示设备名称，{identifier}表示服务标识符，{cmdId}为云平台生成命令 ID。

（1）直连/网关设备。物模型通信主题属性如表 9-26 所示；物模型通信主题事件如表 9-27 所示；物模型通信主题服务如表 9-28 所示；脚本透传模式如表 9-29 所示。

表 9-26　物模型通信主题属性

功　　能	主　　题	操作权限
设备属性上报请求	$sys/{pid}/{device-name}/thing/property/post	发布
设备属性上报响应	$sys/{pid}/{device-name}/thing/property/post/reply	订阅
设备属性设置请求	$sys/{pid}/{device-name}/thing/property/set	订阅
设备属性设置响应	$sys/{pid}/{device-name}/thing/property/set_reply	发布
设备获取属性期望值请求	$sys/{pid}/{device-name}/thing/property/desired/get	发布
设备获取属性期望值响应	$sys/{pid}/{device-name}/thing/property/desired/get/reply	订阅
设备清除属性期望值请求	$sys/{pid}/{device-name}/thing/property/desired/delete	发布
设备清除属性期望值响应	$sys/{pid}/{device-name}/thing/property/desired/delete/reply	订阅

续表

功　能	主　题	操作权限
设备属性获取请求	$sys/{pid}/{device-name}/thing/property/get	订阅
设备属性获取响应	$sys/{pid}/{device-name}/thing/property/get_reply	发布

表 9-27　物模型通信主题事件

功　能	主　题	权限
设备事件上报请求	$sys/{pid}/{device-name}/thing/event/post	发布
设备事件上报响应	$sys/{pid}/{device-name}/thing/event/post/reply	订阅

表 9-28　物模型通信主题服务

功　能	主　题	操作权限
设备服务调用请求	$sys/{pid}/{device-name}/thing/service/{identifier}/invoke	订阅
设备服务调用响应	$sys/{pid}/{device-name}/thing/service/{identifier}/invoke_reply	发布

表 9-29　脚本透传模式

功　能	主　题	操作权限
脚本解析数据上行请求	$sys/{pid}/{device-name}/custome/up	发布
脚本解析数据上行响应	$sys/{pid}/{device-name}/custome/up_reply	订阅
脚本解析数据下行请求	$sys/{pid}/{device-name}/custome/down/{id}	订阅
脚本解析数据下行响应	$sys/{pid}/{devicename}/custome/down_reply/{id}	发布

（2）网关与子设备通信主题的上下线如表 9-30 所示；属性和事件如表 9-31 所示；服务如表 9-32 所示；拓扑关系如表 9-33 所示。

表 9-30　上下线

功　能	主　题	操作权限
子设备上线请求	$sys/{pid}/{device-name}/thing/sub/login	发布
子设备上线响应	$sys/{pid}/{device-name}/thing/sub/login/reply	订阅
子设备下线请求	$sys/{pid}/{device-name}/thing/sub/logout	发布
子设备下线响应	$sys/{pid}/{device-name}/thing/sub/logout/reply	订阅

表 9-31　属性和事件

功　能	主　题	操作权限
批量上报属性和事件请求（网关上报或代理子设备上报）	$sys/{pid}/{device-name}/thing/pack/post	发布
批量上报属性和事件响应（网关上报或代理子设备上报）	$sys/{pid}/{device-name}/thing/pack/post/reply	订阅
子设备属性获取请求	$sys/{pid}/{device-name}/thing/sub/property/get	订阅
子设备属性获取响应	$sys/{pid}/{device-name}/thing/sub/property/get_reply	发布
子设备属性设置请求	$sys/{pid}/{device-name}/thing/sub/property/set	订阅
子设备属性设置响应	$sys/{pid}/{device-name}/thing/sub/property/set_reply	发布
历史属性和事件上报请求（网关上报或代理子设备上报）	$sys/{pid}/{device-name}/thing/history/post	发布

续表

功　能	主　题	操作权限
历史属性和事件上报响应（网关上报或代理子设备上报）	$sys/{pid}/{device-name}/thing/history/post/reply	订阅

表 9-32　服务

功　能	主　题	操作权限
子设备服务调用请求	$sys/{pid}/{device-name}/thing/sub/service/invoke	订阅
子设备服务调用响应	$sys/{pid}/{device-name}/thing/sub/service/invoke_reply	发布

表 9-33　拓扑关系

功　能	主　题	操作权限
添加子设备请求	$sys/{pid}/{device-name}/thing/sub/topo/add	发布
添加子设备响应	$sys/{pid}/{device-name}/thing/sub/topo/add/reply	订阅
删除子设备请求	$sys/{pid}/{device-name}/thing/sub/topo/delete	发布
删除子设备响应	$sys/{pid}/{device-name}/thing/sub/topo/delete/reply	订阅
获取拓扑关系请求	$sys/{pid}/{device-name}/thing/sub/topo/get	发布
获取拓扑关系响应	$sys/{pid}/{device-name}/thing/sub/topo/get/reply	订阅
网关同步结果响应	$sys/{pid}/{device-name}/thing/sub/topo/get/result	发布
通知网关拓扑关系变化请求	$sys/{pid}/{device-name}/thing/sub/topo/change	订阅
通知网关拓扑关系变化响应	$sys/{pid}/{device-name}/thing/sub/topo/change_reply	发布

（3）数据流、同步命令及设备镜像通信主题的设备数据上传如表 9-34 所示；设备命令下发如表 9-35 所示；设备镜像如表 9-36 所示。

表 9-34　设备数据上传

功　能	主　题	操作权限
设备上传数据点请求	$sys/{pid}/{device-name}/dp/post/json	发布
设备上传数据点成功响应	$sys/{pid}/{device-name}/dp/post/json/accepted	订阅
设备上传数据点失败响应	$sys/{pid}/{device-name}/dp/post/json/rejected	订阅

表 9-35　设备命令下发

功　能	主　题	操作权限
设备同步命令请求	$sys/{pid}/{device-name}/cmd/request/{cmdId}	订阅
设备同步命令响应	$sys/{pid}/{device-name}/cmd/response/{cmdId}	发布
设备同步命令响应成功	$sys/{pid}/{device-name}/cmd/response/{cmdId}/accepted	订阅
设备同步命令响应失败	$sys/{pid}/{device-name}/cmd/response/{cmdId}/rejected	订阅

表 9-36　设备镜像

功　能	主　题	操作权限
设备更新镜像请求	$sys/{pid}/{device-name}/image/update	发布
设备更新镜像成功响应	$sys/{pid}/{device-name}/image/update/accepted	订阅
设备更新镜像失败响应	$sys/{pid}/{device-name}/image/update/rejected	订阅
设备获取镜像请求	$sys/{pid}/{device-name}/image/get	订阅

续表

功　　能	主　　题	操作权限
设备获取镜像成功响应	$sys/{pid}/{device-name}/image/get/accepted	订阅
设备获取镜像失败响应	$sys/{pid}/{device-name}/image/get/rejected	订阅
设备镜像 delta 推送请求	$sys/{pid}/{device-name}/image/update/delta	订阅

3. 使用限制

MQTT 相关限制如表 9-37 所示。

表 9-37　MQTT 相关限制

特　　性	是否支持	说　　明
设备登录	3 次/5s	单设备 5s 登录不能超过 3 次
设备上行	1/s	上行不能超过每秒 1 次,超限后延迟到下一秒处理
单设备订阅 topic 数量	10	单设备在 session 周期内订阅的 topic 数量不能超过 10 个,超限后订阅失败
订阅频率	10/s	订阅的 topic 数量每秒不能超过 10 个,超限后订阅失败,连接上的所有报文延迟到下一秒处理
取消订阅频率	10/s	取消订阅的 topic 数量每秒不能超过 10 个,超限后连接上的所有报文延迟到下一秒处理
ping 报文	1/s	ping 报文频率每秒不能超过 1 个,超限后连接上的所有报文延迟到下一秒处理
payload	256K	上行 publish 报文最大为 256K,超限后断开连接
带宽	512K/s	单设备上连接,上行报文总流量不超过 512K/s,超过后连接上所有报文延迟到下一秒处理
设置属性	1/s	设置属性下发每秒不能超过 1 次,超限后下发设置属性失败(设备收不到超限后的设置命令)

MQTT 协议接入如图 9-49 所示。

9.2.5　数据解析

本节主要介绍数据解析的概念、使用流程及如何进行 MQTT 设备开发。

1. 数据解析概述

云平台与设备通过 OneJSON 数据协议进行通信,OneJSON 是一套基于 JSON 的用户层协议,具有可读性高的特点,能够直观展示数据交互细节。但在物联网场景中,存在低配置且资源受限的设备,往往不适合直接使用 JSON 数据格式,而是采用二进制数据格式与云平台进行通信。针对该应用场景,云平台提供数据解析功能,支持通过编写数据解析脚本实现自定义数据格式(二进制)与标准物模型数据格式之间的转换。数据解析整体流程如图 9-50 所示。

数据解析脚本定义设备与云平台间数据处理规则如下:设备上报数据时,云平台接收数据后运行解析脚本,将自定义数据转换成标准物模型数据,再进行后续业务处理;云平台下发命令给设备时,也会先通过数据解析脚本将物模型数据转换为设备侧自定义数据,再下发给设备。

2. 使用流程

数据解析功能包括创建产品、定义物模型功能、数据脚本开发及设备逻辑开发四个步骤。

图 9-49　MQTT 协议接入

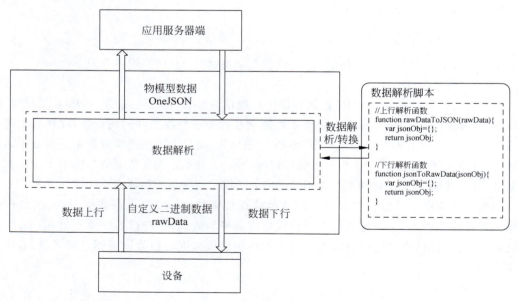

图 9-50　数据解析整体流程

(1) 创建产品。数据解析功能只支持产品节点类型为直连设备,且接入协议为 MQTT 或 LwM2M。创建产品时,需要选择数据协议为透传/自定义,如图 9-51 所示。

图 9-51　创建产品

(2) 定义物模型功能。物模型是将设备侧功能按照属性、服务和事件三种类型功能点进行抽象及描述,如图 9-52 所示。

(3) 数据脚本开发。数据解析脚本定义了设备自定义二进制数据与云平台物模型 JSON 数据间解析、转换规则。按照云平台规范完成上下行解析函数编写、调试及发布后,云平台即可对设备数据进行处理,如图 9-53 所示。

(4) 设备逻辑开发。云平台定义了 MQTT 和 LwM2M 协议使用自定义数据通信的专属资源信息,用户按照规范完成设备业务逻辑开发,即可使用自定义数据格式与云平台进行上下行通信。

3. MQTT 设备开发

MQTT 设备使用自定义数据格式与云平台通信时,订阅和发布 Topic 如表 9-38 所示; 接入流程如图 9-54 所示。

表 9-38　订阅和发布 Topic

Topic 类型	主　　题	说　　明
数据上报	$sys/{pid}/{device-name}/custome/up	数据上报的格式
数据上报响应	$sys/{pid}/{device-name}/custome/up_reply	数据响应的格式

续表

Topic 类型	主题	说明
命令下发	$sys/{pid}/{device-name}/custome/down/{ID}	topic 中的消息{ID}需采用通配符＋号订阅
命令回复响应	$sys/{pid}/{devicename}/custome/down_reply/{ID}	topic 中的消息 ID,应与收到命令请求中的 ID 保持对应关系

图 9-52　物模型定义

说明：在数据上报流程中,有两处需要用到脚本解析。

(1) 在数据上报时,云平台按照上行解析函数定义将自定义数据转换成云平台规范的物模型数据,并发送到云服务处理。

(2) 在云平台响应时,按照下行解析函数定义将响应物模型数据转换成自定义数据格式下发给设备。如果未对云平台响应结果进行处理,则云平台不会下发响应给设备。

属性设置、属性获取等命令下发时会在 Topic 中携带消息 ID,设备收到命令执行后,回复响应数据,应在发送的 Topic 中携带命令请求的消息 ID。同步命令下发流程如图 9-55 所示；异步命令下发流程如图 9-56 所示。

说明：在命令下发流程中,有两处需要用到脚本解析。

(1) 在命令下发时,云平台按照下行解析函数定义将物模型数据转换成自定义数据格式,发送给设备。

(2) 在设备回复命令时,云平台按照上行解析函数定义将设备响应自定义数据解析成物模型数据。

第9章 OneNET云平台

图 9-53　脚本开发

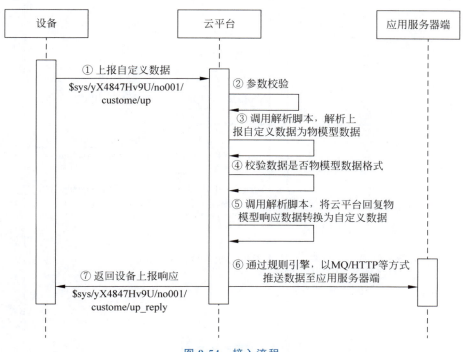

图 9-54　接入流程

智能产品设计

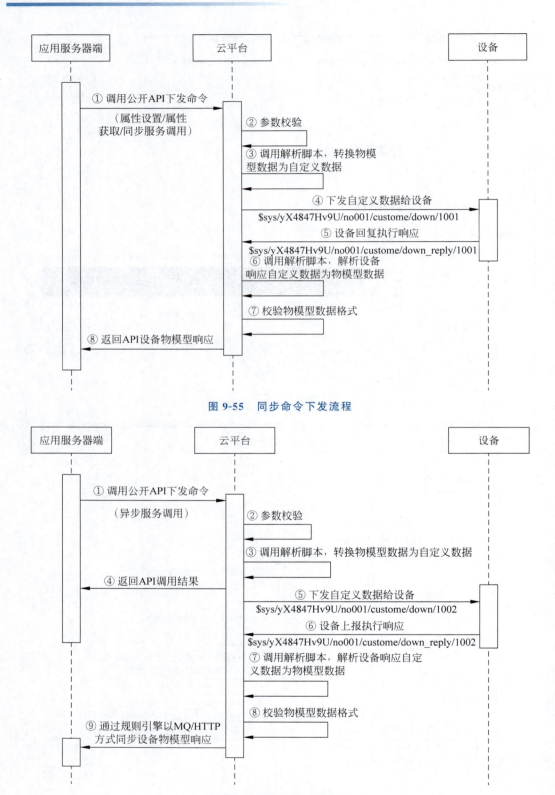

图 9-55　同步命令下发流程

图 9-56　异步命令下发流程

9.3 OneNET 云平台设备管理

本节介绍创建设备、设备管理、设备分组、设备转移、文件管理和 IMEI 申诉。

9.3.1 创建设备

物理设备要连接到云平台,需要先在云平台创建设备(支持单个或批量导入创建),并获取连接到云平台的鉴权信息。设备列表包含自主创建的设备和他人转移的设备,同时支持灵活的搜索和列表导出。

1. 单个添加设备

进入云平台后,展开菜单栏中的"设备接入与管理",单击"设备管理"→"添加设备"→"单个设备"(默认方式)→"具体产品"→"完善设备基础信息"→"确定"完成单个添加设备。设备管理界面如图 9-57 所示;添加设备界面如图 9-58 所示;添加单个设备界面如图 9-59 所示。

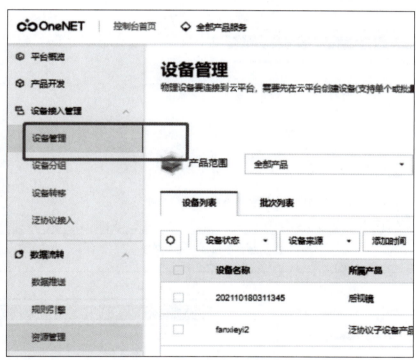

图 9-57　设备管理界面

不同类型的产品添加设备,对应维护的设备信息略有不同,请根据要求完善设备详情。

2. 批量添加设备

单击"添加设备"→"批量添加"→"下载模板文件"→"修改后上传文件"→"选择具体产品"→"确定"完成批量添加设备,如图 9-60 所示。

修改模板文件设备内容时,根据模板提示和产品类型完善相关字段即可,无须录入全部字段信息。

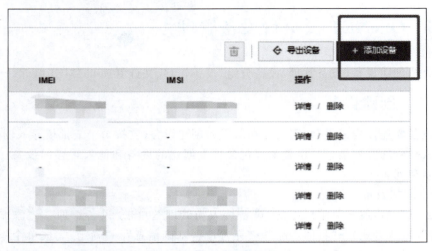

图 9-58　添加设备界面

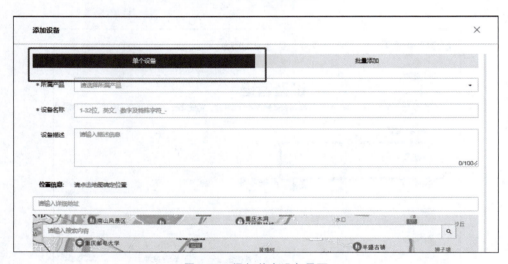

图 9-59　添加单个设备界面

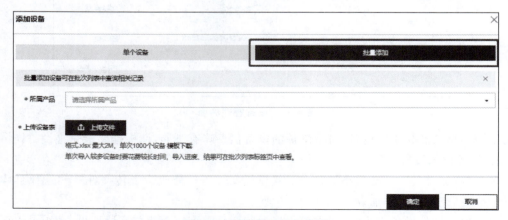

图 9-60　批量添加设备界面

9.3.2 设备管理

设备列表用于管理自主创建的设备和他人转移的设备。

在设备管理中选择某个设备,单击"设备详情"查看设备信息,如图 9-61 所示。

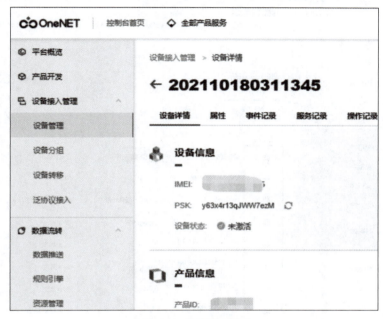

图 9-61 查看设备信息

在设备管理中,单击"批次列表"查看批量添加设备记录,如图 9-62 所示。

图 9-62 批量添加设备记录

在"设备管理"中选择"设备列表",可以批量选择设备进行删除或导出操作,批量选择设备如图 9-63 所示,批量导出设备如图 9-64 所示。

图 9-63　批量选择设备

图 9-64　批量导出设备

(1) 物模型设备基础信息。在"设备管理"中选某个设备,进入设备详情页查看信息,使用物模型进行功能定义的设备可查看设备属性、事件、服务记录等。基础信息如图 9-65 所示。

图 9-65　基础信息

（2）数据流设备详情。在"设备管理"中选择某个设备,进入设备详情页,如图 9-66 所示,使用数据流查看设备信息,如图 9-67 所示。

图 9-66　设备详情

9.3.3　设备分组

云平台提供设备分组功能,用于在云平台实现自定义的设备资源组合及分组权限控制。例如,某个市级智慧项目包含 100 个工地,每个工地可作为一个分组,通过分组的资源管理及权限控制,满足该项目的不同业务权限管理及区域监管功能。

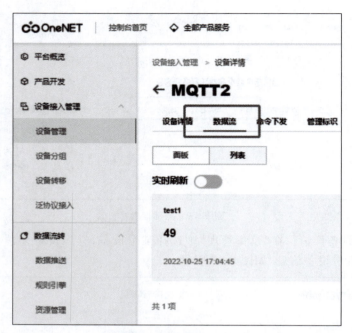

图 9-67　设备上报数据流信息

1. 创建分组

在"设备接入与管理"菜单栏中单击"设备分组",输入分组名称,如图 9-68 所示。

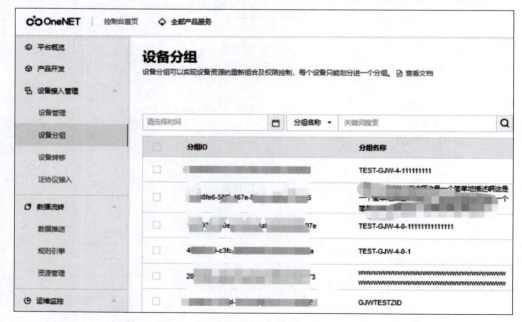

图 9-68　分组列表

2. 编辑分组

分组创建完成后,单击列表"详情",进入分组详情界面。分组详情界面提供基础信息、标签及设备的管理功能。

基础信息包括名称、ID、key等，其中分组简介支持编辑功能，其他字段不可编辑。

分组标签用于描述分组场景、地域等特有信息及分组设备的一些共有特性。单个分组最多可添加20组标签，每组标签包括key和value，key标签可看作名称或类别，value标签则表示其类别的具体值。

分组设备管理支持设备的动态添加和移除，如果需要在云平台重新划分设备资源，只需将设备添加进自定义分组即可。目前每个设备只能被添加到一个分组，当设备从分组移除后，可重新加入其他分组，具体操作步骤如下。

（1）单击"添加设备"，进行批量设备添加，如图9-69所示。

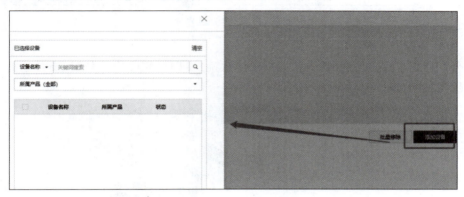

图 9-69　添加设备界面

（2）移除设备。单击"设备分组"→"移出分组"，可完成设备移除，还可以批量勾选需要移除的设备进行批量移除，如图9-70所示。

图 9-70　移除设备界面

3. 查询分组

在分组列表界面,输入分组名称、分组 ID、分组添加时间进行查询,如图 9-71 所示。

图 9-71　查询分组界面

4. 删除分组

在分组列表界面单击"删除分组",需要二次确认,即可删除当前分组,支持选择多个分组进行批量删除,如图 9-72 所示。

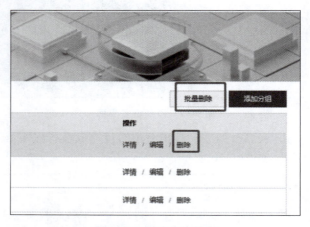

图 9-72　删除分组界面

5. 规则引擎使用分组

规则引擎可基于设备分组进行数据推送。配置推送规则时,筛选范围选择指定分组,从已创建的分组列表中选择需要推送的数据范围,完成规则配置后,服务器端即可获取所选分组下的应用及设备数据,如图 9-73 所示。

分组删除后,如果该分组被规则引擎所使用,则自动更新推送规则,移除该分组数据;如果被删除的这个分组是规则引擎里的唯一一个分组,则规则引擎自动禁用,同时在界面提示禁用原因。

9.3.4　设备转移

云平台支持跨用户的转移设备(转移双方需实名认证),包括指定设备和导入设备列表两种方式。在向他人转移设备时,需要正确获取目标用户在实名认证时输入的手机号(具体查看方式如下:云平台右上角头像→账号信息→用户手机)。

转移申请被目标用户接收后,将无法取消,在转移设备后,当前用户不再拥有对相关设备的管理和查看权限,只有目标用户可以操作,同一个设备可以被转移多次,如图 9-74 所示。

图 9-73　规则引擎使用分组界面

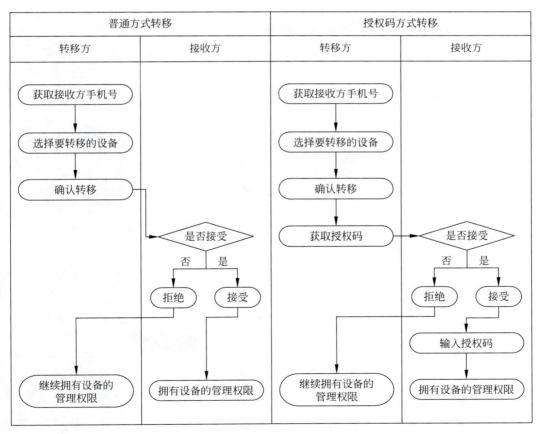

图 9-74　转移设备流程

1. 转移步骤

使用转移设备功能的前提条件是已完成实名认证,如果未进行实名认证,通过转移设备界面顶部提示"使用转移设备功能,请先完成实名认证"跳转链接后进行操作。已完成实名认证的用户单击"转移设备"按钮,输入目标用户手机号,云平台支持两种转移方式,如表 9-39 所示,转移设备界面如图 9-75 所示。

表 9-39 转移方式

普 通 转 移	通过授权码方式进行转移
用户提交转移申请后,设备接收方直接确认接收即可	使用该方式提交申请时,云平台会自动生成一条随机授权码,设备接收用户输入相匹配的授权码校验通过后,才能成功接收设备

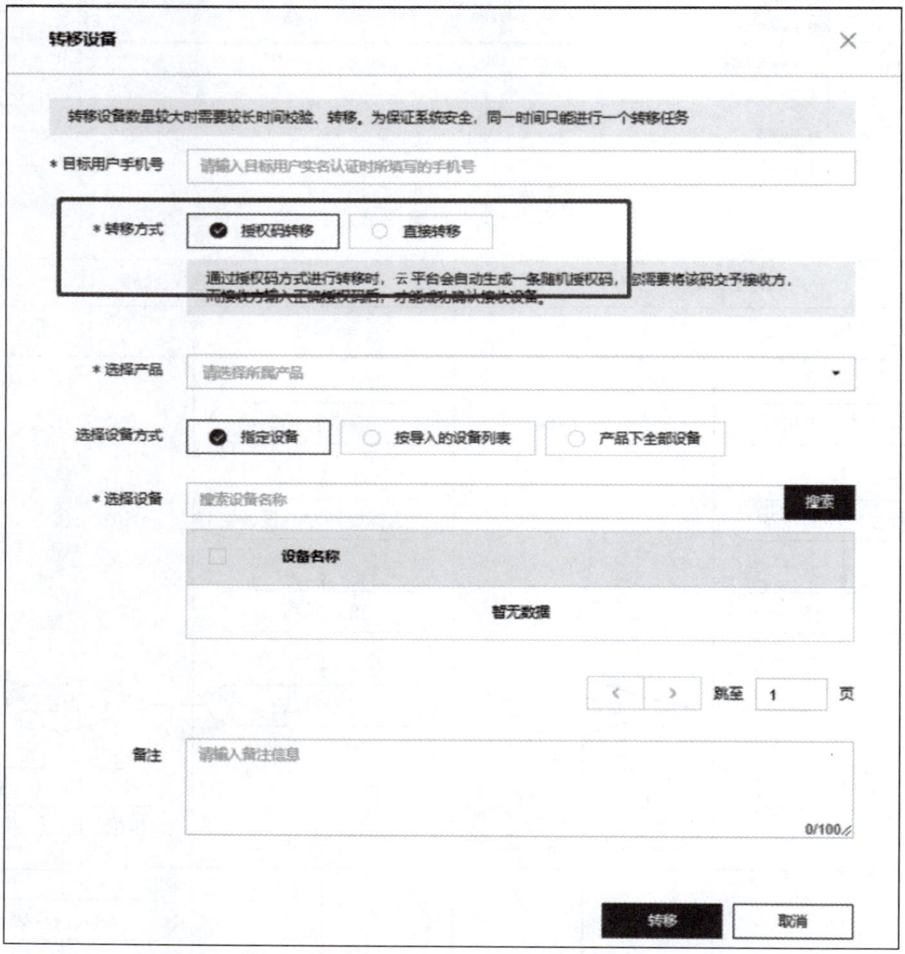

图 9-75 转移设备界面

2. 待确认的转移

当列表中有待确认的转移时,可以查看设备转移列表,选择接收或者拒绝。接收转移后,将拥有这些设备的管理和查看权限,同时还可以查看设备所属产品的基础档案、物模型等信息,确认转移后,原用户将不再拥有这些权限,如果设备再产生,相关费用将自行承担。拒绝转移后,原用户将继续拥有这些设备的管理和查看权限。待确认的转移如图 9-76 所示,确认设备转移的操作如图 9-77 所示。

图 9-76　待确认的转移

图 9-77　确认设备转移的操作

3. 设备转移

设备转移用于转移给他人的设备,以及每次转移的授权码(若有)。设备转移如图 9-78 所示。

图 9-78　设备转移

4. 设备转移状态

设备转移状态如表 9-40 所示。

表 9-40　设备转移状态

转移状态	说　　明
初始化	转移申请提交后,任务状态默认处于初始化中,此时云平台对添加设备信息进行校验,内容如下：①用户上传设备列表中存在名称不符、设备名称重复；②如果有设备校验未通过,需提供异常信息查看
失败	任务初始化后,没有验证通过的设备(转移设备数为0),此时任务状态为失败
等待确认	任务初始化后,云平台完成对设备的校验
已撤销	授权用户创建了设备转移任务,目标用户未接收或拒绝,授权用户进行撤销
已撤销	①设备转移任务失效时间为3天,若目标用户3天内未进行接收或拒绝,任务失效；②用户连续累计输入授权码错误5次
对方已拒绝	目标用户拒绝了设备转移任务
对方已接收	目标用户接收了设备转移任务

9.3.5　文件管理

云平台提供文件管理功能,支持设备或应用通过 HTTP 方式,将文件上传至云平台服务器端进行存储。用户可对上传文件进行查看、下载等管理操作,同时也可以对基于存储的图片、文档等信息进行业务开发。文件管理使用场景如下。

1. 本地文件存储

设备端通过 API 接口将本地文件上传至云平台,云平台进行存储。

2. 远程文件获取

(1) 第三方通过控制台界面或云平台 API 将文件上传至云平台。

(2) 第三方通过云平台 API 调用物模型服务[结合系统功能→文件管理类,可用同步或异步方式(大文件采用异步方式),文件下载结果可通过服务调用记录 API 查询执行情况],将文件基础信息下发给设备。

(3) 设备根据云平台下发数据,向云平台发起 HTTP 请求,然后下载文件。

(4) 文件下载完成后,向云平台回复第二步调用物模型服务的执行状况(命令响应)。

3. 文件限制

文件限制如表 9-41 所示。

表 9-41　文件限制

限　　制	描　　述
文件大小	单个文件不超过 20MB,一个账号用户文件不超过 1GB,滚动式覆盖
文件格式	目前仅支持图片和文本,格式：jpg、jpeg、png、bmp、gif、webp、tiff、txt
文件保存时间	单个文件保存最长时间为 3 个月
文件数量	单个设备最多保存 1000 个文件,滚动式覆盖

4. 控制台操作

进入云平台后,单击"设备管理"→"设备列表"→"详情"进入设备详情页,单击"文件管理",进入 Tab 页。设备管理如图 9-79 所示,设备列表详情如图 9-80 所示,设备详情文件管理如图 9-81 所示。

操作功能如表 9-42 所示。

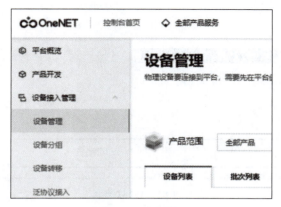

图 9-79　设备管理

图 9-80　设备列表详情

图 9-81　设备详情文件管理

表 9-42　操作功能

操　　作	描　　述	操　　作	描　　述
上传	上传文件到对应设备的文件管理	删除	删除该文件
下载	下载该文件到本地	查看	预览文件

9.3.6　IMEI 申诉

云平台提供 IMEI 申诉功能,若在使用云平台时,发现 IMEI 与其他用户有冲突,可进行 IMEI 申诉,申诉后云平台处理人员会评估双方用户的使用情况进行处理。

(1) 发起 IMEI 重复申诉。在设备管理列表页,单击"添加设备",当录入 IMEI 号时,系统会判断 IMEI 号是否重复,若重复,则出现 IMEI 申诉操作按钮,单击可进行 IMEI 申诉,IMEI 申诉如图 9-82 所示,IMEI 重复申诉如图 9-83 所示。

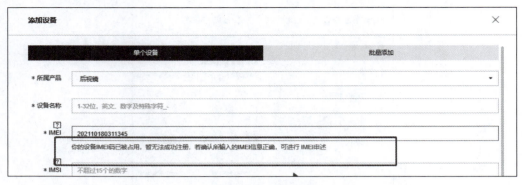

图 9-82　IMEI 申诉

图 9-83　IMEI 重复申诉

（2）申诉结果通知。提交申诉申请后，由云平台管理人员处理后，将通过站内短信形式通知申诉结果。

9.4　OneNET 云平台应用开发

本节介绍应用开发简介、安全鉴权、错误码和接口列表。

9.4.1　应用开发简介

OneNET API 提供产品、设备、服务等，帮助快速开发应用，满足场景业务需求。

1. 使用方式

使用标准 HTTP 方法实现 CURD 操作，其中 URL 的中文参数使用 UTF-8 编码。

2. 参数简介

采用 URL Query + JSON 作为 API 输入/输出，Query 主要用于 GET 参数，JSON 主要用于 POST 参数。

针对 URL 使用英文字母+短横线进行单词区分；参数使用小写英文字母+下画线进行单词区分，如"device_name"。

3. 请求结构

api domain：请求 API 域名地址。

namespace：放置在 URL 中第一段，用以区分 API 类别，如 namespace=device 代表设备管理大类。

url and parameters：由该项大类 API 自定义，包括后续 URL 以及 Query 参数。

输入示例如下：

http(s)://{api domain}/{namespace}/{url and parameters}

输出结构：以 JSON 输出 API 返回信息，存入 HTTP Response Body 中。返回值主要包含三个参数，如表 9-43 所示。

表 9-43 返回值参数

参　　数	说　　明
code	API 返回的数字值表示 API 调用的结果
msg	API 返回的文字信息值表示 API 调用的字符串信息
request_id	当前 API 的请求 ID
data	详细的返回内容

输出示例如下：

```
{
  "code": 0,
"msg": "succ",
"request_id": "a3cb3888978ffdeba1008673feaabe32",
  "data": {{json}}
}
```

9.4.2 安全鉴权

云平台提供开放的 API 接口，用户可以通过 HTTP/HTTPS 调用，进行设备管理、数据查询、设备命令交互等操作，在 API 的基础上，根据自己的个性化需求搭建上层应用。

为提高 API 访问安全性，OneNET API 的鉴权参数作为 header 的 authorization 参数存在。

1. 签名方法

(1) 将请求过期时间(et)、签名算法(method)、资源信息(res)和签名算法版本(version)按照字典排序，用换行符(\n)进行拼接，得到签名原始字符串。

```
StringForSignature = et + "\n" + method + "\n" + res + "\In" + version
1623982416
SHA256
userid/1
20220501
```

备注：目前支持用户维度的资源信息，资源信息格式如下：userid/{user_id}。

(2) 以资源对应的 accessKey(用户级 accessKey)进行 base64_decode 得到的字节码作

为 hmac 算法的 key 值,通过 method 方法,对 StringForSignature 进行 hmac 摘要运算,得到 base64 格式的签名。

sign = base64(hmac_<method>(base64decode(accessKey), utf-8(StringForsignature)))

用户级 accessKey 查询方法如图 9-84 所示。

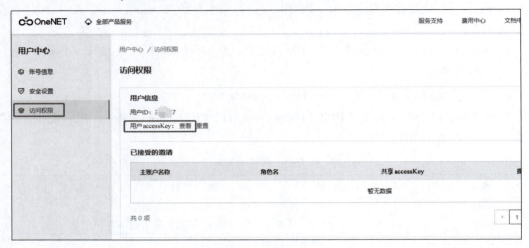

图 9-84 用户级 accessKey 查询方法

(3) 将第(2)步计算得到的签名,加上其他请求参数,通过 key=value 的方式,以"&"进行拼接(value 部分需要经过 url_encode 处理),得到最终的安全鉴权字符串,以"version=2022-05-01&r"开头。安全鉴权字符串对 key 和 value 的顺序无硬性要求。特殊符号编码如表 9-44 所示。

表 9-44 特殊符号编码

序号	符号	编码	序号	符号	编码
1	+	%2B	5	%	%25
2	空格	%20	6	#	%23
3	/	%2F	7	&	%26
4	?	%3F	8	=	%3D

(4) 将第(3)步获得的安全鉴权字符串,设置到接口请求 header 的 authorization 参数中,用于接口请求鉴权。

2. Python 代码

```python
import base64
import hmac
import time
from urllib.parse import quote
def token(user_id, access_key):
    version = '2022-05-01'
    res = 'userid/%s' % user_id
    # 用户自定义 token 过期时间
    et = '替换为实际的过期时间,int(time.time())为当前时间'
    # 签名方法,支持 md5、sha1、sha256
    method = 'sha1'
```

```python
    # 对 access_key 进行 decode
    key = base64.b64decode(access_key)
    # 计算 sign
    org = et + '\n' + method + '\n' + res + '\n' + version
    sign_b = hmac.new(key=key, msg=org.encode(), digestmod=method)
    sign = base64.b64encode(sign_b.digest()).decode()
    # value 部分进行 URL 编码,method/res/version 值较为简单无须编码
    sign = quote(sign, safe='')
    res = quote(res, safe='')
    # token 参数拼接
    token = 'version=%s&res=%s&et=%s&method=%s&sign=%s' % (version, res, et, method, sign)
    return token
if __name__ == '__main__':
    user_id = '替换为实际的用户id'
    access_key = '替换为实际的用户级accessKey'
    print(token(user_id, access_key))
```

9.4.3 错误码

错误码位于返回值的 code 中,成功、失败指示主要以 code 是否为零来判断。

综合错误码如表 9-45 所示;产品相关错误码如表 9-46 所示;设备相关错误码如表 9-47 所示;文件相关错误码如表 9-48 所示;LBS 位置相关错误码如表 9-49 所示;OTA 相关错误码如表 9-50 所示;语音通话相关错误码如表 9-51 所示。

表 9-45 综合错误码

错 误 码	描 述
0	调用成功
500	其他原因调用失败(需再结合 msg 参数辅助判断)
10001	参数错误
10403	鉴权错误
10407	用户业务操作错误
10500	内部服务错误

表 9-46 产品相关错误码

错 误 码	描 述
10408	产品不存在
10409	产品未创建设备

表 9-47 设备相关错误码

错 误 码	描 述	错 误 码	描 述
0410	设备不存在	10416	设备属性期望删除失败
10411	设备属性设置失败	10417	设备最新数据查询失败
10412	设备属性期望设置失败	10418	设备属性历史数据查询失败
10413	设备属性期望查询失败	10419	设备事件历史数据查询失败
10414	设备属性获取失败	10420	设备操作记录查询失败
10415	设备服务调用失败	10421	设备不在线

表 9-48 文件相关错误码

错误码	描述	错误码	描述
10422	文件已存在	10425	文件大小不一致
10423	文件不存在	10426	文件 MD5 不一致
10424	文件限制		

表 9-49 LBS 位置相关错误码

错误码	描述	错误码	描述
13027	invalid request 非法请求	13030	service internal error 服务内部错误
13028	not found 未找到对应信息	13031	invalid JSON 转换 JSON 格式数据异常
13029	format error 转换异常	13032	invalid parameter 非法参数

表 9-50 OTA 相关错误码

错误码	描述	错误码	描述
12001	parameter required 必填参数未填	12012	not exist 任务不存在
12002	not found 对象未找到	12013	task success 任务成功
12003	object already exists 对象已存在	12014	task expire 任务已过期
12004	format error 格式错误	12015	invalid parameter 非法参数
12010	task type error 任务类型错误	12016	invalid step 上报步骤非法
12011	start version error 任务起始版本错误	12020	file is too large 文件过大

表 9-51 语音通话相关错误码

错误码	描述	错误码	描述
17000	参数为空	17010	用户已存在
17001	不合法的分页参数	17011	体验次数超过限制
17002	记录已存在	17012	业务号码不匹配
17003	记录不存在	17013	服务未开通
17004	文件不存在	17014	服务已暂停
17005	不合法的 JSON 参数	17015	IP 白名单不匹配
17006	类型转换错误	17016	通话时长受限
17007	呼叫标识为空	17017	订阅服务失败
17008	用户 ID 不存在	17018	未申请测试账户
17009	数字转换错误	17019	测试账户非法

9.4.4 接口列表

接口分类、地址及名称如表 9-52 所示。

表 9-52 接口分类、地址及名称

分类	URL	名称
设备管理	/device/create	创建设备
	/device/detail	设备详情
	/device/update	更新设备

续表

分 类	URL	名 称
设备管理	/device/delete	删除设备
	/device/reset-seckey	重置设备接入鉴权 key
	/device/status-history	设备状态历史变更记录
	/device/operation-log	设备操作记录查询
	/device/service-log	设备服务记录查询
	/device/event-log	设备事件记录查询
	/device/movedevice	设备转移
设备文件管理	/device/file-list	账户文件列表查询
	/device/file-upload	设备文件上传
	/device/file-delete	设备文件删除
	/device/file-download	设备文件下载
	/device/file-space	账户文件存储空间查询
	/device/file-device-count	设备文件数量查询
物模型管理	/thingmodel/query-system-thing-model	物模型系统功能点列表
	/thingmodel/query-thing-model	物模型查询
物模型使用	/thingmodel/set-device-property	设置设备属性
	/thingmodel/query-device-property-detail	获取设备属性详情
	/thingmodel/query-device-property	设备属性最新数据查询
	/thingmodel/query-device-property-history	设备属性记录查询
	/thingmodel/call-service	设备服务调用
	/thingmodel/set-device-desired-property	设备属性期望设置
	/thingmodel/query-device-desired-property	设备属性期望查询
	/thingmodel/delete-device-desired-property	设备属性期望删除
数据流使用	/datapoint/history-datapoints	查询设备数据点
	/datapoint/current-datapoints	批量查询产品下设备最新数据点
命令下发	/datapoint/synccmds	设备下发命令
LwM2M-即时命令	/nb-iot/discover	即时命令-资源发现
	/nb-iot/observe	即时命令-资源订阅
	/nb-iot	即时命令-读取设备资源
	/nb-iot	即时命令-写入设备资源
	/nb-iot/execute	即时命令-设备命令下发
LwM2M-缓存命令	/nb-iot/offline	缓存命令-读取设备资源
	/nb-iot/offline	缓存命令-写入设备资源
	/nb-iot/execute/offline	缓存命令-设备命令下发
	/nb-iot/offline/history	缓存命令-查询指定设备缓存命令列表
	/nb-iot/offline/history/:uuid	缓存命令-查询指定缓存命令详情
	/nb-iot/offline/cancel/:uuid	缓存命令-取消指定的缓存命令
	/nb-iot/offline/cancel/all	缓存命令-取消设备所有未下发的缓存命令
	/nb-iot/offline/history/:uuid/piecewise	缓存命令-全链路日志查询

续表

分　类	URL	名　称
LwM2M-DTLS	/nb-iot/device/psk	查看指定设备 bs_psk 信息
	/nb-iot/device/psk	更新指定设备 bs_psk 信息
	/nb-iot/device/accpsk	查看指定设备 acc_psk 信息
	/nb-iot/device/accpsk	新增指定设备 acc_psk 信息
	/nb-iot/device/accpsk	编辑指定设备 acc_psk 信息
工业标识管理	/fuse-identity-device/batch-auto-regist-device-identity	设备批量自动注册标识接口
LBS 位置能力	/fuse-lbs/latest-location	基站定位获取最新位置接口
	/fuse-lbs/get-trail	基站定位历史轨迹查询接口
	/fuse-lbs/latest-wifi-location	WiFi 定位获取最新位置接口
	/fuse-lbs/get-wifi-trail	WiFi 定位历史轨迹查询接口
OTA 南向	/fuse-ota/{pro_id}/{dev_name}/check	检测升级任务
	/fuse-ota/{pro_id}/{dev_name}/{tid}/download	下载升级包
	/fuse-ota/{pro_id}/{dev_name}/{tid}/status	上报升级状态
	/fuse-ota/{pro_id}/{dev_name}/{tid}/check	检测任务状态
	/fuse-ota/{pro_id}/{dev_name}/version	查看设备版本号
	/fuse-ota/{pro_id}/{dev_name}/version	上报版本号
语音能力	/fuse-voice/voiceNotify	语音通知接口

接口内容如图 9-85 所示。

图 9-85　接口内容

第 10 章 微信小程序开发

CHAPTER 10

小程序是一种全新的连接用户与服务的方式,它可以在微信内被便捷地获取和传播,同时具有出色的使用体验。小程序提供了简单、高效的应用开发框架,以及丰富的组件和API,帮助开发者在微信中开发具有原生 App 体验的服务。

小程序的主要开发语言是 JavaScript,对于前端开发者而言,从网页开发迁移到小程序开发的成本并不高,但是二者还是有区别的。

网页开发渲染线程和脚本线程是互斥的,这也是为什么长时间的脚本运行可能会导致界面失去响应,而在小程序中,二者是分开的,分别运行在不同的线程中。网页开发者可以使用到各种浏览器暴露出来的 DOM API 进行 DOM 选中和操作。小程序的逻辑层和渲染层是分开的,逻辑层运行在 JSCore 中,并没有一个完整浏览器对象,因而缺少相关的 DOM API 和 BOM API。这一区别导致了前端开发非常熟悉的一些库(例如 jQuery、Zepto 等)在小程序中是无法运行的。同时 JSCore 的环境和 NodeJS 环境也不尽相同,所以一些 NPM 的包在小程序中无法运行。网页开发者在开发网页时,只需要使用到浏览器,并且搭配上一些辅助工具或者编辑器即可。小程序的开发则有所不同,需要经过申请小程序账号、安装小程序开发者工具、配置项目等过程方可完成。

开发者可使用微信客户端 6.7.2 及以上版本。

10.1 小程序注册

打开微信小程序,如图 10-1 所示。

单击"前往注册"按钮,填入邮箱并且创建密码,如图 10-2 所示。

前往填写的邮箱获取确认邮件以激活小程序账号。注意:当使用 outlook 邮箱时,可能收不到激活邮件,因此推荐使用 QQ 邮箱注册,如图 10-3 所示。

单击邮件的激活链接后,进入信息登记界面,主题类型选择个人,并按照要求填写身份证、姓名等信息。在最下方使用管理员本人微信扫码并将小程序与微信账号绑定,通过微信扫码登录开发者工具及小程序后台网站,如图 10-4 所示。

完成信息登记后,跳转至小程序发布流程界面,如图 10-5 所示;填写小程序信息如图 10-6 所示;用管理员账号扫码登录后添加服务类目如图 10-7 所示。

图 10-1　微信小程序界面

图 10-2　注册账号

图 10-3　邮箱激活

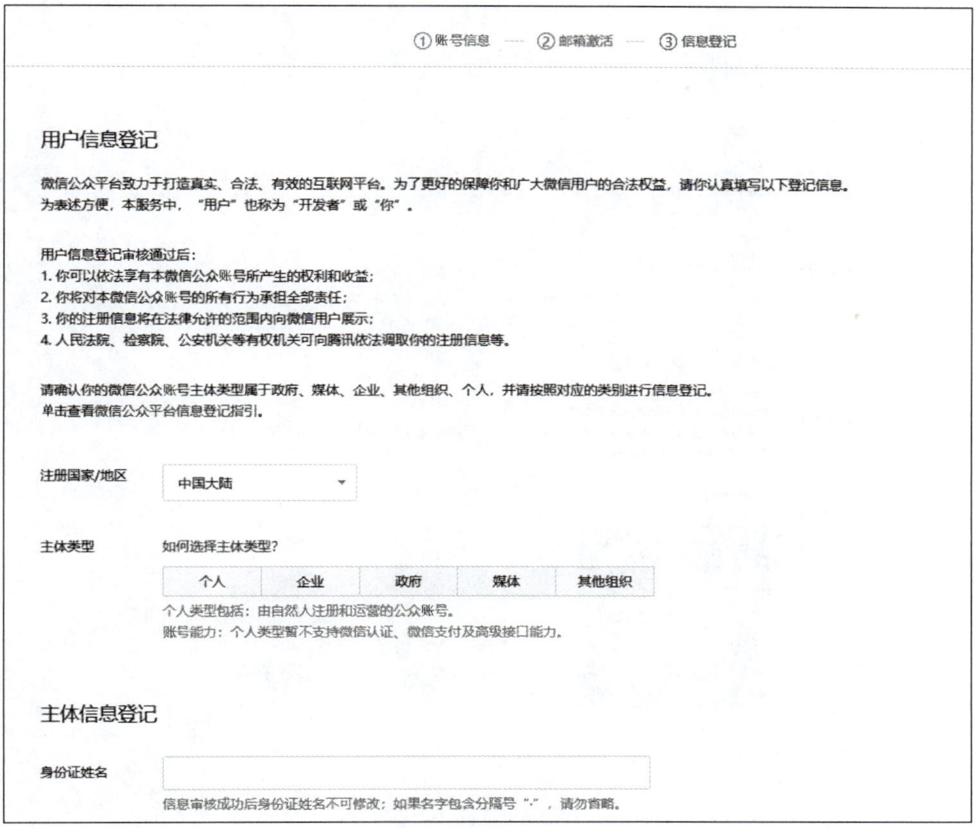

图 10-4 信息登记

图 10-5 小程序发布流程界面

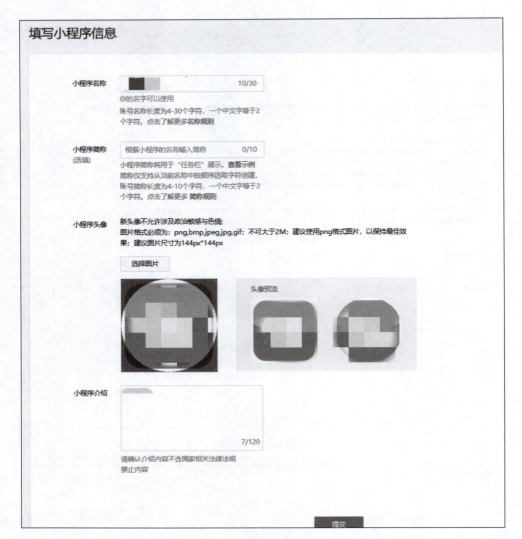

图 10-6　填写小程序信息

图 10-7　添加服务类目

完成注册后，可以单击左侧列表最下方的设置，了解注册后小程序的基本信息。其中，最重要的是小程序的账号信息包含 App ID，相当于小程序的身份证。在开发小程序前，必须先填写 App ID，账号信息如图 10-8 所示。

检测是否注册成功，如图 10-9 所示，扫描网页上方的二维码进行登录，若管理员能在微信账号扫码登录进入小程序的后台网站，则注册成功。

图 10-8　账号信息

图 10-9　登录界面

10.2　开发工具安装及使用

开发工具安装如图 10-10 所示。
（1）在界面中找到符合操作系统的安装包，推荐使用稳定版。
（2）安装完成后，打开微信开发者工具，使用管理员本人账号扫码登录。
（3）单击界面中的"＋"号，进入小程序创建界面。
确定小程序名称和存储目录后，填入注册后获得的 App ID，由于后续将使用

图 10-10　开发工具

JavaScript 语言进行本地开发，所以选择使用 JavaScript 基础模板，完成后单击创建，如图 10-11 所示。

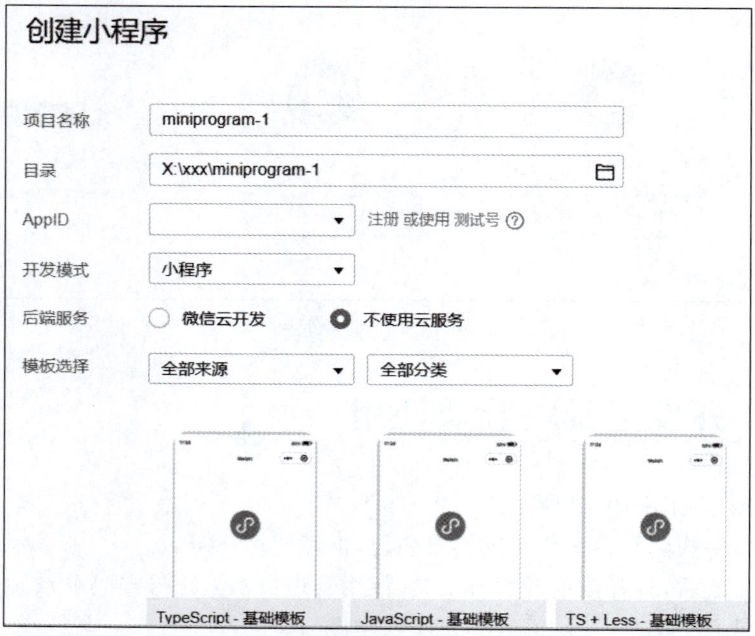

图 10-11　创建小程序

10.3 小程序基本结构

创建完成后进入小程序开发主界面。左侧是小程序预览图,中间是资源管理器,显示了小程序的资源目录,右侧是代码编写界面。在完成代码编写后,单击编译即可在左侧预览效果,如果出现错误,可以根据下方调试台的信息进行修正。

在中间的资源管理器中,可以看出小程序主体必须放置在项目的根目录中,由以下三部分组成:app.js 负责小程序的逻辑功能;app.json 负责小程序的公共配置;app.wxss 负责小程序的公共样式,如表 10-1 所示。

表 10-1 公共样式

文件	需求	作用	文件	需求	作用
app.js	是	小程序逻辑	app.wxss	否	小程序公共样式表
app.json	是	小程序公共配置			

在 Pages 文件夹下,包含了小程序的不同界面,每个界面由四个文件组成。js 文件负责界面的逻辑功能;wxml 文件负责界面的显示结构;json 文件负责界面配置;wxss 文件负责样式构成,如表 10-2 所示。

表 10-2 样式构成

文件	需求	作用	文件	需求	作用
js	是	界面逻辑	json	否	界面配置
wxml	是	界面结构	wxss	否	界面样式

小程序实现的功能大部分依托于界面,因此逻辑及样式实现需要在 pages 文件夹下的 js 和 wxml 中实现。

10.4 事件绑定

本节主要介绍事件的含义、事件中的组件、按钮组件、事件中的使用方式及相关示例。

10.4.1 事件的含义

事件在微信小程序中的含义是指视图层到逻辑层的通信方式。事件可以将用户的行为反馈到逻辑层进行处理。可以绑定在组件上,当达到触发事件,就会执行逻辑层中对应的事件处理函数。事件对象可以携带额外信息,如 ID、dataset、touches 等。

具体来说,在小程序的视图层(WXML 文件)定义用户行为所需要的组件,通过事件返回到逻辑层(js 文件)中,实现小程序动作的触发。

10.4.2 事件中的组件

在实现事件时,需要以组件作为载体。组件是视图层的基本组成单元,自带一些功能且具有一定的微信风格样式。一个组件通常包括开始标签和结束标签,开始标签后具有一些跟随的属性,用来修饰这个组件,组件的视图显示在两个标签之内。

```
< tagname property = "value">
   Content goes here ...
</tagname >
```

视图容器组件如表 10-3 所示所示,表单组件如表 10-4 所示。

表 10-3　视图容器组件

组 件 名	说　　明
view	视图容器
scroll-view	可滚动视图容器
swiper	可滑动视图容器

表 10-4　表单组件

组 件 名	说　　明
button	视图容器
form	表单
Input	输入框

10.4.3　按钮组件

按钮组件是一种常用的表单组件,实现后可以在小程序中创造出一个可以有单击效果的按钮模块,配合事件绑定以实现功能。

组件可以在开始标签后定义若干属性,能够实现组件的更多功能,如表 10-5 所示。

表 10-5　按钮组件常用属性

属　　性	类　　型	默　认　值	必　　填	说　　明
size	string	default	否	按钮大小
type	string	default	否	按钮样式
plain	boolean	false	否	按钮背景
disabled	boolean	false	否	是否禁用
loading	boolean	false	否	是否带 loading 字

按钮属性的设置可以参照如下示例,通过设置按钮组件的属性来定义按钮的样式、文本内容、触发事件等。

```
< button type = "default" size = "{{defaultSize}}" loading = "{{loading}}" plain = "{{plain}}"
        disabled = "{{disabled}}" bindtap = "default" hover – class = "other – button – hover">
default
</button >
< button type = "primary" size = "{{primarySize}}" loading = "{{loading}}" plain = "{{plain}}"
        disabled = "{{disabled}}" bindtap = "primary">
    primary
</button >
< button type = "warn" size = "{{warnSize}}" loading = "{{loading}}" plain = "{{plain}}"
        disabled = "{{disabled}}" bindtap = "warn">
    warn
</button >
< button bindtap = "setDisabled">单击设置以上按钮 disabled 属性</button >
< button bindtap = "setPlain">单击设置以上按钮 plain 属性</button >
< button bindtap = "setLoading">单击设置以上按钮 loading 属性</button >
< button open – type = "contact">进入客服会话</button >
```

10.4.4 事件中的使用方式

首先,需要在 WXML 文件的组件中绑定一个事件处理函数。

```
<view id="tapTest" data-hi="Weixin" bindtap="tapName">Click me!</view>
```

然后,在 JS 文件中进行引用,定义触发后的动作,由调试台中输出调试信息。

```
Page({
    tapName: function(event) {
        console.log(event)
    }
})
```

最后,调试出的信息如下:

```
"type":"tap",
"timeStamp":895,
"target":{
    "id":"tapTest",
    "dataset":{
        "hi":"Weinxin"
    }
}
```

如果需要使小程序触发其他动作,修改 function 函数中的内容即可。

10.4.5 相关示例

在下面示例中,通过单击两个按钮组件控制界面上字段的消失和出现,同时运用到按钮组件、text 组件和 JavaScript 语法。

在 WXML 示例中,基于 WSML 实现组件的定义,相关代码如下:

```
<view class="container">
  <view class="page-body">
    <view class="page-section page-section-spacing">
      <view class="text-box" scroll-y="true" scroll-top="{{scrollTop}}">
        <text>{{text}}</text>
      </view>
      <button disabled="{{!canAdd}}" bindtap="add">add line</button>
      <button disabled="{{!canRemove}}" bindtap="remove">remove line</button>
    </view>
  </view>
</view>
```

整体界面结构包含三个层级的视图组件,用于构建界面布局。class="container" 的视图组件表示界面的整体容器,可以通过设置其样式类名来自定义整体样式。class="page-body" 的视图组件表示界面的主体部分,用于放置界面的内容。class="page-section page-section-spacing" 的视图组件表示界面的区块,可用于划分不同的界面区域,并添加一些间距。

在界面的区块中,有一个名为 text-box 的视图组件,用于显示文本内容,并支持垂直滚动。scroll-y="true" 属性启用了垂直滚动,使得文本内容超过文本框高度时,用户可以通过滚动来查看全部内容。scroll-top="{{scrollTop}}"属性通过 scrollTop 变量来控制文本框的滚动位置，也可以通过修改 scrollTop 的值改变文本框的滚动位置。

文本框内使用< text >组件来显示文本内容，其中文本内容使用{{text}}变量进行动态绑定，即根据 text 变量的值显示文本内容。

在界面区块中，有两个按钮组件。第一个按钮通过 disabled="{{!canAdd}}"属性设置禁用状态，当 canAdd 变量的值为 false 时，按钮将被禁用。该按钮通过 bindtap="add"属性绑定 Add，即当用户单击按钮时，会触发 Add 方法。第二个按钮与第一个按钮类似，通过 disabled="{{!canRemove}}"属性设置禁用状态。当 canRemove 变量的值为 false 时，按钮将被禁用，该按钮通过 bindtap="remove"属性绑定了 remove 方法；当用户单击按钮时，会触发 remove 方法。

通过以上代码，可以构建一个包含文本框和按钮的小程序界面，并通过变量和事件处理函数实现动态的文本显示及按钮操作。也可以根据实际需求，自定义样式和功能，使界面达到理想的效果。

基于 JavaScript 语言实现事件的具体功能，相关代码如下：

```
const texts = [
  'Hello World',
  '这是我做的第一个组件示例',
]
Page({
  onShareAppMessage() {
    return {
      title: 'text',
      path: 'page/component/pages/text/text'
    }
  },
  data: {
    text: '',
    canAdd: true,
    canRemove: false
  },
  extraLine: [],
  add() {
    this.extraLine.push(texts[this.extraLine.length % 12])
    this.setData({
      text: this.extraLine.join('\n'),
      canAdd: this.extraLine.length < 12,
      canRemove: this.extraLine.length > 0
    })
    setTimeout(() => {
      this.setData({
        scrollTop: 99999
      })
    }, 0)
  },
  remove() {
    if (this.extraLine.length > 0) {
```

```
      this.extraLine.pop()
      this.setData({
        text: this.extraLine.join('\n'),
        canAdd: this.extraLine.length < 12,
        canRemove: this.extraLine.length > 0,
      })
    }
    setTimeout(() => {
      this.setData({
        scrollTop: 99999
      })
    }, 0)
  }
})
```

实现一个简单的小程序界面，包含一个文本框和两个按钮，用于添加和删除文本行。在界面加载时，初始化一些数据和方法。

(1) 定义一个常量数组 texts，其中包含两个文本行的内容。

(2) 通过 Page({ ... }) 创建一个小程序界面对象。在界面对象中，定义 data 属性，用于存储数据。其中，text 字段用于显示文本内容，can Add 字段表示是否可以添加文本行的按钮状态，canRemove 字段表示是否可以删除文本行的按钮状态。初始时，text 为空，can Add 为 true，canRemove 为 false。

(3) 为了实现初始化，定义名为 extraLine 的空数组，用于存储添加的文本行。

(4) 定义名为 add() 函数，用于处理添加文本行的操作。在该函数中，将 texts 数组中的元素按索引顺序添加到 extraLine 数组中，然后使用 setData() 函数更新 text 的值为 extraLine 数组中的元素，并使用换行符连接。同时，根据 extraLine 数组的长度更新 can Add 和 canRemove 的值，以控制添加和删除按钮的可用状态。最后，使用 setTimeout() 函数将滚动位置 scrollTop 设置为 99999，实现文本框自动滚动到底部。

(5) 定义 remove() 函数，用于处理删除文本行的操作。在该函数中，首先，检查 extraLine 数组的长度是否大于 0，如果是，则使用 pop() 函数从 extraLine 数组中移除最后一个元素。然后，通过 setData() 函数更新 text 的值为 extraLine 数组中的元素，并使用换行符连接。根据 extraLine 数组的长度更新 can Add 和 canRemove 的值，以控制添加和删除按钮的可用状态。最后，使用 setTimeout() 函数将滚动位置 scrollTop 设置为 99999，实现文本框自动滚动到底部。

通过以上代码，界面初始化时会显示一个空的文本框和一个禁用状态的添加按钮。单击添加按钮会将 texts 数组中的文本行逐个添加到文本框中，并根据添加的数量来控制添加和删除按钮的可用状态。单击两次"add line"按钮后，可以看到界面上添加了两行字段，对应之前编写的两条字段，如图 10-12 所示。

单击删除按钮会从文本框中删除最后一个文本行，并相应地更新按钮的可用状态。例如，在添加两行字段以后，单击"remove line"按钮，可以将最近添加的一条字段"这是我做的第一个组件示例"进行删除，如图 10-13 所示。

同时，文本框会自动滚动到底部以确保最新的文本行可见。还可以根据需要自定义 texts 数组的内容和按钮的样式，以满足实际需求。

图 10-12　添加字段

图 10-13　删除字段

10.5　小程序与云平台交互

小程序只能通过与云平台交互间接实现对智能设备的控制,而在与云平台交互时涉及两种动作,一是上传参数以改变云平台中的变量,云平台会将更改的变量发送给设备,以更改设备的状态;二是获取云平台中的变量,由于设备会以一定间隔自动上传自身的状态给云平台,所以小程序可以通过获取云平台中的参数来确认当前设备的状态,并显示在界面上。

10.5.1　wx.request 函数

该函数作为绑定事件触发的动作,应填在 function() 函数内。

微信小程序为连接外部接口,发起 https 请求是很常见的,但又没有浏览器等请求 URL 的功能,因此需要使用封装好的 request 请求的函数。

当通过 wx.request 发送网络请求时,可以使用以下参数配置请求。

(1) URL:请求的地址。可以是一个相对路径或完整的 URL。例如,如果是相对路径,则相对于当前小程序的根目录。

(2) data:需要发送的数据、请求参数。可以是一个对象、字符串或 ArrayBuffer。如果是对象,则会自动转换为键值对形式发送。例如,{name: 'John', age: 25}会被转换为 name=John&age=25。

(3) header:请求头,包含一些额外的 HTTP 请求头信息,它必须是一个对象。常见的请求头包括 Content-Type、Authorization 等。例如,设置 header: {Content-Type: application/json'}来指定请求的数据类型为 JSON。

（4）method：请求方法默认为 GET。可选值有 OPTIONS、GET、HEAD、POST、PUT、DELETE、TRACE、CONNECT。例如，使用 POST 方法可以向服务器端提交数据。

（5）dataType：响应的数据类型默认为 JSON。可选值有 json、text 和 html。当服务器端返回的数据类型与 dataType 不匹配时，需要手动解析响应数据。例如，如果预期的响应为 JSON 格式，可以设置 dataType：json，这样会自动将响应解析为 JSON 对象。

（6）responseType：响应的数据类型默认为 text。可选值有 text、arraybuffer。text 表示响应数据为文本形式，arraybuffer 表示响应数据为二进制形式，通常用于下载文件等场景。

（7）success：请求成功时的回调函数，接收一个参数 res，其中包含响应数据。可以在该函数中处理成功后的逻辑，如更新界面数据或显示提示信息。

（8）fail：请求失败时的回调函数，接收一个参数 res，其包含错误信息。可以在该函数中处理请求失败的情况，如显示错误提示或进行错误处理。

（9）complete：请求完成时的回调函数，无论请求成功或失败都会调用、接收一个参数 res，其包含响应数据或错误信息。complete 可以在该函数中进行一些清理操作，如隐藏加载动画或执行其他操作。

简易的 request 请求格式参照代码如下：

```
wx.request({
  url: 'https://api.example.com/endpoint',          //请求的地址
  data: {
    //请求参数
    key1: value1,
    key2: value2,
    // ...
  },
  header: {
    //请求头
    'Content-Type': 'application/json',
    //可添加其他自定义的请求头
  },
  method: 'GET',                                    //请求方法
  dataType: 'json',                                 //响应的数据类型
  responseType: 'text',                             //响应的数据类型
  success: function (res) {
    //请求成功的处理逻辑
    console.log(res.data);                          //响应数据
  },
  fail: function (res) {
    //请求失败的处理逻辑
    console.error(res);
  },
  complete: function (res) {
    //请求完成的处理逻辑,无论成功或失败都会调用,可进行一些清理操作
  }
});
```

10.5.2　请求方法

本节重点对函数中的 Method 进行介绍。在小程序与云平台交互过程中，一个行为是

上传，对应的 Method 是 POST，另一个行为是获取，对应的 Method 是 GET。两者在使用时需要注意如下几点。

（1）在 wx.request 中使用 GET 方法时，请求数据会附加在 URL 的查询参数中。使用 GET 方法时，可以将请求参数直接拼接在 URL 后面，GET 请求的数据会暴露在 URL 中，因此不适合用于传输敏感信息。GET 请求通常用于获取资源、查询数据等。

（2）在 wx.request 中使用 POST 方法时，请求数据会存放在请求的 body 中。

（3）使用 POST 方法时，可以在 data 参数中设置请求数据，例如：data:｛key1：value1，key2：value2｝。POST 请求的数据不会暴露在 URL 中，因此适合用于传输敏感信息，POST 请求还通常用于提交表单数据、发送用户登录信息等。

（4）开发者需要根据具体需求，选择适合的请求方法。如果只是需要获取数据，可以使用 GET 方法。如果需要向服务器端提交数据，可以使用 POST 方法。同时，根据服务器端的接口文档或要求，确保选择正确的请求方法，并将数据以合适的方式发送到服务器端。

GET 请求示例如下：

```
wx.request({
  url: 'https://api.example.com/users',
  data: {
    page: 1,
    limit: 10
  },
  method: 'GET',
  success: function(res) {
    console.log(res.data);                    //响应数据
  },
  fail: function(res) {
    console.error(res);
  }
});
```

在上述示例中，发送 GET 请求，并附带查询参数 page 和 limit，服务器端将返回相应界面的用户列表。成功后，在控制台输出相应数据。

POST 请求示例如下：

```
wx.request({
  url: 'https://api.example.com/login',
  data: {
    username: 'john',
    password: '123456'
  },
  method: 'POST',
  header: {
    'Content-Type': 'application/json'
  },
  success: function(res) {
    console.log(res.data);                    //响应数据
  },
```

```
    fail: function(res) {
      console.error(res);
    }
});
```

在上述示例中,发送 POST 请求,并附带用户名和密码作为请求数据,服务器端将验证用户信息并返回相应的登录结果,在控制台输出相应数据。

第 11 章 智能温湿度计开发
CHAPTER 11

本项目通过程序控制 ESP32 开发板，读取温湿度传感器的度数，连接 OneNET 云平台，以及向云平台发送读取的温湿度，完成传输功能，实现在前端显示数据。

11.1 总体设计

本部分包括整体框架和系统流程。

11.1.1 整体框架

整体框架如图 11-1 所示，引脚连线如表 11-1 所示。

图 11-1 整体框架

表 11-1 ESP32 开发板与外设引脚连线

ESP32 开发板	DHT11
5V	VCC
GPIO 18	DATA
GND	GND

11.1.2 系统流程

硬件端 ESP32-DEV 流程如图 11-2 所示。注意：Arduino 的主程序是无限循环的，前端流程即为循环查询云平台，获取最新的温湿度数据。

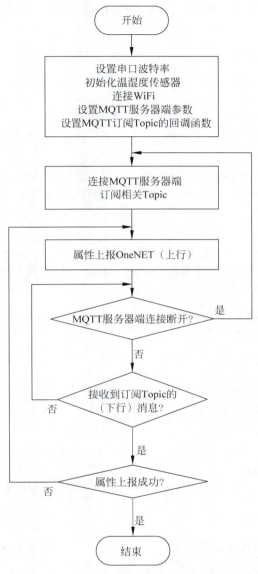

图 11-2　硬件端 ESP32-DEV 流程

11.2　模块介绍

本项目主要包括主程序模块、DHT11 模块、OneNET 云平台模块和前端模块。下面分别介绍各模块的功能及相关代码。

11.2.1　主程序模块

主程序模块包括头文件引入、引脚定义、全局变量、setup() 函数和 loop() 函数。如果在编译上传过程中，Arduino 报错提示找不到"DHT.h"，则需要先安装 DHT 库，单击"项目"→

"加载库"→"管理库",打开库管理器后,搜索"DHT sensor library",选择 1.4.4 版本安装即可。相关代码如下:

```cpp
#include <DHT.h>
#include "WiFi.h"
#include "WiFiClient.h"
#include "PubSubClient.h"
#include "ArduinoJson.h"
#define DHT_TYPE DHT11                                  //温湿度传感器的型号是 DHT11
#define DHT_PIN 18                                      //将 DHT11 的引脚定义为 18
//WiFi 参数设置
const char * ssid = "替换为实际的 WiFi 名";              //WiFi 名
const char * wifiPassword = "替换为实际的 WiFi 密码";    //WiFi 密码
//MQTT 参数设置
const char * mqttAddress = "mqtts.heclouds.com";        //地址
const int mqttPort = 1883;                              //引脚
const char * productID = "替换为实际的产品 ID";          //产品 ID
const char * deviceName = "替换为实际的设备名称";        //设备名称
const char * mqttPassword = "替换为实际的 token";        //
//Client 实例化
WiFiClient wifiClient;
PubSubClient mqttClient(wifiClient);
//JSON 实例化
DeserializationError error;
//温湿度传感器实例化
DHT dht(DHT_PIN, DHT_TYPE);
//温湿度状态
float temperature;
int humidity;
void setup() {
  Serial.begin(115200);                                 //设置串口监视器波特率为 115200
  dht.begin();                                          //初始化温湿度传感器
    Serial.println();
  Serial.print("connecting to ");
  Serial.println(ssid);
  WiFi.begin(ssid, wifiPassword);                       //连接 WiFi
  while (WiFi.status() != WL_CONNECTED) {
    delay(500);
    Serial.print(".");
  }
  Serial.println("");
  Serial.println("WiFi connected");
  Serial.println("IP address: ");
  Serial.println(WiFi.localIP());                       //显示本地 IP 地址
  mqttClient.setServer(mqttAddress, mqttPort);
  mqttClient.setCallback(callback);
  mqttConnect();
}
void loop() {
  if (!mqttClient.connected()) {
    mqttConnect();
```

```
    }
    delay(500);
    mqttClient.loop();
    delay(500);
    pubPost(productID, deviceName);                          //上报温湿度状态
}
```

11.2.2　DHT11 模块

DHT11 模块包括温度获取函数和湿度获取函数。

```
//获取温度
float getTemperature() {
    temperature = dht.readTemperature();
    return temperature;
}
//获取湿度
int getHumidity() {
    humidity = dht.readHumidity();
    return humidity;
}
```

11.2.3　OneNET 云平台模块

OneNET 云平台模块包括 topic 生成函数、MQTT 消息发布函数、设备属性上报函数、设备接收到已订阅 topic 消息的回调函数、MQTT 服务器端连接函数（包括 topic 订阅和温湿度初始属性值上报）。

```
//生成 topic
const char * topic(String productID, String deviceName, String topicStr) {
    return ("$sys/" + productID + "/" + deviceName + "/thing/property/" + topicStr).c_str();
}
//发布 MQTT 消息
void mqttPublish(String massage, String topicStr) {
    Serial.println();
    Serial.print("Message sending [");
    Serial.print(topic(productID, deviceName, topicStr));
    Serial.print("] ");
    Serial.println(massage);
    mqttClient.publish(topic(productID, deviceName, topicStr), massage.c_str());
}
//设备上报属性(上行)
void pubPost(String productID, String deviceName, String id = "0") {
    StaticJsonDocument < 256 > doc0;
    doc0["id"] = id;
    doc0["version"] = "1.0";
    JsonObject doc0_params = doc0.createNestedObject("params");
    JsonObject doc0_params_temperature = doc0_params.createNestedObject("temp_value");
    doc0_params_temperature["value"] = getTemperature();
    JsonObject doc0_params_humidity = doc0_params.createNestedObject("humidity_value");
    doc0_params_humidity["value"] = getHumidity();
```

```
    String jsonStr;
    serializeJson(doc0, jsonStr);              //序列化 JSON 数据
    mqttPublish(jsonStr, "post");
}
//设备接收属性上报结果(下行)
void resPost(String productID, String deviceName, StaticJsonDocument<256> &doc) {
    String id = doc["id"];
    int code = doc["code"];
    String msg = doc["msg"];
    Serial.print("产品 " + productID + " 的设备 " + deviceName + " 属性上报");
    if(200 == code) {
        Serial.println("成功");
    } else {
        Serial.println("失败,错误码 " + String(code) + " 错误信息 " + msg);
        pubPost(productID, deviceName, id);
    }
}
//设备接收到已订阅 topic 消息的回调函数
void callback(char * topic, byte * payload, unsigned int length) {
    String topicStr = topic;
    Serial.println();
    Serial.print("Message arrived [");
    Serial.print(topicStr);
    Serial.print("] ");
    for (int i = 0; i < length; i++) {
        Serial.print((char)payload[i]);
    }
    Serial.println();
    String topicSplit[6];                      //对接收到的 topic 字符串进行拆分
    String split = "/";
    for(int i = 0; i < 5; ++i) {
        int pos = topicStr.indexOf(split);
        topicSplit[i] = topicStr.substring(0, pos);
        topicStr = topicStr.substring(pos + split.length());
    }
    topicSplit[5] = topicStr;
    StaticJsonDocument<256> doc;
    error = deserializeJson(doc, payload);     //反序列化 JSON 数据
    if (error) {                               //检查反序列化是否成功,成功则读取 JSON 节点
        Serial.println(error.c_str());
        return;
    }
    if(topicSplit[4] == "property") {          //根据接收到的 topic 执行相对应的函数
        if(topicSplit[5] == "post/reply") {
            resPost(topicSplit[1], topicSplit[2], doc);
        }
    }
}
//连接到 MQTT 服务器端,订阅 topic 并上报初始属性值
void mqttConnect() {
    while (!mqttClient.connected()) {
```

```
    Serial.print("Attempting MQTT connection...");
    //连接 MQTT 服务器端
    if (mqttClient.connect(deviceName, productID, mqttPassword)) {
      Serial.println("connected");
      //连接后,订阅 topic 并上报当前属性值
      mqttClient.subscribe(topic(productID, deviceName, "post/reply"));
      pubPost(productID, deviceName);
    } else {
      Serial.print("failed, rc = ");
      Serial.print(mqttClient.state());
      Serial.println(", try again");
      delay(500);
    }
  }
}
```

11.2.4　前端模块

前端模块主要包括 JS 文件和 WXML 文件。

```
//index.js
//获取应用实例
const app = getApp()
Page({
  data: {
    motto1:'',
    motto2:'',
  },
  onLoad(){
    let that = this;
    setInterval(() =>{
        wx.request({
          url: '替换为实际的 url',
          method:"GET",
          header:{
            'authorization': '替换为实际的前端鉴权信息'
          },
          success(res){
            let infoList = res.data.data;
            console.log(infoList)
            for(let i = 0; i< infoList.length; i++){
              if(infoList[i].identifier == "temp_value"){
                that.setData({
                  motto1:infoList[i].value
                })
              }
              if(infoList[i].identifier == "humidity_value"){
                that.setData({
                  motto2:infoList[i].value
                })
              }
```

```
                }
            }
        })
    },1000);
  },
})
<!-- index.wxml -->
<view class = "container">
  <view class = "usermotto">
    <text style = "font-size: 22px;">当前温度:</text>
    <text class = "user-motto" style = "font-size: 22px;">{{motto1}}\n</text>
    <text style = "font-size: 22px;">当前湿度:</text>
    <text class = "user-motto"style = "font-size: 22px;">{{motto2}}</text>
  </view>
</view>
```

11.3　产品展示

ESP32 程序运行时,Arduino 串口监视器输出内容如图 11-3 所示,设备每秒定时上报温湿度,上报成功后收到云平台的返回信息。

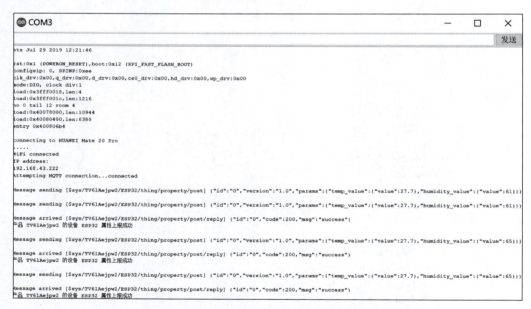

图 11-3　Arduino 串口监视器输出内容

在云平台的"设备接入管理"→"设备管理"→"设备列表"→"详情"→"属性界面"中,可以看到设备的所有属性,本项目只用到了其中的"当前温度"和"当前湿度"属性,打开右上角的"实时刷新"开关后,设备每次上报的数据会实时更新到该界面,如图 11-4 所示。

单击属性右上角的 ⓘ 标志,可以查看该属性的历史数据,以温度为例,如图 11-5 所示。

微信小程序界面会显示从云平台实时获取的温湿度信息,如图 11-6 所示。

图 11-4　云平台设备属性

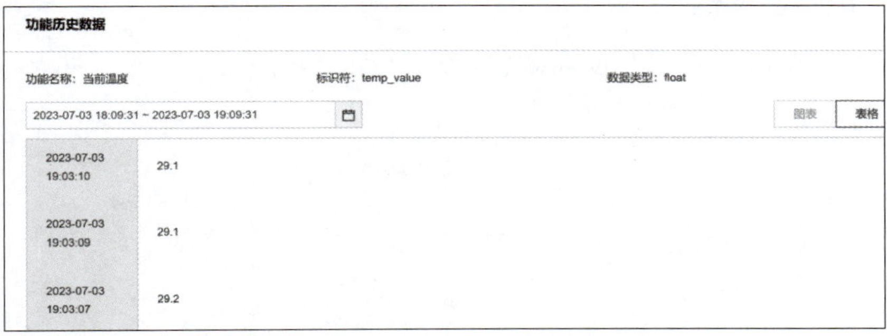

图 11-5　属性历史数据

图 11-6　温湿度信息

第 12 章　智能控制LED开发

CHAPTER 12

本项目通过程序控制 ESP32 开发板打开/关闭 LED、连接云平台并向 ESP32 开发板发送信号，实现上行和下行数据的双向传输，并对 LED 的状态进行控制。

12.1　总体设计

本部分包括整体框架和系统流程。

12.1.1　整体框架

整体框架如图 12-1 所示，外设引脚连线如表 12-1 所示。

图 12-1　整体框架

表 12-1　外设引脚连线

ESP32 开发板	LED	1kΩ 电阻
GPIO 5		+
GND	−	
	+	+

12.1.2　系统流程

系统流程如图 12-2 所示。

前端流程如图 12-3 所示。注意：前端界面也是不断循环执行的，流程图只表示一个循环周期。

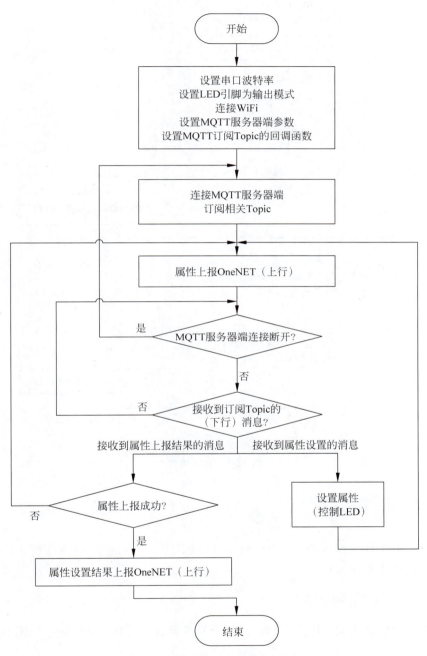

图 12-2　硬件端 ESP32-DEV 流程

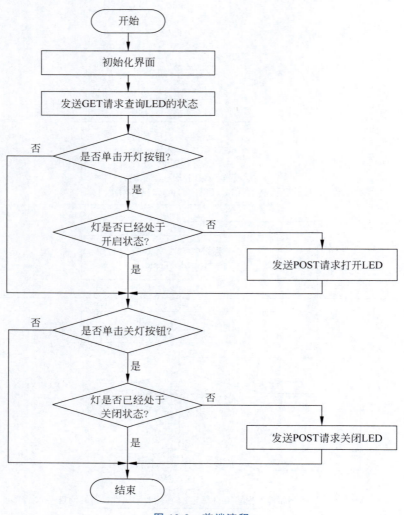

图 12-3　前端流程

12.2　模块介绍

本项目主要包括主程序模块、LED 模块、OneNET 云平台模块和前端模块。下面分别介绍各模块的功能及相关代码。

12.2.1　主程序模块

主程序模块包括头文件引入、引脚定义、全局变量、setup() 函数和 loop() 函数。相关代码如下：

```
# include "WiFi.h"
# include "WiFiClient.h"
# include "PubSubClient.h"
# include "ArduinoJson.h"
# define LED_PIN 5                                          //将 LED 的引脚定义为 5
```

```cpp
//WiFi 参数设置
const char * ssid = "替换为实际的 WiFi 名";              //WiFi 名
const char * wifiPassword = "替换为实际的 WiFi 密码";     //WiFi 密码
//MQTT 参数设置
const char * mqttAddress = "mqtts.heclouds.com";        //地址
const int mqttPort = 1883;
const char * productID = "替换为实际的产品 ID";          //产品 ID
const char * deviceName = "替换为实际的设备名称";        //设备名称
const char * mqttPassword = "替换为实际的 token";
//Client 实例化
WiFiClient wifiClient;
PubSubClient mqttClient(wifiClient);
//JSON 实例化
DeserializationError error;
//LED 状态
bool lightSwitch;
void setup() {
  Serial.begin(115200);                                 //设置串口监视器波特率为 115200
  pinMode(LED_PIN, OUTPUT);
  setLightSwitch(false);
  Serial.println();
  Serial.print("connecting to ");
  Serial.println(ssid);
  WiFi.begin(ssid, wifiPassword);                       //连接 WiFi
  while (WiFi.status() != WL_CONNECTED) {
    delay(500);
    Serial.print(".");
  }
  Serial.println("");
  Serial.println("WiFi connected");
  Serial.println("IP address: ");
  Serial.println(WiFi.localIP());                       //显示本地 IP 地址
  mqttClient.setServer(mqttAddress, mqttPort);
  mqttClient.setCallback(callback);
  mqttConnect();
}
void loop() {
  if (!mqttClient.connected()) {
    mqttConnect();
  }
  mqttClient.loop();
}
```

12.2.2　LED 模块

LED 模块包括 LED 状态设置函数和 LED 状态获取函数。

```cpp
//设置 LED 状态
void setLightSwitch(bool b) {
  lightSwitch = b;
  digitalWrite(LED_PIN, b);
}
//获取 LED 状态
bool getLightSwitch() {
  return lightSwitch;
}
```

12.2.3　OneNET 云平台模块

OneNET 云平台模块包括 topic 生成函数、MQTT 消息发布函数、设备属性上报函数、属性设置结果上报函数、设备接收到已订阅 topic 消息的回调函数（该函数根据 topic 拆分结果，选择调用设备接收到属性上报结果 topic 消息的回调函数，或者设备接收到属性设置 topic 消息的回调函数）、MQTT 服务器端连接函数（包括 topic 订阅和 LED 初始属性值上报）。

```
//生成 topic
const char * topic(String productID, String deviceName, String topicStr) {
  return ("$sys/" + productID + "/" + deviceName + "/thing/property/" + topicStr).c_str();
}
//发布 MQTT 消息
void mqttPublish(String massage, String topicStr) {
  Serial.println();
  Serial.print("Message sending [");
  Serial.print(topic(productID, deviceName, topicStr));
  Serial.print("] ");
  Serial.println(massage);
  mqttClient.publish(topic(productID, deviceName, topicStr), massage.c_str());
}
//设备上报属性(上行)
void pubPost(String productID, String deviceName, String id = "0") {
  StaticJsonDocument < 256 > doc0;
  doc0["id"] = id;
  doc0["version"] = "1.0";
  JsonObject doc0_params = doc0.createNestedObject("params");
  JsonObject doc0_params_lightSwitch = doc0_params.createNestedObject("led_switch_1");
  doc0_params_lightSwitch["value"] = getLightSwitch();
  String jsonStr;
  serializeJson(doc0, jsonStr);           //序列化 JSON 数据
  mqttPublish(jsonStr, "post");
}
//设备上报属性设置结果(上行)
void pubSet(String productID, String deviceName, String id = "0", int code = 200, String msg = "")
{
  StaticJsonDocument < 256 > doc0;
  doc0["id"] = id;
  doc0["code"] = code;
  doc0["msg"] = msg;
  String jsonStr;
  serializeJson(doc0, jsonStr);           //序列化 JSON 数据
  mqttPublish(jsonStr, "set_reply");
}
//设备接收属性上报结果(下行)
void resPost(String productID, String deviceName, StaticJsonDocument < 256 > &doc) {
  String id = doc["id"];
  int code = doc["code"];
  String msg = doc["msg"];
  Serial.print("产品 " + productID + " 的设备 " + deviceName + " 属性上报");
```

```cpp
    if(200 == code) {
      Serial.println("成功");
      pubSet(productID, deviceName, id);
    } else {
      Serial.println("失败,错误码 " + String(code) + " 错误信息 " + msg);
      pubPost(productID, deviceName, id);
    }
  }
}
//设备接收属性设置(下行)
void resSet(String productID, String deviceName, StaticJsonDocument < 256 > &doc) {
  String id = doc["id"];
  JsonObject doc_params = doc["params"];
  Serial.print("产品" + productID + "的设备" + deviceName + "属性设置");
  if(doc_params.containsKey("led_switch_1")) {
    bool temp = doc_params["led_switch_1"];
    Serial.println("led_switch_1 = " + String(temp));
    if(getLightSwitch() == temp) {
      pubSet(productID, deviceName, id);
      return;
    }
    setLightSwitch(temp);
    pubPost(productID, deviceName, id);
  }
}
//设备接收到已订阅 topic 消息的回调函数
void callback(char * topic, byte * payload, unsigned int length) {
  String topicStr = topic;
  Serial.println();
  Serial.print("Message arrived [");
  Serial.print(topicStr);
  Serial.print("] ");
  for (int i = 0; i < length; i++) {
    Serial.print((char)payload[i]);
  }
  Serial.println();
  String topicSplit[6];                       //对接收到的 topic 字符串进行拆分
  String split = "/";
  for(int i = 0; i < 5; ++i) {
    int pos = topicStr.indexOf(split);
    topicSplit[i] = topicStr.substring(0, pos);
    topicStr = topicStr.substring(pos + split.length());
  }
  topicSplit[5] = topicStr;
  StaticJsonDocument < 256 > doc;
  error = deserializeJson(doc, payload);     //反序列化 JSON 数据
  if (error) {                                //检查反序列化是否成功,若成功则读取 JSON 节点
    Serial.println(error.c_str());
    return;
  }
  if(topicSplit[4] == "property") {           //根据接收到的 topic 执行相对应的函数
    if(topicSplit[5] == "post/reply") {
```

```
        resPost(topicSplit[1], topicSplit[2], doc);
      } else if(topicSplit[5] == "set") {
        resSet(topicSplit[1], topicSplit[2], doc);
      }
    }
  }
}
//连接到 MQTT 服务器端，订阅 topic，上报初始属性值
void mqttConnect() {
  while (!mqttClient.connected()) {
    Serial.print("Attempting MQTT connection...");
    //连接 MQTT 服务器端
    if (mqttClient.connect(deviceName, productID, mqttPassword)) {
      Serial.println("connected");
      //连接后，订阅相关 topic 并上报当前属性值
      mqttClient.subscribe(topic(productID, deviceName, "post/reply"));
      mqttClient.subscribe(topic(productID, deviceName, "set"));
      mqttClient.subscribe(topic(productID, deviceName, "get"));
      pubPost(productID, deviceName);
    } else {
      Serial.print("failed, rc = ");
      Serial.print(mqttClient.state());
      Serial.println(", try again");
      delay(500);
    }
  }
}
```

12.2.4　前端模块

前端模块主要包括 JS 文件和 WXML 文件。

```
//index.js
//获取应用实例
const app = getApp()
Page({
  data: {
    motto: '关',
  },
  onLoad(){
    let that = this;
    setInterval(() =>{
        wx.request({
          url: '替换为实际的url',
          method:"GET",
          header:{
            'authorization': '替换为实际的鉴权信息'
          },
          success(res){
            console.log(res.data);
            let infoList = res.data.data;
            console.log(infoList)
```

```
            for(let i = 0; i < infoList.length; i++){
                if(infoList[i].identifier == "led_switch_1"){
                    if(infoList[i].value == "false"){
                        that.setData({
                            motto:"关"
                        })
                    }else if(infoList[i].value == "true"){
                        that.setData({
                            motto:"开"
                        })
                    }
                    break;
                }
            }
        })
    },1000);
},
OpenLight(e){
    console.log(e)
    if(this.data.motto === "开"){
        wx.showToast({
            title: '灯已经处于打开状态!',
        })
    }else if(this.data.motto === "关"){
        let that = this;
        wx.request({
            url: '替换为实际的url',
            method:'POST',
            data:{
                "product_id": "替换为实际的产品id",
                "device_name": "替换为实际的设备名称",
                "params": {
                    "led_switch_1": true
                }
            },
            header:{
                'authorization': '替换为实际的鉴权信息'
            },
            async success(res){
                const msg = res.data.msg;
                if(msg == "device not online:device not online"){
                    wx.showToast({
                        title: "Not online!",
                    })
                }else{
                    console.log(res.data);
                    wx.showToast({
                        title: msg,
                    })
                }
```

```
          }
        })
      }
    },
    CloseLight(e){
      console.log(e)
      if(this.data.motto === "关"){
        wx.showToast({
          title: '灯已经处于关闭状态!',
        })
      }else if(this.data.motto === "开"){
        let that = this;
        wx.request({
          url: '替换为实际的url(同上)',
          method:'POST',
          data:{
            "product_id":"替换为实际的产品id",
            "device_name":"替换为实际的设备名称",
            "params": {
              "led_switch_1": false
            }
          },
          header:{
            'authorization': '替换为实际的鉴权信息'
          },
          async success(res){
            const msg = res.data.msg;
            if(msg == "device not online:device not online"){
              wx.showToast({
                title: "Not online!",
              })
            }else{
              console.log(res.data);
              wx.showToast({
                title: msg,
              })
            }
          }
        })
      }
    }
  })
<!-- index.wxml -->
<view class = "container">
  <view class = "usermotto">
    <text>当前灯开着关着?</text>
    <text class = "user-motto">{{motto}}</text>
  </view>
  <view>
    <button class = "btn" bindtap = "OpenLight">
      开灯
```

```
      </button>
    </view>
    <view>
      <button class = "btn" bindtap = "CloseLight">
        关灯
      </button>
    </view>
</view>
```

12.3 产品展示

ESP32 程序运行时，Arduino 串口监视器输出的内容如图 12-4 所示，其中第一个方框内是设备连接到 MQTT 服务器端后进行的初始化属性上报时输出的内容，这一步是确保云平台上的灯属性与设备属性一致；第二个方框是设备的属性设置过程所输出的内容。注意：设备接收到属性设置消息并更改灯属性后，也需要进行属性上报，这样云平台才能获取到更改后的灯属性。

图 12-4　串口监视器展示

在云平台的"设备接入管理"→"设备管理"→"设备列表"→"详情"→"属性界面"中，可以看到设备的所有属性，本项目只用到了其中的"开关"属性，在前端单击开灯按钮后，云平台的"开关"属性会更新为"true"，如图 12-5 所示。

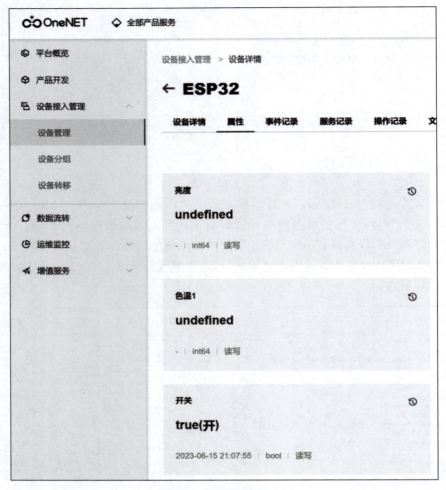

图 12-5 云平台设备属性

单击"开关"属性右上角的 ⟳ 标志,可以查看该属性的历史数据,如图 12-6 所示。

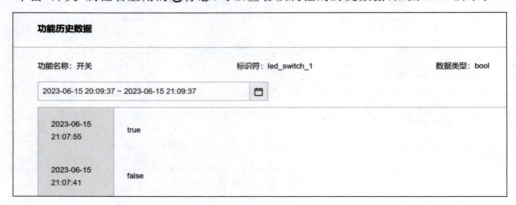

图 12-6 云平台属性历史数据

微信小程序界面会显示从云平台实时获取的 LED 状态,以单击开灯按钮为例,单击后会先检查当前 LED 是否已经是开启状态,如果是开启状态,则提示"灯已经处于打开",不再发送 POST 请求,如图 12-7 所示。如果是关闭状态,则发送 POST 请求进行开灯,发送成功提示"succ",如图 12-8 所示。

图 12-7　微信小程序界面 1

图 12-8　微信小程序界面 2

第 13 章　智能农业系统开发

CHAPTER 13

本项目通过 ESP32 开发板将传感器测得的数据上传到云平台与微信小程序,使用户可以随时了解植物的生长环境,并能人为做出预测判断。

13.1　总体设计

本部分包括整体框架和系统流程。

13.1.1　整体框架

整体框架如图 13-1 所示。其中,DHT11 为温湿度传感器,CCS811 为二氧化碳浓度传感器,DFR0026 为光照强度传感器,OLED 为光学屏幕,LED 为发光二极管,用于模拟大棚内部灯光。

系统主要分为 ESP32 硬件与微信小程序前端两个模块,云平台只是作为一个传递信息和储存信息的中介平台,用于连接两个模块进行 HTTP 通信。

ESP32 硬件模块主要通过开发板操控各个传感器,令其采集数据,并将所采集数据的信息在 OLED 屏幕中展示。在自动灯光模式下,ESP32 开发板根据所采集到的光照强度与预设阈值进行比对,当某一时刻光照强度低于阈值时,点亮 LED。同时,ESP32 不断通过 GET 报文获取小程序控制灯光的信号。当信号为"1"时,同样可以点亮 LED。为了避免人为操控 LED 与自动操控

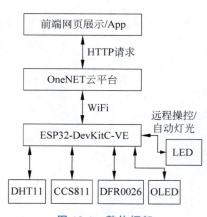

图 13-1　整体框架

LED 同时发生造成混乱,将"人为操控灯光"设为高优先级,当人为进行操控灯光时,自动灯光模式停止工作,即使光照高于阈值,灯也不会熄灭,只有不操控灯光时,自动灯光模式才会开启,根据光照情况由开发板自行判断是否点亮灯光。最后,ESP32 开发板采用 WiFi 与 HTTP 协议将传感器所测得的数据通过"POST"报文传输到云平台。

微信小程序硬件模块主要通过 HTTP 应用层协议与云平台进行通信。它还设立一个 API 用于请求数据,采取 wx.request() 函数进行"GET"和"POST"操作,获取云平台上存储

的传感器信息,并向云平台发送控制 LED 开关的信息,同时还利用 wx-charts 插件进行折线图的绘制。

ESP32 开发板上各传感器与外设引脚连线如表 13-1 所示。

表 13-1 传感器与外设引脚连线

ESP32 开发板	DHT11	CCSS811	DFR0026	OLED	LED
3V3	VCC	VCC	VCC	VCC	
GPIO27	DATA				
GPIO2					+
GPIO33			DATA		
GPIO22		SCI		SCI	
GPIO21		SDA		SDA	
GND	GND	GND,WAK	GND	GND	—

13.1.2 系统流程

系统流程如图 13-2 所示。

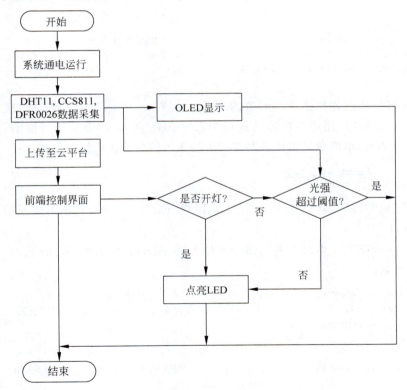

图 13-2 系统流程

首先,将 ESP32 开发板进行程序烧录与通电。其次,ESP32 开发板开始驱动 DHT11 温湿度传感器、CCS811 二氧化碳传感器和 DFR0026 光强传感器进行采样,并将结果显示在 OLED 屏幕上,随后 ESP32 开发板将传感器所测得数据加入到 POST 报文中,通过 HTTP 协议向云平台发送 POST 报文以达成通信。最后,微信小程序不断地用 HTTP 的

GET 报文请求云平台上传感器所测得的数据，利用读取云平台的 GET 返回报文的 data 区域的数据，即可在小程序显示 ESP32 开发板传感器所测的数据。

13.2 模块介绍

本项目主要包括主程序模块、传感器模块、WiFi 模块、OneNET 云平台模块、前端模块和 LED 模块。下面分别给出各模块的功能及相关代码。

13.2.1 主程序模块

主程序模块主要完成 ESP32 开发板的硬件初始化和功能逻辑，相关代码如下：

```
void setup()
{
    Serial.begin(9600);                         //调试输出串口初始化波特率 9600
    Serial.println();
    if(!ccs.begin()){                           //CCS811 传感器就绪检测
    Serial.println("Couldn't find CO2 sensor!");
    while(1);
    }
    while(!ccs.available());                    //等待传感器输入数据
    display.init();                             //OLED 初始化
    display.setFont(ArialMT_Plain_24);
}
```

在初始化时，通过各传感器库函数的 .begin() 或 .available() 判断此时的状态，达到初始化的目的。传感器所用库文件的 .begin() 或 .available() 均具有报错提醒的语句，如果传感器未被正确接入，串口会显示传感器没接入的报错信息并找到错误原因。

13.2.2 传感器模块

本部分完成 DHT11、CCS811、DFR0026 和 OLED 的初始化、控制方法及相关代码。

1. DHT11

注意：调用 DHT11 需要用到 Arduino 的 SimpleDHT 库文件，从 Arduino 中的管理库进行下载并安装。

```
#include <SimpleDHT.h>                          //导入温湿度传感器 DHT11 相关库
int pinDHT11 = 27;                              //设置温湿度传感器数据收集引脚
SimpleDHT11 dht11(pinDHT11);
void setup()
{
    Serial.begin(9600);                         //调试输出串口初始化波特率 9600
}
void loop()
{
Serial.println(" ================================ ");
Serial.println("Sample DHT11...");
byte tem_value = 0;
int err = SimpleDHTErrSuccess;
if ((err = dht11.read(&tem_value, &hum_value, NULL)) != SimpleDHTErrSuccess) {
```

```
      Serial.print("Read DHT11 failed, err = ");
   Serial.print(SimpleDHTErrCode(err));
      Serial.print(","); Serial.println(SimpleDHTErrDuration(err));
      return;
   }
   Serial.print("Sample OK: ");
   Serial.print((int)tem_value); Serial.print(" *C, ");        //输出温度
   Serial.print((int)hum_value); Serial.print(" RH%, ");       //输出湿度
delay(2000);                                                    //延迟 2s
}
```

2. CCS811

调用 CCS811 需要用到 Arduino 的 Adafruit_CCS811 库文件，从 Arduino 中的管理库进行下载并安装。

```
#include <Adafruit_CCS811.h>              //导入二氧化碳传感器 CCS811 相关库
Adafruit_CCS811 ccs;                      //CCS811 传感器声明
void setup()
{
    Serial.begin(9600);                   //调试输出串口初始化波特率 9600
    Serial.println();
    if(!ccs.begin()){                     //CCS811 传感器就绪检测
    Serial.println("Couldn't find CO2 sensor!");
    while(1);
    }
    while(!ccs.available());              //等待传感器输入数据
}
void loop()
{
  //数据采集
  Serial.println();
  Serial.println(" ================================ ");
  Serial.println("Sample Reading...");
//CO2 浓度数据采集
   if(ccs.available()){
     if(!ccs.readData()){
        int co2_value;
        int TVOC_value;
        co2_value = ccs.geteCO2();
        TVOC_value = ccs.getTVOC();
        Serial.print(co2_value);Serial.print(" ppm, ");         //输出 CO2 浓度
        Serial.print(TVOC_value);Serial.println(" mg/m^3, ");   //输出 TVOC
     }
     else{
        Serial.println("ERROR!");
        while(1);
     }
   }
}
```

3. DFR0026

调用 DFR0026 需要通过 analogRead() 函数进行串口数据的读取。

```
int pinLight = 33;                        //设置光强传感器数据收集引脚
void setup()
{
```

```
    //Serial2.begin(9600);                    //初始化波特率9600 数据收发串口
    Serial.begin(9600);                       //调试输出串口初始化波特率9600
}
void loop()
{
    byte lig_value = 0;
    //光照强度数据采集
    int lig_value;
    lig_value = analogRead(pinLight);         //读取光强传感器模拟数据
    Serial.print(lig_value,DEC);Serial.print(" cd, ");    //以十进制输出光强
}
```

4. OLED

调用 OLED 屏幕是运用 Arduino 的 SSD1306 库文件,需要从 Arduino 中的管理库进行下载安装。

```
# include <Wire.h>                           //导入 OLED 相关库
# include "SSD1306.h"                        //导入 OLED 相关库
SSD1306 display(0x3c, 21, 22);               //设置 OLED 引脚
void setup()
{
    Serial.begin(9600);                      //调试输出串口初始化波特率9600
    Serial.println();
    display.init();                          //OLED 初始化
        display.setFont(ArialMT_Plain_24);
}
void loop()
{//OLED 显示数据
  display.clear(); //
  String led1 = tem_value + String(" * C ") + hum_value + " % rh"; //
  String led2 = String("Lig:") + lig_value + "cd "; //
  String led3 = String("CO2:") + co2_value + "ppm"; //
  display.drawString(0, 0, led1);
  display.drawString(0, 20, led2);
  display.drawString(0, 40, led3);
  display.display(); //
}
```

13.2.3 WiFi 模块

本部分实现 ESP32 开发板连接手机热点与使用 HTTP 协议向云平台发送传感器数据,获得控制 LED 灯光信息数据。

1. ESP32 开发板连接手机热点

```
# include <WiFi.h>                                    //导入 WiFi 相关库
const char * ssid = "wdnmd";                          //WiFi 名
const char * password = "87654321";                   //WiFi 密码
const char * serverIP = "183.230.40.33";              //欲访问的地址
uint16_t serverPort = 80;                             //服务器端口号
String url = "http://api.heclouds.com/devices/717492079/datapoints?type=3";
                                                     //云平台、网址、设备 ID
String api = "bAcCoHjMSEa6MK4RKaDCdE1hFAY = ";        //API-key
String post;                                          //HTTP 请求
String get;
int Content_Length;                                   //内容长度
```

```
WiFiClient client;                          //声明一个客户端对象,用于和服务器端进行连接
void setup()
{
    Serial.print("Connecting to ");
    Serial.println(ssid);
    WiFi.begin(ssid, password);             //连接到 WiFi 网络
    while (WiFi.status() != WL_CONNECTED) { //等待网络连接成功
        delay(500);
        Serial.print(".");
    }
    Serial.println("");
    Serial.println("WiFi connected");
    Serial.print("IP address: ");
    Serial.println(WiFi.localIP());         //输出模块 IP
}
```

2. ESP32 开发板向云平台发送并获取数据

通过 HTTP 的 GET 与 POST 报文实现 ESP32 开发板与云平台达成数据交互的功能。

```
#include <WiFi.h>                                       //导入 WiFi 相关库
const char * ssid = "wdnmd";                            //WiFi 名
const char * password = "87654321";                     //WiFi 密码
const char * serverIP = "183.230.40.33";                //欲访问的地址
uint16_t serverPort = 80;                               //服务器端口号
String url = "http://api.heclouds.com/devices/717492079/datapoints?type=3";
                                                        //OneNET 云平台、网址、设备 ID
String api = "bAcCoHjMSEa6MK4RKaDCdE1hFAY=";            //API-key
String post;                                            //HTTP 请求
String get;
int Content_Length;                                     //内容长度
WiFiClient client;                                      //声明一个客户端对象,用于和服务器端进行连接
void loop()
{
    if(1)//当指令均已发送后
    {
    //value = 0;                                        //置 0
    Serial.print("connecting to ");                     //输出连接服务器端 IP
    Serial.println(serverIP);
    //通过 WiFiClient 类创建 TCP 连接
    if (!client.connect(serverIP, serverPort)){         //判断是否已连接服务器端
        Serial.println("connection failed");            //输出连接失败
        return;
    }
    else{                                               //连接成功
        Serial.println("connection succ");              //输出连接成功
  String data_value = "{\"tem\":" + String(tem_value) + ",\"hum\":" + String(hum_value) + ",
\"lig\":" + String(lig_value) + ",\"CO2\":" + String(co2_value) + ",\"TVOC\":" + String(TVOC_
value) + "}\r\n\r\n";
// + ",\"tds\":" + String(tds_value)
// + ",\"CO2\":" + String(co2_value) + ",\"soil_ph\":" + String(ph_value)
// + ",\"ec\":" + String(tds_value/0.47) + "}\r\n\r\n";
    //内容长度
    Content_Length = data_value.length();
    //拼接报文
    post = String("POST ") + url + " HTTP/1.1\r\n" + "api-key: " + api + "\r\n"
        + "Host:api.heclouds.com\r\n" + "Connection:keep-alive\r\n" + "Content-Length:"
        + String(Content_Length) + "\r\n\r\n" + data_value;
```

```
//  + "{\"tem\":" + String(tem_value) + ",\"hum\":" + String(hum_value)
//  + ",\"lig\":" + String(lig_value) + ",\"tds\":" + String(tds_value)
//  + ",\"CO2\":" + String(co2_value) + ",\"soil_ph\":" + String(ph_value)
//  + "}\r\n\r\n";
            //int http_code = http_client.GET();
            //Serial.println(http_code);
            get = "GET http://api.heclouds.com/devices/717492079";
            get += "/datapoints?datastream_id = power";
            get += " HTTP/1.1\r\n";
            get += "api-key:";
            get += api;
            get += "\r\n";
            get += "Host:api.heclouds.com\r\n";
            get += "\r\n\r\n";
            Serial.print("Content_Length: ");
            Serial.println(Content_Length);
            Serial.println("");
            Serial.print(post);                     //串口输出 HTTP 请求
            client.print(post);                     //向服务器端发送 HTTP 请求
            Serial.print(get);                      //串口输出 HTTP 请求
            client.print(get);                      //向服务器端发送 HTTP 请求
        }
    }
    while(client.available()) {                     //判断 WiFi 是否有数据
        line = client.readString();                 //读取 WiFi 数据赋给 line
        Serial.println("receive message:");
        Serial.println(line);                       //输出 line
        Serial.println("end;");
    }
```

ESP32 开发板通过 WiFiCilent 中的 connect() 函数,给予服务器端的 IP 地址与端口号,达到开发板与云平台建立 TCP 连接的功能。在 TCP 连接成功后,向云平台发送报文。

ESP32 开发板向云平台获取数据使用的是 HTTP 协议中的"GET"报文,向云平台发送传感器测得数据使用的是 HTTP 协议中的"POST"报文。GET 报文与 POST 报文的格式需要严格按照 HTTP 协议中的报文格式进行发送。

POST 报文格式如下:

```
POST http://api.heclouds.com/devices/717492079/datapoints?type = 3 HTTP/1.1
api-key: bAcCoHjMSEa6MK4RKaDCdE1hFAY =
Host:api.heclouds.com
Connection:keep-alive
Content-Length:52
{"tem":26,"hum":55,"lig":341,"CO2":400,"TVOC":0}
```

其中,Connection:keep-alive 代表选择的 HTTP 协议为持久连接的 HTTP 应用程序。云平台服务器端在发送响应后,将保持着与 ESP32 开发板的 TCP 连接,在相同的客户端与服务器端之间,后续 HTTP 请求和响应报文便可以通过相同的连接进行传送,不需要在每次 ESP32 开发板与云平台通信时重新建立一个连接。

GET 报文格式如下:

```
GET http://api.heclouds.com/devices/717492079/datapoints?datastream_id = power HTTP/1.1
api-key:bAcCoHjMSEa6MK4RKaDCdE1hFAY =
Host:api.heclouds.com
```

通过 client.print() 函数，即可向云平台服务器端发送 GET 与 POST 请求，实现 HTTP 的通信功能。

13.2.4 LED 模块

LED 模块实现远程灯光操控与自动灯光操控功能。远程操控灯光时，根据 GET 报文得到的操控灯光的信号为"1"时，灯光点亮。自动灯光模式时，根据 GET 报文得到的操控灯光的信号为"0"时，ESP32 开发板根据传感器所测得的光强与预设阈值进行比较，若低于阈值则点亮灯光。

1. 远程操控灯光模式

在向云平台发送 GET 报文后，服务器端向 ESP32 开发板发送 GET 的响应报文，相关代码如下：

```
HTTP/1.1 200 OK
Date: Sat, 05 Jun 2021 13:30:11 GMT
Content-Type: application/json
Content-Length: 136
Connection: keep-alive
Server: Apache-Coyote/1.1
Pragma: no-cache
{"errno":0,"data":{"count":1,"datastreams":[{"datapoints":[{"at":"2021-06-05 16:18:04.
989","value":"0"}],"id":"power"}]},"error":"succ"}
```

响应报文中包含远程控制 LED 灯光开关的信号"power"，需要截取 power 的值，从而点亮灯光，相关代码如下：

```
Serial.println("481 --- 482");
  Serial.println(line.substring(481,482));
  if(line.substring(481,482) == "1"){
    Serial.println("点亮灯光!");
    digitalWrite(pinled,HIGH);
  }
```

控制灯光开关 power 信号的值位于响应报文字符串的第 481 位，将其提取后进行 if 判断。当值为 1 时，通过 digitalWrite() 函数与 LED 二极管相连的串口赋予高电平，点亮 LED 二极管。

2. 自动灯光模式

自动灯光模式具有低优先级，当用户不进行手动开灯时，会进入自动灯光模式，相关代码如下：

```
else if(line.substring(481,482) == "0"){
    Serial.println("自动灯光!");
      if(lig_value <= 1000){
      digitalWrite(pinled,HIGH);
      }
    else{
      digitalWrite(pinled,LOW);
    }
}
```

```
else{
  Serial.println("无灯光控制信号!");
}
```

自动灯光模式的开启是建立在用户不进行点灯操作情况之上的，所以，如果提取 power 数据，首先通过 if 语句判断其值为 0，才能进入自动灯光模式。在该模式下，设定预先的阈值为 1000，当光强小于 1000 时，说明光照不足，植物光合作用受到限制。然后，通过 digitalWrite() 函数与 LED 将二极管相连的串口赋予高电平，点亮 LED 二极管。当光强大于阈值 1000 时，用 digitalWrite() 函数将与 LED 二极管相连的串口赋予低电平（0 电平），发光二极管被熄灭。

13.2.5 OneNET 云平台模块

本部分实现创建项目、添加设备、添加数据流与按钮，搭建一个可以实现 ESP32 开发板与微信小程序达成通信的云平台项目。

1. 创建项目

登录移动物联网开放平台，注册账号，如图 13-3 所示。

图 13-3 云平台登录

注册并登录后，进入控制台，如图 13-4 所示。

图 13-4 控制台

在控制台中，进行产品的创建。单击左侧导航栏，选择"多协议接入"，由于 ESP32 开发板与微信小程序都选择了 HTTP 应用层协议进行通信，所以在导航栏中选择 HTTP 接入协议，进行设备创建，如图 13-5 所示。

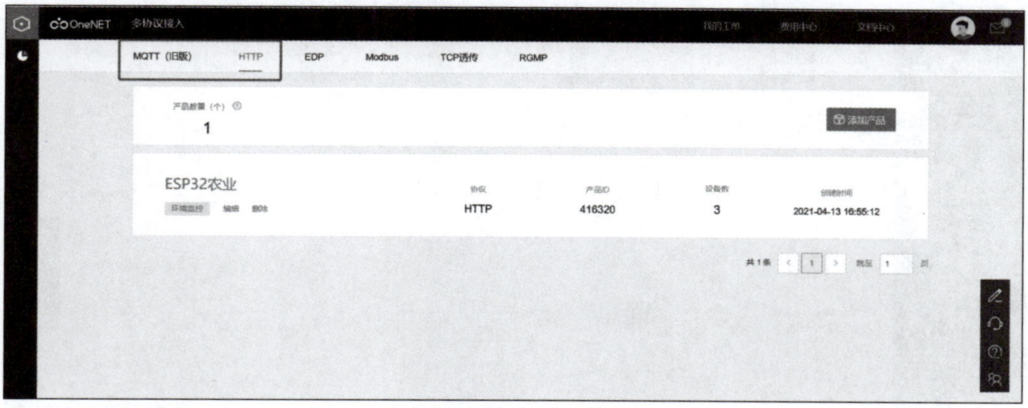

图 13-5　多协议接入

选择添加产品，在添加产品时，设备接入方式选择 WiFi，并再次确认接入协议为 HTTP，如图 13-6 所示。

图 13-6　添加产品

创建产品如图 13-7 所示。

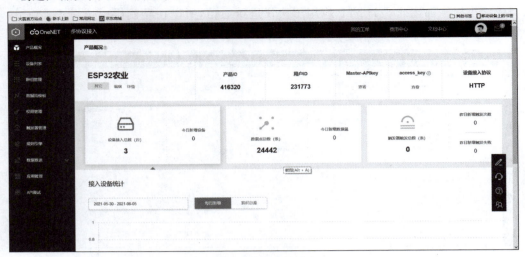

图 13-7　创建产品

2. 添加设备

进入控制台项目界面后，需要添加设备，才能保存设备（如 ESP32 开发板）向云平台所发送的传感器数据。在左侧导航栏选择设备列表，如图 13-8 所示。

图 13-8　项目设备列表

选择添加设备，如图 13-9 所示。其中，设备编号可以随意填写，例如并不需要填写 ESP32 开发板的生产编号。

添加完设备后，可以进入设备界面查看设备详情，如图 13-10 所示。

注意：设备 ID、API 地址在进行 HTTP 通信时，作为目的 Host 地址使用，倘若填写错误，便不能得到正确的 GET 或 POST 信息，甚至不能形成 HTTP 请求。APIKey 类似于设备接入的密码，输入正确的 APIKey 后方可建立 TCP 通道进行 HTTP 通信，具有一定的隐私性与安全性。

第13章 智能农业系统开发 281

图 13-9　添加设备

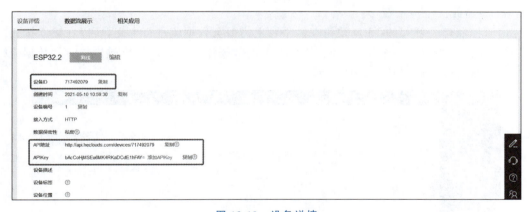

图 13-10　设备详情

单击设备列表中的数据流展示，并将更改 Host 地址与 APIKey 后的程序烧入 ESP32 开发板，进行传感器数据的传输，完成之后可以查看开发板向云平台传输的数据，如图 13-11 所示。

点开各类别的数据，还可以显示历史数据的折线图，如图 13-12 所示（以二氧化碳浓度为例）。

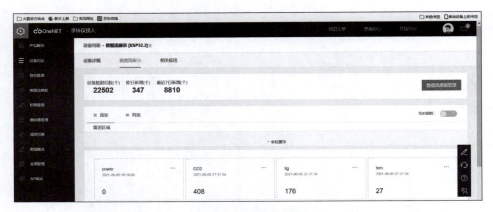

图 13-11　设备数据流

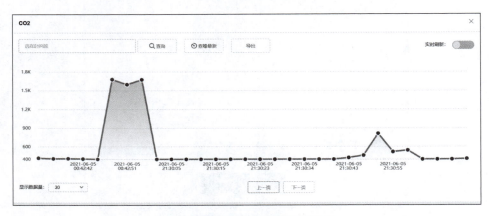

图 13-12　历史传感器数据折线图

3. 添加数据流与按钮

由于控制灯光开关的 LED 按钮在云平台上需要与数据流进行绑定,所以在建立按钮之前,需要在设备中建立一个用于控制 LED 开关的数据流。单击左侧导航栏,选择"数据流模板",进入数据流界面,如图 13-13 所示。

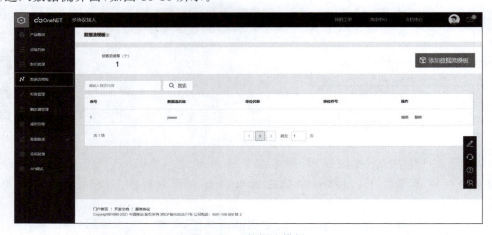

图 13-13　数据流模板

单击"添加数据流模板"按钮进行添加,如图13-14所示。

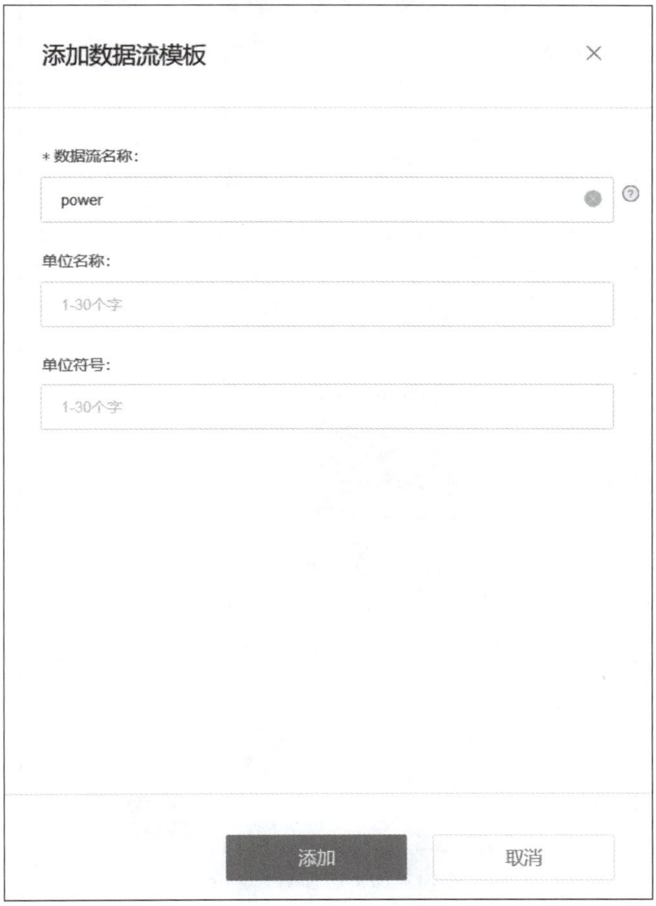

图 13-14　添加数据流模板

添加数据流后,在导航栏选择"应用管理",进入界面后进行按钮添加,如图13-15所示。

图 13-15　应用管理

选择右上角的"添加应用"进行按钮的添加，如图 13-16 所示。

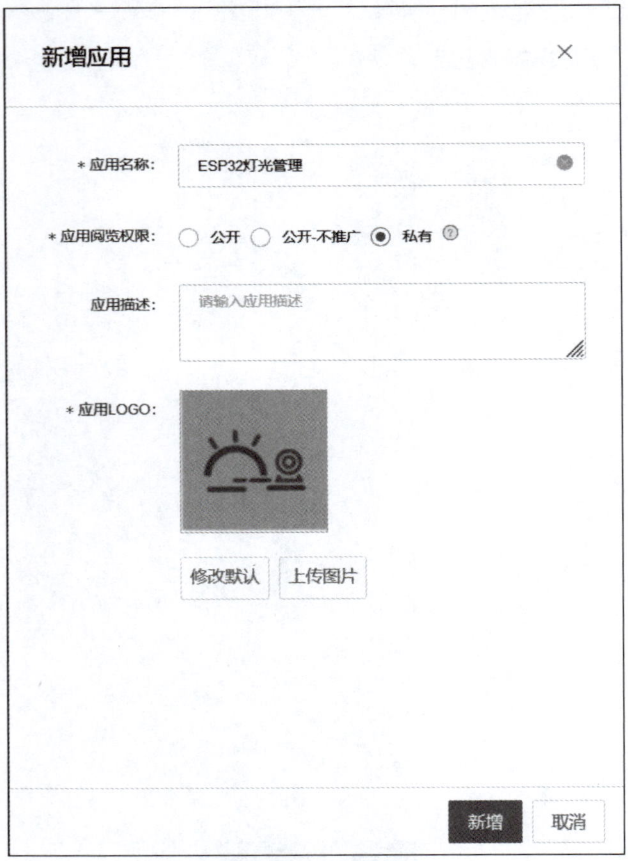

图 13-16　添加新增应用

在添加应用后进入应用界面设计，如图 13-17 所示。

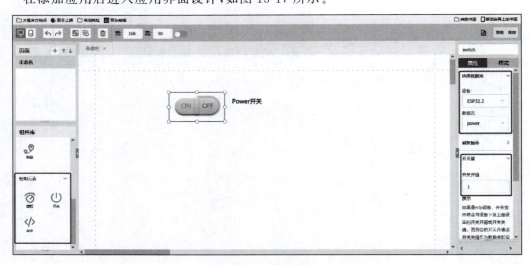

图 13-17　应用界面设计

首先,在左侧组件库中选择"开关",如图 13-17 左侧的方框所示。在添加按钮开关后,要与数据流模板进行绑定,并设置开关值。其次,如图 13-17 右上方的方框所示,选择开关与刚建立的 ESP32 设备进行绑定,数据流选择刚建立的 power 数据流模板。最后,设立开关值,这样进行 LED 的操控时,微信小程序可以知道给云平台 POST 的值设定什么范围才可以改变按钮为开,以及 ESP32 开发板 GET 值在什么范围代表 LED 打开。如图 13-17 右下方的方框所示,设立开关的打开值为 1,关闭值为 0,发送或读取到的数据为"1",代表 LED 打开,发送或打开的数据为"0",代表 LED 关闭。

13.2.6 前端模块

本部分包括创建前端、界面设计(以 index 界面为例)、动态按钮设计、悬浮按钮设计、图片展示栏构造、数据交互、画折线图和域名设置。

1. 创建前端

在创建微信小程序之前,首先需要注册账号,如图 13-18 所示。

图 13-18 注册账号

打开微信开发者工具后,选择"下载",下载完成后进行安装,开发者工具安装完成后将其打开,如图 13-19 所示。

添加或查看已经创建的小程序,如图 13-20 所示,双击小程序,即可进入登录界面。

进入小程序编辑界面后,可编辑小程序代码,如图 13-21 所示。

小程序的后缀文件说明如下。

后缀为 .js 的文件是给 JavaScript 文件的语法进行编辑的界面,也是小程序核心的脚本代码逻辑文件,内部具有监听并处理小程序的生命周期函数,有声明全局变量等函数功能,负责响应用户单击,实现用户代码逻辑等主要部分。

图 13-19　安装开发者工具

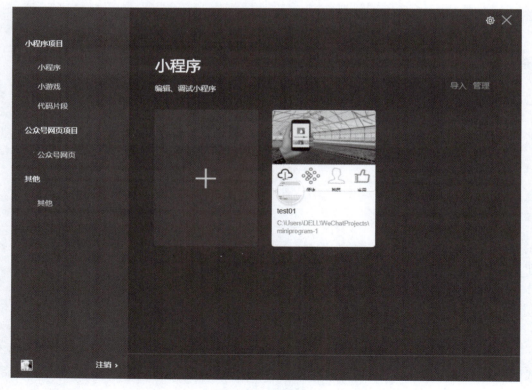

图 13-20　登录界面

图 13-21　编辑界面

后缀为.json 文件是 JSON 的配置文件,对小程序各个子界面进行全局配置,记录界面组成,配置小程序窗口、背景等。若不需配置,文件内部有一个大括号即可,但必须有这个文件。

后缀为.wxml 的文件是网页编辑设置界面,主要采用 HTML 的语法进行界面设计,WXML 充当 HTML 角色。在.wxml 文件中,可以进行界面详情设计,包括图片的插入、添加文本框、按钮等。

后缀为.wxss 的文件为样式文件,其配合.wxml 文件一起对小程序的界面进行设计。其中.wxml 文件中主要进行按钮、图片、文本的添加,wxss 文件主要对添加的图片、按钮、文本进行大小、样式、排版的编辑。其中最主要的是 flex,可以利用多个 flex 排版的嵌套,实现小程序界面的多样化设计。

后缀为.index 的文件一般为小程序的首界面,当用户扫码后显示 index 界面。同时,小程序还提供全局设计的样式,文件可命名为 app.wxml 格式,任何子界面都可以调用。

2. 界面设计

以 index 主界面为例对微信小程序界面设计进行描述,其中按照文本、图片、按钮、导航栏依次进行代码的展示与说明。

1) 文本设计

(1) .wxml 文件的相关代码如下。

```
<view class = "vip-img-wrap">
  <view>智能</view>
  <view>便捷</view>
  <view>利民</view>
  <view>实用</view>
</view>
<view class = 'header'>
    <text>功能列表</text>
    <text class = "text-all">全部功能</text>
```

```
        </view>
```

（2）.wxss 文件相关代码如下。

```
.vip-img-wrap{
  margin-top: 20rpx;
  display: flex;
  flex-direction: row;
  justify-content:space-around;
}
.header{
  //header 是这个布局的整体,设置左边的绿色竖杠
  border-left-width: 3px;
  border-left-style: solid;
  border-left-color: rgb(10, 134, 10);
  //实现效果要用 flex
  display: flex;
  //主轴(横向),该参数使布局中的模块均匀分开
  justify-content: space-between;
  //竖轴,居中
  align-content: center;
  height: 60rpx;
  //该布局中的元素距左右分别为 10rpx
  padding-left: 10rpx;
  padding-right: 10rpx;
  //该布局距上部 10rpx
  margin-top: 40rpx;
}
```

2）图片设计

（1）.wxml 文件相关代码如下。

```
<view class = "vip-img-wrap">
    < image src = "../../image/zhineng.png" style = "width:140rpx;height:130rpx"></image>
    < image src = "../../image/bianjie.png" style = "width:140rpx;height:130rpx"></image>
    < image src = "../../image/limin.png" style = "width:140rpx;height:130rpx"></image>
    < image src = "../../image/shiyong.png" style = "width:140rpx;height:130rpx"></image>
</view>
```

（2）.wxss 文件相关代码如下。

```
.vip-img-wrap{
  margin-top: 20rpx;
  display: flex;
  flex-direction: row;
  justify-content:space-around;
}
```

在.wxml 文件中,设置图片地址为"../../image/zhineng.png",要在与 pages 同级的文件夹中创建名称为 image 的文件夹,并将图片在此处进行存储,如图 13-22 所示。

3）按钮设计

（1）.wxml 文件相关代码如下。

```
<view class = "flex">
  < view class = 'flex-item'>
```

```
       < view class = "btn" hover - class = "btn_hover" hover
- start - time = "0" bindtap = "boundInformation">
         < view class = "text" hover - class = "text_hover">
产品简介</view>
       </view>
     </view>
     < view class = 'flex - item'>
       < view class = "btn" hover - class = "btn_hover" hover
- start - time = "0" bindtap = "boundChaxun">
         < view class = "text" hover - class = "text_hover">
内部信息</view>
       </view>
     </view>
</view>
< view class = "flex">
  < view class = 'flex - item'>
     < view class = "btn" hover - class = "btn_hover" hover
- start - time = "0" bindtap = "boundDeng">
       < view class = "text" hover - class = "text_hover">
操控灯光</view>
     </view>
  </view>
  < view class = 'flex - item'>
     < view class = "btn" hover - class = "btn_hover" hover
- start - time = "0" bindtap = "boundGuan">
       < view class = "text" hover - class = "text_hover">关于我们</view>
     </view>
  </view>
</view>
```

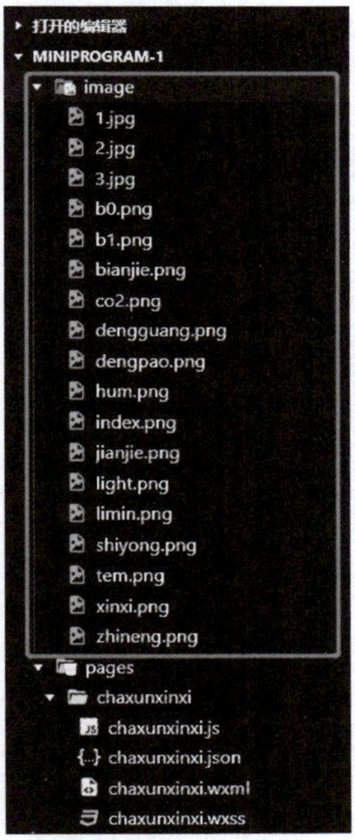

图 13-22   image 文件夹说明

（2）.js 文件相关代码如下。

```
//跳转 1 界面必须用 switchTab 跳转到 tabBar 界面
  boundInformation: function (){
    wx.switchTab({
      url: '../information/information',
    })
  },
  //2 界面
  boundChaxun: function (){
    wx.switchTab({
      url: '../chaxunxinxi/chaxunxinxi',
    })
  },
  boundDeng: function (){
    wx.switchTab({
      url: '../dengguang/dengguang',
    })
  },
  //如果不是 tabBar,则用其他函数跳转
  boundGuan: function (){
    wx.navigateTo({
      url: '../guanyuwomen/guanyuwomen',
    })
  }
```

微信小程序主要提供两种跳转界面,分别为 wx.navigateTo()函数和 wx.switchTab()函数,两种函数均能实现从父界面跳转到子界面的功能。两者区别如下:当设计 tabBar 导航栏时,父界面向子界面的跳转只能用 wx.switchTab()函数,否则不能跳转。当未设置 tabBar 导航栏时,只能用 wx.navigateTo()函数实现父界面向子界面的跳转,否则不能跳转。

(3). wxss 文件相关代码如下。

```
.flex {
  margin-top: 40rpx;
  justify-content: space-around;
  display: flex;
  flex-direction: row;
  align-items: center;
  padding-left: 40rpx;
  /* background: lightgray */
  /* width: 60rpx; */
}
.flex-item {
  width: 500px;
  /* justify-content: space-around; */
}
```

(4) 导航栏设计需要在 App 文件中进行全局化设计声明。

.js 文件相关代码如下:

```
"tabBar": {
    "color": "#a9b7b7",
    "selectedColor": "#11cd6e",
    "borderStyle":"white",
    "list": [{
      "selectedIconPath": "image/index.png",
      "iconPath": "image/index.png",
      "pagePath": "pages/index/index",
      "text": "首页"
    }, {
      "selectedIconPath": "image/jianjie.png",
      "iconPath": "image/jianjie.png",
      "pagePath": "pages/information/information",
      "text": "产品简介"
    }, {
      "selectedIconPath": "image/xinxi.png",
      "iconPath": "image/xinxi.png",
      "pagePath": "pages/chaxunxinxi/chaxunxinxi",
      "text": "内部信息"
    },{
      "selectedIconPath": "image/dengguang.png",
      "iconPath": "image/dengguang.png",
      "pagePath": "pages/dengguang/dengguang",
      "text": "操控灯光"
    }]
  },
  "style": "v2",
  "sitemapLocation": "sitemap.json"
```

3. 动态按钮设计

本部分将详细介绍微信小程序动态按钮设计的实现原理,通过.wxss 文件的描述,按钮按下后实现颜色渐变效果。

```css
.btn{
    width: 150px;
    height: 50px;
    color: #fff;
    background: linear-gradient(0deg, rgba(0, 172, 238, 1) 0%, rgba(2, 126, 251, 1) 100%);
    border-radius: 7px;
    position: relative;
    font-family: 'Lato', sans-serif;
    font-weight: 500;
    transition: all 0.5s ease;
    line-height: 50px;
    padding: 0;
}
.btn .text{
    display: block;
    width: 100%;
    height: 100%;
    font-size: 24px;
    text-align: center;
}
.btn::before,
.btn::after{
    position:absolute;
    content: '';
    top: 0;
    right: 0;
    background: rgba(2, 126, 251, 1);
    transition: all 0.5s ease;
}
.btn::before{
    width: 0;
    height: 2px;
}
.btn::after{
    height: 0;
    width: 2px;
}
.btn_hover::before{
    width: 100%;
}
.btn_hover::after{
    height: 100%;
}
.btn .text::before,
.btn .text::after{
    position: absolute;
    content: '';
    bottom: 0;
    left: 0;
    transition: all 0.3s ease;
```

```
    background: rgba(2, 126, 251, 1);
}
.btn .text::before{
    width: 0;
    height: 2px;
}
.btn .text::after{
    height: 0;
    width: 2px;
}
.btn_hover{
    background: #fff;
}
.btn .text_hover{
    color:rgba(2, 126, 251, 1)
}
.btn_hover .text_hover::before{
    width:100%;
}
.btn_hover .text_hover::after{
    height:100%;
}
```

.btn 是按钮最原始的样式描述,背景 background 为蓝色,.btn_hover 的描述是按钮按下后的样式描述,背景 background 为白色,中间的 btn::before、btn::after 等描述是通过继承的原理,对按钮按下实现渐变进行的描述,例如,transition:all 0.5s ease 是对按钮按下时过渡的一个描述,可以使用户在按下按钮后看到变化的效果图。

4. 悬浮按钮设计

当单击按钮时,会变为四个子按钮,四个子按钮分别进入四个不同的子界面。对应的功能在"内部数据"界面时,单击按钮即可进入不同传感器数据所测得的折线图子界面。该类型的按钮只通过 wx.createAnimation() 函数实现。

在 iconClick.js 文件中相关代码如下:

```
Component({
    //界面的初始数据
    data: {
        isPopping: false,                    //是否已经弹出
        animPlus: {},                        //旋转动画
        animCollect: {},                     //item 位移,透明度
        animTranspond: {},                   //item 位移,透明度
        animInput: {},                       //item 位移,透明度
        animD: {},                           //item 位移,透明度
        iconA: "",
        iconB: "",
        iconC: "",
        iconD: ""
    },
    properties: {
        iconA: {
            type: String,
```

```
                value: ""
            },
            iconB: {
                type: String,
                value: ""
            },
            iconC: {
                type: String,
                value: ""
            },
            iconD: {
              type: String,
              value: ""
          }
        },
        attached: function(){
            let that = this;
            this.setData({
                iconA: that.properties.iconA,
                iconB: that.properties.iconB,
                iconC: that.properties.iconC,
                iconD: that.properties.iconD
            })
        },
        methods: {
            _moreBtn: function () {
                this._plus();
            },
            //单击弹出
            _plus: function () {
                if (!this.data.isPopping) {
                    this._popp();
                    this.setData({
                        isPopping: true
                    })
                }
                else {
                    this._takeback();
                    this.setData({
                        isPopping: false
                    });
                }
            },
            _clickA: function () {
                this.triggerEvent("clickA");
                this._plus();
                //wx.navigateTo({
                  //url: '../picturehum/picturehum',
                // });
            },
            _clickB: function () {
```

```javascript
        this.triggerEvent("clickB");
        this._plus();
        //wx.navigateTo({
          //url: '../picturetem/picturetem',
        //});
    },
    _clickC: function () {
        this.triggerEvent("clickC");
        this._plus();
        //wx.navigateTo({
         // url: '../picturelight/picturelight',
        // });
    },
    _clickD: function () {
      this.triggerEvent("clickD");
      this._plus();
      //wx.navigateTo({
          //url: '../pictureco2/pictureco2',
          //});
    },
    //弹出动画
    _popp: function () {
        //plus 顺时针旋转
        let animationPlus = wx.createAnimation({
            duration: 500,
            timingFunction: 'ease'
        })
        let animationcollect = wx.createAnimation({
            duration: 500,
            timingFunction: 'ease'
        })
        let animationTranspond = wx.createAnimation({
            duration: 500,
            timingFunction: 'ease'
        })
        let animationInput = wx.createAnimation({
            duration: 500,
            timingFunction: 'ease'
        })
        let animationD = wx.createAnimation({
          duration: 500,
          timingFunction: 'ease'
        })
        //GAI
        animationPlus.rotateZ(180).step();
        animationcollect.translate(-0, -50).rotateZ(0).opacity(1).step();
        animationTranspond.translate(-35, -25).rotateZ(0).opacity(1).step();
        animationInput.translate(-30, 20).rotateZ(0).opacity(1).step();
        animationD.translate(0, 50).rotateZ(0).opacity(1).step();
        this.setData({
            animPlus: animationPlus.export(),
```

```
            animCollect: animationcollect.export(),
            animTranspond: animationTranspond.export(),
            animInput: animationInput.export(),
            animD: animationD.export(),
        })
    },
    //收回动画
    _takeback: function () {
        //plus 逆时针旋转
        var animationPlus = wx.createAnimation({
            duration: 500,
            timingFunction: 'ease-out'
        })
        var animationcollect = wx.createAnimation({
            duration: 500,
            timingFunction: 'ease-out'
        })
        var animationTranspond = wx.createAnimation({
            duration: 500,
            timingFunction: 'ease-out'
        })
        var animationInput = wx.createAnimation({
            duration: 500,
            timingFunction: 'ease-out'
        })
        var animationD = wx.createAnimation({
          duration: 500,
          timingFunction: 'ease-out'
      })
        animationPlus.rotateZ(0).step();
        animationcollect.translate(0, 0).rotateZ(0).opacity(0).step();
        animationTranspond.translate(0, 0).rotateZ(0).opacity(0).step();
        animationInput.translate(0, 0).rotateZ(0).opacity(0).step();
        animationD.translate(0, 0).rotateZ(0).opacity(0).step();
        this.setData({
            animPlus: animationPlus.export(),
            animCollect: animationcollect.export(),
            animTranspond: animationTranspond.export(),
            animInput: animationInput.export(),
            animD: animationD.export(),
        })
    },
  }
})
```

wx.createAnimation()函数的功能是实现按钮的动画效果。在上述代码中,对于createAnimation()函数描述如下:

```
let animationPlus = wx.createAnimation({
        duration: 500,
        timingFunction: 'ease'
```

```
        })
        let animationcollect = wx.createAnimation({
            duration: 500,
            timingFunction: 'ease'
        })
        let animationTranspond = wx.createAnimation({
            duration: 500,
            timingFunction: 'ease'
        })
        let animationInput = wx.createAnimation({
            duration: 500,
            timingFunction: 'ease'
        })
        let animationD = wx.createAnimation({
          duration: 500,
          timingFunction: 'ease'
      })
```

定义变量 animCollect、animTranspond、animInput、animD 分别代表四个子按钮,其内部具有透明度、位置等按钮的属性。createAnimation()函数内部对两个变量进行赋值。duration 是指动画的持续时间,这里持续 500ms;timingFunction 是指动画效果;ease 代表动画开始缓慢,中间加速,结束时逐渐变缓慢。

动画设置后,通过按钮变量的 translate()函数、rotateZ()函数、opacity()函数和 step()函数进行按钮旋转动画操作。其中 translate()函数代表旋转,其内部的两个参数分别代表旋转的角度与直径。通过更改这两个参数,定位最终旋转的位置。在按钮旋转后,需要清除旋转为按钮属性赋予的变量值,以防在下次单击旋转时角度出错。此时利用.export()函数清除之前的动画操作。

子界面在 chaxunxinxi.json 文件中进行悬浮按钮继承的相关代码如下:

```
"usingComponents": {"iconClick": "../../pages/iconClick/iconClick"},
```

5. 图片展示栏构造

在小程序顶部设立手动滑动的图片展示栏,可以根据手动滑动展示图片的切换。此功能通过 swiperbox 模块来实现。

(1) .wxml 文件相关代码如下。

```
<swiper class = "swiperbox">
  <swiper-item wx:for = "{{imgsrc}}">
    <image src = '{{item}}' width = "335" height = "150" mode = 'scaleToFill' class = 'img' />
  </swiper-item>
</swiper>
```

(2) .wxss 文件相关代码如下。

```
.swiperItem {
  width: 100%;
  height: 500rpx;
}
```

6. 数据交互

微信小程序与云平台的数据交互主要通过应用层 HTTP 协议实现。对于微信小程序而言,其访问界面获取数据有专门的 API 接口,所用到的 API 为 wx.request()函数,然后从 POST 与 GET 两种报文分别进行代码的展示与论述。

(1) GET 获取信息。

微信小程序该部分.js 的相关代码如下:

```
init: function () {
    var that = this
    wx.request({
        url: "https://api.heclouds.com/devices/717492079/datapoints",
        //将请求行中的数字换成自己设备的 ID
        header: {
            "api-key": "bAcCoHjMSEa6MK4RKaDCdE1hFAY = "
            //换成自己的 APIkey
        },
        data: {
            limit: 6                              //读取数据数量
        },
        method: "GET",
        success: function (e) {
            console.log(e.data.data)
            //此处输出 GET 后的 JSON 数据
            that.setData({
                //tem
                temperature: e.data.data.datastreams[5].datapoints[0].value,
                temperature1: e.data.data.datastreams[5].datapoints[0].value,
                temperature2: e.data.data.datastreams[5].datapoints[1].value,
                temperature3: e.data.data.datastreams[5].datapoints[2].value,
                temperature4: e.data.data.datastreams[5].datapoints[3].value,
                temperature5: e.data.data.datastreams[5].datapoints[4].value,
                temperature6: e.data.data.datastreams[5].datapoints[5].value,
                //hum
                humidity : e.data.data.datastreams[0].datapoints[0].value,
                humidity1 : e.data.data.datastreams[0].datapoints[0].value,
                humidity2 : e.data.data.datastreams[0].datapoints[1].value,
                humidity3 : e.data.data.datastreams[0].datapoints[2].value,
                humidity4 : e.data.data.datastreams[0].datapoints[3].value,
                humidity5 : e.data.data.datastreams[0].datapoints[4].value,
                humidity6 : e.data.data.datastreams[0].datapoints[5].value,
                //lig
                light : e.data.data.datastreams[3].datapoints[0].value,
                light1 : e.data.data.datastreams[3].datapoints[0].value,
                light2 : e.data.data.datastreams[3].datapoints[1].value,
                light3 : e.data.data.datastreams[3].datapoints[2].value,
                light4 : e.data.data.datastreams[3].datapoints[3].value,
                light5 : e.data.data.datastreams[3].datapoints[4].value,
                light6 : e.data.data.datastreams[3].datapoints[5].value,
                //co2
                co2 : e.data.data.datastreams[2].datapoints[0].value,
                co21 : e.data.data.datastreams[2].datapoints[0].value,
                co22 : e.data.data.datastreams[2].datapoints[1].value,
                co23 : e.data.data.datastreams[2].datapoints[2].value,
                co24 : e.data.data.datastreams[2].datapoints[3].value,
                co25 : e.data.data.datastreams[2].datapoints[4].value,
```

```
          co26 : e.data.data.datastreams[2].datapoints[5].value,
      })
    },
    fail: function(res){
      wx.showToast({ title: '系统错误' })
    },
    complete:function(res){
      wx.hideLoading()
    }
  });
},
```

wx.request()函数是微信小程序访问界面进行交互的 API 接口,将 method 设定为 GET,微信小程序便会向云平台发送 GET 报文。其中,设定 limit 为 6 代表从云平台 GET 获得 6 个数据点进行绘图操作。对于云平台响应的 GET 报文,其数据实质为一个二维数组,如图 13-23 所示。

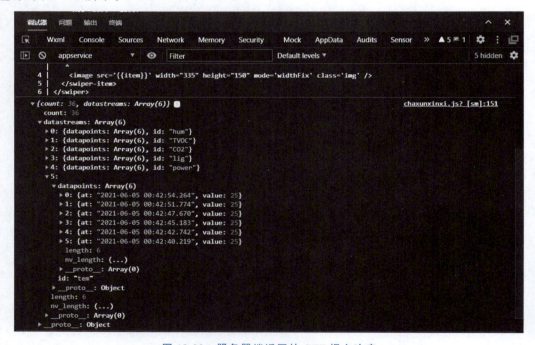

图 13-23　服务器端返回的 GET 报文响应

返回的 datastreams 数组内部封装着云平台保存的温度、湿度、二氧化碳浓度、光强、LED 开关等信息,对于每个信息嵌套着 datapoints 数组,里面装着 6 个历史数据点。通过对数组下标进行设置,即可提取到需要的数据。例如,提取光强的相关代码如下:

```
e.data.data.datastreams[3].datapoints[0].value
```

(2) POST 发送信息。

微信小程序该部分.js 的相关代码如下:

```
SendCmd1:function(){
    var _this = this;
    let data = {
```

```
      "datastreams": [
        {"id": "power","datapoints":[{"value": this.data.cmds1}]},
      ]
    }
    wx.request({
      url: "https://api.heclouds.com/devices/717492079/datapoints",
      header: {
        "content-type": 'application/x-www-form-urlencoded',
        "api-key": "bAcCoHjMSEa6MK4RKaDCdE1hFAY = "
      },
      method: 'POST',
      data: JSON.stringify(data),
      success: function (res) {
        console.log(res)
      },
      fail: function (res) {
        console.log(res)
      }
    })
  },
```

小程序通过同样的 API 发送操控 LED 开关的信息,将 method 设置为 POST 即可。注意：API 发送报文的数据格式一定是 JSON 类型的,如图 13-24 所示。

图 13-24　微信小程序对 API 的说明

在设置发送数据 data 时,要使用 JSON.stringify()函数将 String 类型数据转换为 JSON 类型,方可发送报文,如图 13-25 所示。

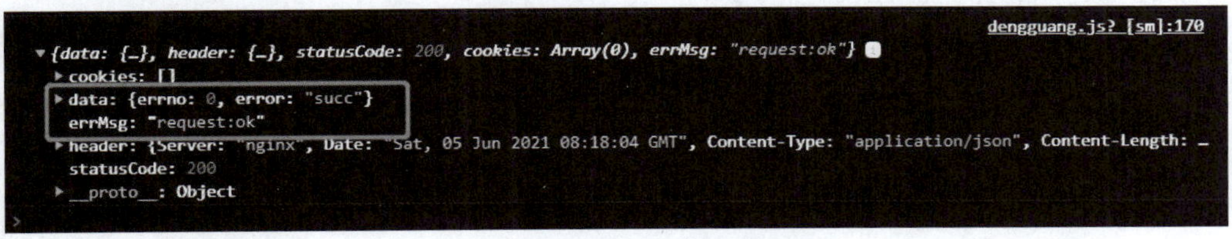

图 13-25　云平台回应的 POST 报文

data 中发送的 error：" succ"与"request：OK"代表 POST 数据传输成功。

7. 画折线图

微信小程序使用 wx—charts 插件进行折线图的绘画，相关代码如下：

(1).js 文件的相关代码如下。

```
var wxCharts = require('../../utils/wxcharts.js');
var lineChart = null;
Page({
  //界面的初始数据
  data: {
    co21:'',
    co22:'',
    co23:'',
    co24:'',
    co25:'',
    co2:'',
    date1:'',
    date2:'',
    date3:'',
    date4:'',
    date5:'',
    date6:'',
    textcolor1:'#014f8e'
  },
  //生命周期函数——监听界面加载
  onLoad: function (options) {
    var that = this
    //this.init();
    that.setData({
      co2:options.co2,
      co21:options.co21,
      co22:options.co22,
      co23:options.co23,
      co24:options.co24,
      co25:options.co25,
      date1:options.d1,
      date2:options.d2,
      date3:options.d3,
      date4:options.d4,
      date5:options.d5,
      date6:options.d6,
    })
    //var x_data = ["12:00", "13:00", "14:00", "15:00", "16:00", "17:00"]
    var x_data = [that.data.date1, that.data.date2, that.data.date3, that.data.date4, that.data.date5, that.data.date6]
    //var y_data = ["2710778.83", "3701004.17", "1959107.37", "1875401.10", "1844007.76", "1927753.07"]
    var y_data = [that.data.co2, that.data.co21, that.data.co22, that.data.co23, that.data.co24, that.data.co25]
    //绘制折线图
    this.OnWxChart(x_data, y_data, '图表一')
  },
  //生命周期函数—监听界面初次渲染完成
```

```js
onReady: function () {
},
//生命周期函数—监听界面显示
onShow: function () {
},
//生命周期函数—监听界面隐藏
onHide: function () {
},
//生命周期函数—监听界面卸载
onUnload: function () {
},
//界面相关事件处理函数——监听用户下拉动作
onPullDownRefresh: function () {
},
//界面上拉触底事件的处理函数
onReachBottom: function () {
},
//用户单击右上角分享
onShareAppMessage: function () {
},
touchcanvas:function(e){
  lineChart.showToolTip(e, {
    format: function (item, category) {
      return category + ' ' + item.name + ':' + item.data
    }
  });
},
OnWxChart:function(x_data,y_data,name){
  var windowWidth = '', windowHeight = '';            //定义宽高
  try {
    var res = wx.getSystemInfoSync();                 //试图获取屏幕宽高数据
    windowWidth = res.windowWidth / 750 * 690;        //以设计图 750 为主进行比例换算
    windowHeight = res.windowWidth / 750 * 550;       //以设计图 750 为主进行比例换算
  } catch (e) {
    console.error('getSystemInfoSync failed!');       //如果获取失败
  }
  lineChart = new wxCharts({
    canvasId: 'lineCanvas',                           //输入 wxml 中 canvas 的 ID
    type: 'line',
    categories:x_data,                                //模拟的 x 轴横坐标参数
    animation: true,                                  //是否开启动画
    series: [{
      name: name,
      data: y_data,
      format: function (val, name) {
        return val + '元';
      }
    }],
    xAxis: {                                          //是否隐藏 x 轴分割线
      disableGrid: true,
    },
    yAxis: {                                          //y 轴数据
      title: '',                                      //标题
```

```
            format: function (val) {                      //返回数值
               return val.toFixed(2);
            },
            min: 400000.00,                               //最小值
            gridColor: '#D8D8D8',
         },
         width: windowWidth * 1.1,                        //图表展示内容宽度
         height: windowHeight,                            //图表展示内容高度
         dataLabel: false,                                //是否在图表上直接显示数据
         dataPointShape: true,                            //是否在图表上显示数据点标志
         extra: {
            lineStyle: 'Broken'                           //曲线
         },
      });
   },
})
```

首先,对插件的变量进行赋值与调用实现绘制折线图的功能;其次,采用 var wxCharts=require('../../utils/wxcharts.js');语句调用 wxcharts 插件;接着,利用生命周期函数进行变量的赋值。var x_data 为坐标的横轴,代表着传感器测量数据的测量时间(从父界面继承而来),var y_data 为坐标的纵轴,代表着传感器测得的数据(从父界面继承而来)。this.OnWxChart(x_data,y_data,'图表一')是对绘表函数的调用,函数内部定义折线图的宽、高、坐标轴分割、数据点类型、比例变换等外形数据。通过这些对于折线图的赋值,使用 wxcharts 插件即可绘制出数据点的折线图。

(2).wxss 相关代码如下。

```
.canvas {
   position: absolute;
   width: 100%;
   height: 50%;
   top: 10%;
}
.list-item-text-title{
   //文字占 2/5
   height: 50rpx;
   width: 96%;
   margin-top: 20px;
   padding-top: 0px;
   padding-left: 170rpx;
   padding-right: 10rpx;
   font-size: 50rpx;
}
```

8. 域名设置

在微信小程序使用 wx.request() API 接口访问数据时,需要校验域名的合法性与 HTTPS 证书等相关信息。所以,在微信小程序官方文档进行域名设置,使云平台服务器端的网址域名合法化,小程序才能与云平台进行数据的交互。

登录微信小程序官网,在左侧导航栏选择"开发",然后在最上方导航栏中选择"开发设置",如图 13-26 所示。

图 13-26　开发设置

向下滑动鼠标,找到服务器端域名。本项目使用 request() 函数中的 API 方法,只需要在此设置合法域名即可。通过云平台将首页地址输入,如图 13-27 所示。

图 13-27　域名设置

最后,重启微信小程序访问数据。

13.3　产品展示

开发板 OLED 电子屏的实现效果如图 13-28 所示。

DHT11 测量温湿度串口显示如图 13-29 所示;光强模块 DFR0026 串口输出如图 13-30 所示;CCS811 二氧化碳传感器串口输出如图 13-31 所示;WiFi 模块串口输出如图 13-32 所示;小程序首页界面如图 13-33 所示;小程序各子界面如图 13-34 所示。

图 13-28　开发板 OLED 电子屏的实现效果

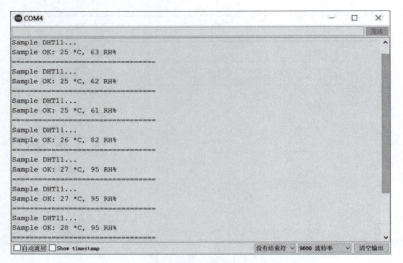

图 13-29　DHT11 测量温湿度串口显示

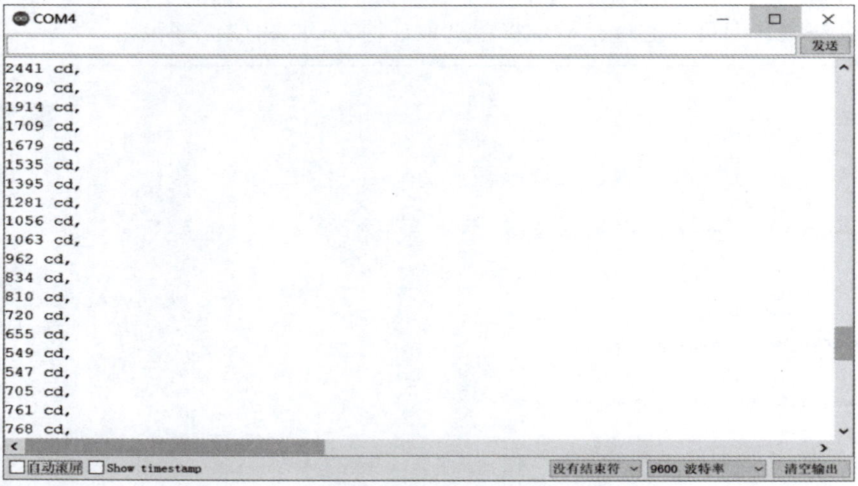

图 13-30　光强模块 DFR0026 串口输出

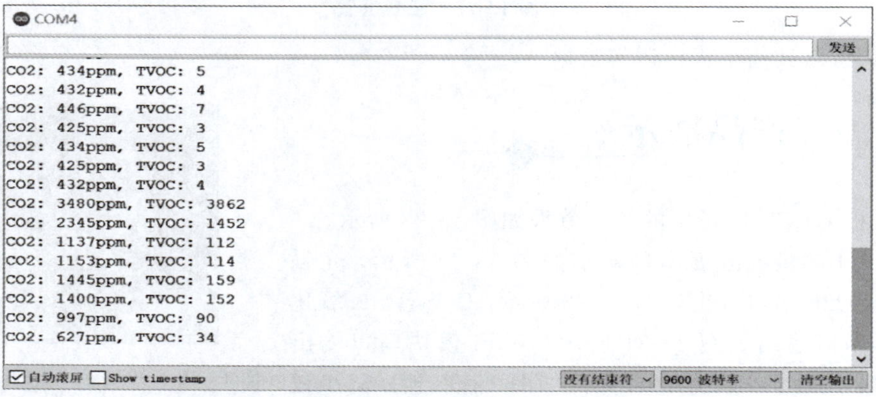

图 13-31　CCS811 二氧化碳传感器串口输出

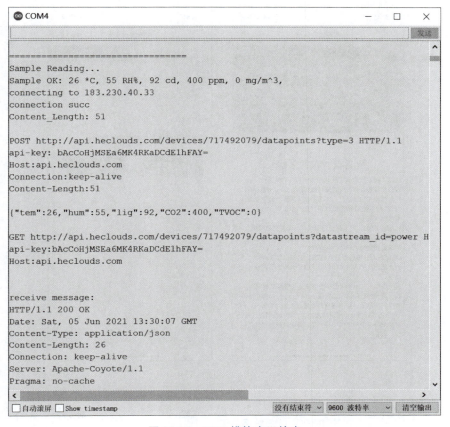

图 13-32　WiFi 模块串口输出

图 13-33　小程序首页界面

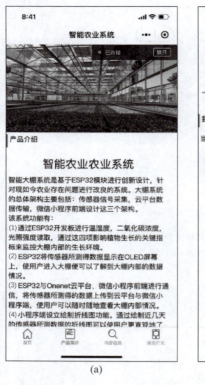
(a)

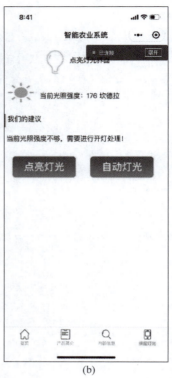
(b)

(c)

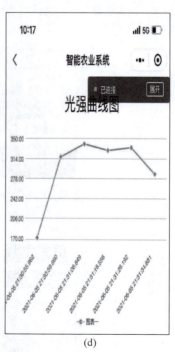
(d)

图 13-34　小程序各子界面